即学即用、受益一生

“收获胜利成果”的超赞 PPT 工作法

全彩

PPT 最强教科书

［完全版］

THE FIRST-BEST TEXTBOOK OF MICROSOFT POWERPOINT

[COMPLETE EDITION]

张栋　著

中国青年出版社

图书在版编目（CIP）数据

PPT最强教科书：完全版 / 张栋著. —北京：中国青年出版社，2022.3（2024.6重印）
ISBN 978-7-5153-6475-9

I.①P… II.①张… III.①图形软件—教材 IV. ①TP391.412

中国版本图书馆CIP数据核字（2021）第137733号

侵权举报电话

PPT最强教科书：完全版
著　　者：张栋

编辑制作：北京中青雄狮数码传媒科技有限公司
主　　编：张鹏
策划编辑：张鹏
执行编辑：张沣
责任编辑：盛凌云
营销编辑：韩凯旋
封面设计：乌兰
出版发行：中国青年出版社
地　　址：北京市东城区东四十二条21号
网　　址：www.cyp.com.cn
电　　话：010-59231565
传　　真：010-59231381

印　　刷：天津融正印刷有限公司
开　　本：880mm×1230mm　1/32
印　　张：11.25
字　　数：208千字
版　　次：2022年3月北京第1版
印　　次：2024年6月第3次印刷
书　　号：ISBN 978-7-5153-6475-9
定　　价：89.80元
（附赠超值秘料，含案例文件，关注封底公众号获取）

本书如有印装质量等问题，请与本社联系
电话：010-59231565
读者来信：reader@cypmedia.com
投稿邮箱：author@cypmedia.com
如有其他问题请访问我们的网站：http://www.cypmedia.com

前 言

这是一本外观小巧玲珑、内容丰富翔实的书，当你从众多PPT书籍中拿起时，便是一种缘分，请一定要阅读并学习里面的内容。

本书不仅能让你掌握PPT软件功能的使用，教会你如何制作PPT，还能让你提高工作效率，从而制作出美观专业的演示文稿。

为什么要编写这本书

在学习制作演示文稿之前，我们首先来了解什么是美感。

美感是审美主体对客观现实美的主观感受，是人的一种心理现象，即人类的审美意识。**人对一定的客观事物产生美感后，通常会立即产生追求该事物的主观意志**。一见钟情就是这个道理。

制作PPT的目的是传递信息、呈现观点，而且要**强有力地呈现观点**。而如何才能强有力地呈现观点呢？这就要**从视觉上征服他人**。在视觉上呈现美感，才能让观者感受快乐，进而**主动接受并继续观看你的演讲**。

俗话说："能吸引观众眼球的不一定是好的PPT，但是不能吸引观众眼球的一定不是好的PPT。"足以见得美有多么重要。

很多人在制作PPT时，对美的意识和理解都存在误区，例如：

美就是色彩鲜艳；

美就是多姿多彩；

美就是使用各种元素表达观点；

美就是使用别人的模板……

除了美之外，还有很多人认为：制作PPT有什么难的，买本介绍PowerPoint软件的书学会功能操作就可以了。相信很多读者对PowerPoint软件并不陌生，但是能制作出自己眼中好的PPT吗？

所以，**并不是懂得PowerPoint软件功能的人，就能制作出好的PPT**。

其实，PowerPoint软件只是一种辅助工具，我们利用它合理地使用各种元素（文字、图表、形状、图片、动画等），正确地进行配色，创意地进行排版才能制作出美的PPT。

教会你使用PowerPoint软件制作出华丽且实用的演示文稿，就是我写这本书的目的。

想要告诉大家的事

接着，我想要告诉大家两件事。

- **本书能让大家平日进行的各种PPT操作得到巨大改善。**
- **本书中展示的方法，所有人都很轻松就能学会，随时就能运用。**

这里所说的“巨大改善PPT操作”，既代表了**可以正确快速地进行平日较麻烦的PPT操作**，也代表了可以**更加高效地使用PowerPoint制作演示文稿的内容和准确地进行配色、排版等**。

如果能改善这些操作，在工作的各个方面都能获得很大好处。通过大幅缩短PowerPoint的操作时间，增加自由支配的时间，这就是好处之一。此外，通过大大减少失误，也能提升工作质量，而且还能将工作成果直观地展示。

本书汇集了大家在制作演示文稿时必须掌握的知识和技巧。请在制作PPT遇到困难时阅读本书，掌握实用的PPT制作方法吧！本书的作用就是辅助你在PPT领域走向成功。

本书的主要目标读者

本书希望对以下人群有所帮助。

- **准备学习PPT的人；**
- **会使用PPT软件功能，但制作不出好的演示文稿的人；**
- **工作中需要使用PPT的人；**
- **在设计演示文稿时偶尔会犯简单错误的人；**
- **在设计演示文稿时效率不高的人；**
- **想自学PPT的人；**
- **想要更熟练使用PPT的人；**
- **想通过PPT形象化展示观点的人；**
- **想制作美观、精致的PPT的人；**
- **想要在职场上脱颖而出的人；**
- **感觉PPT制作很难的人。**

本书适合以上读者。

PPT的重要性就不用过多介绍了，相信职场中的你一定很迫切地想要掌握这门技能，向你的领导、同事展示你的能力，向你的客户展示自己可以信任。别犹豫了，好好阅读本书吧！你会惊喜地发现：**“原来制作好的PPT也没那么难！”**

本书的内容

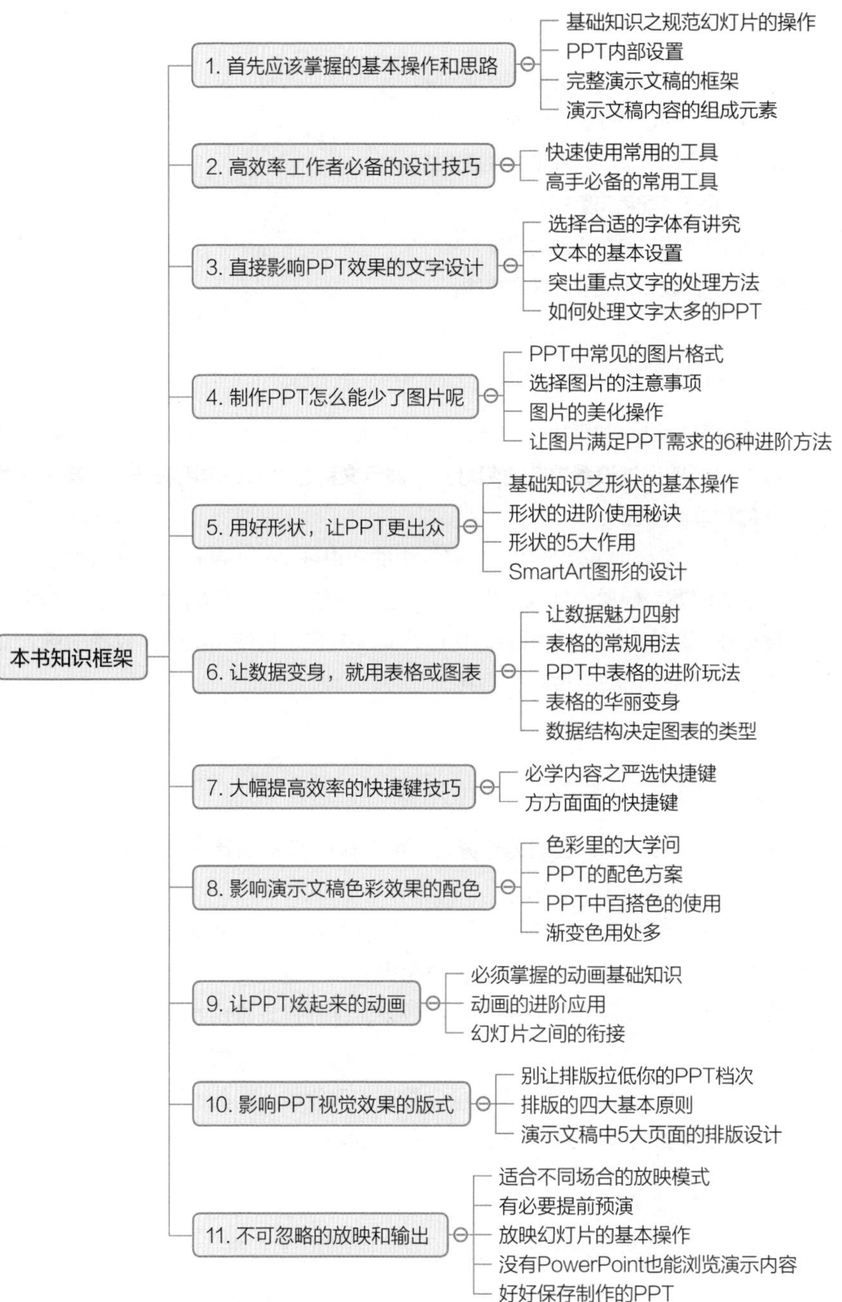
本书知识框架
1. 首先应该掌握的基本操作和思路
基础知识之规范幻灯片的操作
PPT内部设置
完整演示文稿的框架
演示文稿内容的组成元素
2. 高效率工作者必备的设计技巧
快速使用常用的工具
高手必备的常用工具
3. 直接影响PPT效果的文字设计
选择合适的字体有讲究
文本的基本设置
突出重点文字的处理方法
如何处理文字太多的PPT
4. 制作PPT怎么能少了图片呢
PPT中常见的图片格式
选择图片的注意事项
图片的美化操作
让图片满足PPT需求的6种进阶方法
5. 用好形状，让PPT更出众
基础知识之形状的基本操作
形状的进阶使用秘诀
形状的5大作用
SmartArt图形的设计
6. 让数据变身，就用表格或图表
让数据魅力四射
表格的常规用法
PPT中表格的进阶玩法
表格的华丽变身
数据结构决定图表的类型
7. 大幅提高效率的快捷键技巧
必学内容之严选快捷键
方方面面的快捷键
8. 影响演示文稿色彩效果的配色
色彩里的大学问
PPT的配色方案
PPT中百搭色的使用
渐变色用处多
9. 让PPT炫起来的动画
必须掌握的动画基础知识
动画的进阶应用
幻灯片之间的衔接
10. 影响PPT视觉效果的版式
别让排版拉低你的PPT档次
排版的四大基本原则
演示文稿中5大页面的排版设计
11. 不可忽略的放映和输出
适合不同场合的放映模式
有必要提前预演
放映幻灯片的基本操作
没有PowerPoint也能浏览演示内容
好好保存制作的PPT

本书的特点

本书内容大致围绕以下6方面进行撰写。

1）PPT的基本操作以及高手必备技能；

2）必须掌握的PPT设计元素；

3）快速提升制作PPT效率的快捷方式；

4）注重PPT配色和版式的设计；

5）让PPT更符合逻辑地动起来；

6）PPT放映和输出要掌握的技能。

特点❶ PPT的基本操作以及高手必备技能

本书的第1章和第2章以“首先应该掌握的基本操作和必备技能”为主题，介绍了**制作PPT前通过设置规范的幻灯片、演示文稿的框架、常用的元素、高手必备的PPT的功能等内容**。

“首先应该掌握的基本操作和思路”中的知识可以防止制作演示文稿的过程出现不必要的问题，例如幻灯片的大小、主题、配色、字体等方面的问题。“高手必备的设计技巧”中的知识介绍通过快速访问工具栏快速使用隐藏比较深的或者常用的功能，以及使用频率最高的工具。

特点❷ 必须掌握的PPT设计元素

本书第3章~第6章，**会毫无保留地介绍制作PPT的设计元素**，例如文字、形状、图片、表格和图表的应用。

这是PPT使用者必须掌握的内容之一。我们使用PPT呈现观点、传递信息的方式就是通过合理使用这些元素制作形象化内容，这也是影响幻灯片整体美感的重要元素。本部分展示了很多优秀的作品效果，读者可以模仿制作属于自己的演示文稿。

通过这部分内容的学习，读者可以掌握如何使用不同的元素展示数据。同样的内容设计的风格不同，展示的效果也是不同的。

特点❸ 快速提升制作演示文稿效率的快捷方式

本书第7章介绍了可以提升制作演示文稿效率的快捷键。制作演示文稿时频繁地使用鼠标操作，势必浪费很多时间，导致工作效率低下。

本章介绍的常用快捷键，涉及演示文稿制作的方方面面，包括幻灯片的操作、文本的编辑、对象的编辑和幻灯片的放映，以及功能强劲的Alt键和F系列功能键的应用。相信读者掌握本章介绍的快捷键后，一定可以提高演示文稿的制作效率。

特点❹ 注重PPT配色和版式的设计

本书第8章和第10章，介绍影响PPT色彩效果和视觉效果的相关内容。

第8章介绍色彩的理论知识，以及常用的配色方法，读者可以根据本章内容解决大部分PPT的配色问题。

第10章介绍了排版的重要性、排版的原则以及演示文稿5大页面的设计原则。我们将通过本章内容的学习，深入理解排版对PPT的影响，以及版式设计的优劣对幻灯片效果的影响。

特点❺ 让PPT更符合逻辑地动起来

本书第9章详细介绍PPT动画的应用，包括演示文稿中各元素之间的动画设计和幻灯片之间的切换动画效果应用。PPT中的所有设计元素都是为了传递信息、呈现观点，动画也不例外。制作动画需要逻辑清晰、主次分明。合理地添加动画，可以让观众体验一场视觉盛宴。

本章还介绍触发、动作、链接等交互知识，可以让PPT之间更好地衔接，实现演示文稿的交互效果。

特点❻ 关于放映和输出演示文稿要掌握的技能

本书第11章详细介绍PPT的放映和输出。PPT的最终效果是要展示给观众看的，所以放映是不可忽视的。

根据不同的放映场合使用对应的放映模式，我们要根据不同的放映需要来制作不同的PPT。为了不在放映过程中出现尴尬的场面，还可以提前预演，做到有备无患。

PPT的输出也很重要，为了有效防止更换计算机后PPT打不开或者出现跑版问题，我们可以将其输出为不同的格式。为了有效保护演示文稿的内容，还可以为PPT添加密码保护。

前言冗长，接下来我们一起进入正文吧！

PPT

目 录

第1章

首先应该掌握的基本操作和思路

第2章

高效率工作者必备的设计技巧

第3章

直接影响PPT效果的文字设计

第6章

让数据变身，就用表格或图表

第8章

影响演示文稿色彩效果的配色

第9章

让PPT炫起来的动画

第10章

影响PPT视觉效果的版式

第1章

首先应该掌握的基本操作和思路

基础知识之
规范幻灯片的操作

根据演示设备确定幻灯片的大小

扫码看视频

放映演示文稿的屏幕大小

制作的演示文稿最终需要在屏幕上放映，因此，幻灯片的大小，即长宽比例与当前流行的屏幕比例相关。十几年前显示器一般是1024×768的分辨率，所以**之前幻灯片默认的比例是4：3**。16：9的显示比例更符合人的视觉范围，屏幕的比例也悄然发生了变化，16：9已经成为普遍通用的显示比例。**PowerPoint也紧随其后进行了改变，新版本幻灯片的比例默认为16：9。**

下图展示了4：3和16：9两种显示比例的幻灯片。为了方便比较，我们将PPT的界面颜色设置为黑色，界面本身大小是固定的，其中黑色区域为幻灯片之外的部分。是不是感觉右图幻灯片的显示比例看着更舒适、更自然？

●4：3页面

●16：9页面

为什么我们在制作演示文稿前要确认放映屏幕的大小呢？因为如果我们制作PPT时采用16：9的比例，而放映屏幕是4：3的比例，那么在放映时，由于**幻灯片的长度会自动适应屏幕的长度，而其宽度比屏幕的宽度小，屏幕的上下两端就会出现黑边**，影响PPT内容的展示效果。

调整幻灯片大小的方法

虽然16：9的显示器已经是主流了，但是为了做到万无一失，不至于在放映时出现尴尬场面，我们还是需要提前确定屏幕的大小，设置合适的幻灯片显示比例。

在PowerPoint 2019中，通过“设计”选项卡中的“幻灯片大小”功能，我们可以**直接将幻灯片设置为常用的4：3或者16：9的显示比例**。

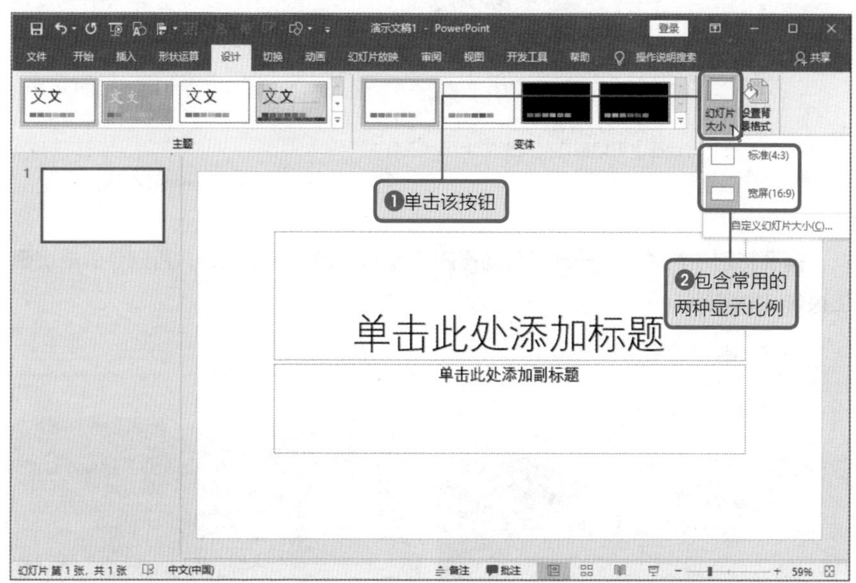

打开PowerPoint 2019应用程序，切换至“设计”选项卡，在“自定义”选项组中单击“幻灯片大小”按钮，在列表中默认包含4：3和16：9两种常用的选项。

除了常用的两种比例外，我们还**可以根据需要灵活地调整幻灯片的大小，以适用不同的屏幕显示**。只需在“幻灯片大小”下拉列表中选择“自定义幻灯片大小”选项，打开的“幻灯片大小”对话框提供多种常用的纸张以及幻灯片规格可以选择。如果需要进一步设置幻灯片大小，可以调整宽度和高度的值，这里默认的单位是“厘米”。

我们还可以调整幻灯片的方向，默认的PPT方向是横向显示的，有时为满足竖向排版的需要，可以设置方向为纵向。

在“幻灯片大小”对话框的“幻灯片大小”列表中包含比较常用的十几种选项，例如信纸、A3纸张、A4纸张、B4纸张、顶置、横幅等。

● “幻灯片大小”对话框

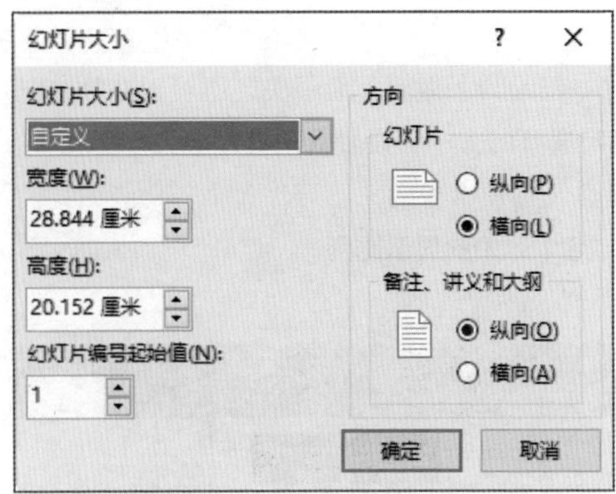

在“幻灯片大小”对话框中可以自定义页面的大小，还可以设置幻灯片的方向。

● 幻灯片大小列表

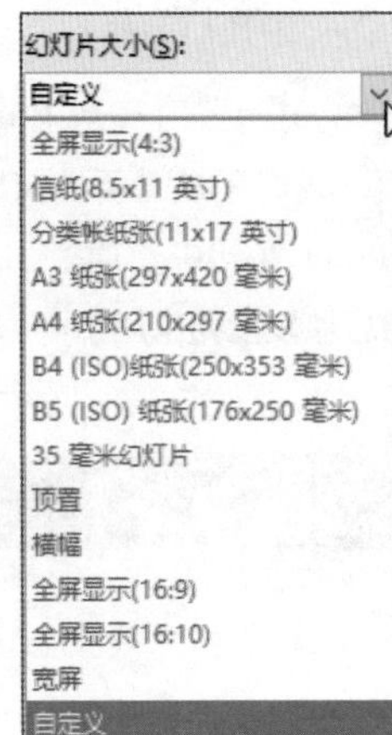

在“幻灯片大小”列表中选择“自定义幻灯片大小”选项，在打开的对话框中单击“幻灯片大小”下拉按钮，即可打开该列表。

需要特别注意的是，一定要在制作PPT前确定幻灯片的大小，否则会造成页面上内容编排混乱。

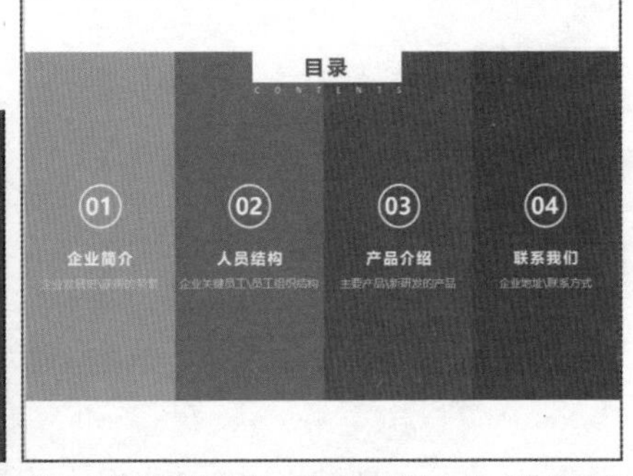

左图是在16：9的幻灯片中制作目录页的效果，可见形状充满了整张幻灯片；右图是修改为4：3比例后的效果，可见上下两端出现了白色区域，因为幻灯片中的形状不会随着幻灯片大小的变化而变化。

幻灯片大小对设计的影响

根据幻灯片大小的不同，要考虑到排版方向的设计。

4：3的页面比例在纵向上会有很大的空间，可以考虑上下方向（纵向）的延伸；16：9的页面比例在横向上会有很大的空间，可以考虑左右方向（横向）的延伸。这样可以很好地避免在不合适的方向上内容过于密集。

当我们在横向（纵向）幻灯片中制作文本时，要充分利用左右（上下）的空间，因为纵向（横向）的空间有限。

下图是在4：3的页面中制作企业发展历史的效果。

图中从下向上介绍企业不同年份中发生的大事件，充分利用纵向空间，使幻灯片的页面显得充实、有条理。

下图是在16：9页面显示比例下制作企业发展历史的效果

图中从左向右展示企业的发展历史，充分利用横向空间，文本显示舒适、自然。

基础知识之
规范幻灯片的操作

设置演示文稿的主题颜色

扫码看视频

快速规范PPT整体颜色

PPT的主题颜色可以规范演示文稿的整体色彩设置。

PPT提供了自定义主题颜色的功能，在这些颜色中，又分成了两种背景色、两种字体色和6种着色。通常情况下，**我们的PPT配色不超过3种**，因此这些颜色已经足够使用了。自定义主题颜色也为我们从整体修改PPT的颜色提供了可能。

首先，我们认识下主题色。主题色是PPT设计人员常采用的一种配色模式，相信很多使用PPT的人都会频繁应用。

在幻灯片中选中任何文本、形状或图片，在对应的选项卡中单击“文本填充”“形状填充”或“图片边框”等下三角按钮即可打开主题色列表，其中包含3个配色选项。

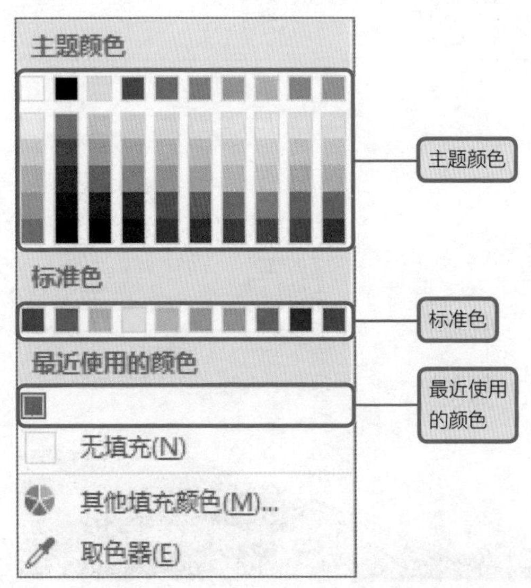

主题颜色

标准色

最近使用的颜色

- 主题颜色：包含PPT中预设的主题色，共有10种颜色，每种颜色由浅到深共6个等级。
- 标准色：无论在哪套PPT中都包含相同的标准色，由红橙黄绿蓝紫固定排列。标准色饱和度很高，且色相差别很大，在使用时要注意。
- 最近使用的颜色：系统会自动记住最近使用的10种颜色，方便重复使用相同的颜色。

设置PPT的主题

PowerPoint 2019默认的主题是“Office主题”，其主题颜色默认为Office。PPT中内置42个主题，我们**选择相应的主题后，该PPT中幻灯片都会应用该主题，可以快速美化PPT**。

单击“设计”选项卡下“主题”选项组中“其他”按钮，在列表中选择合适的主题，此处选择“石板”主题。

此时，工作总结的封面应用了“石板”主题效果，封面中文本颜色发生了变化，由黑色变为白色，其中字体和字号不变。

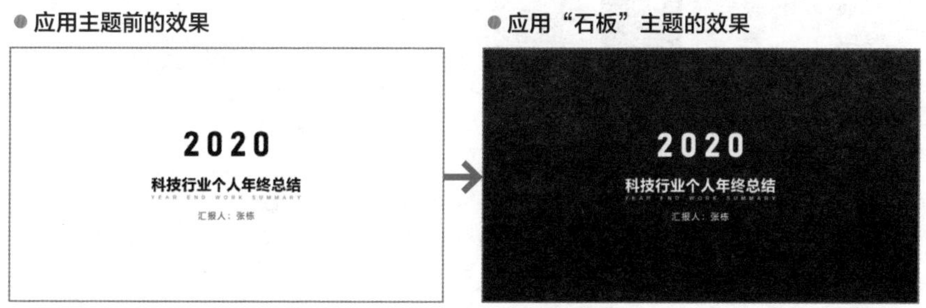

应用PPT的主题颜色

PPT内置20多种颜色配置方案可供使用，我们也可以根据需要自定义颜色。**当PPT应用不同的主题颜色时，整张演示文稿的配色方案也会发生变化**。

执行以下步骤来设置主题颜色。

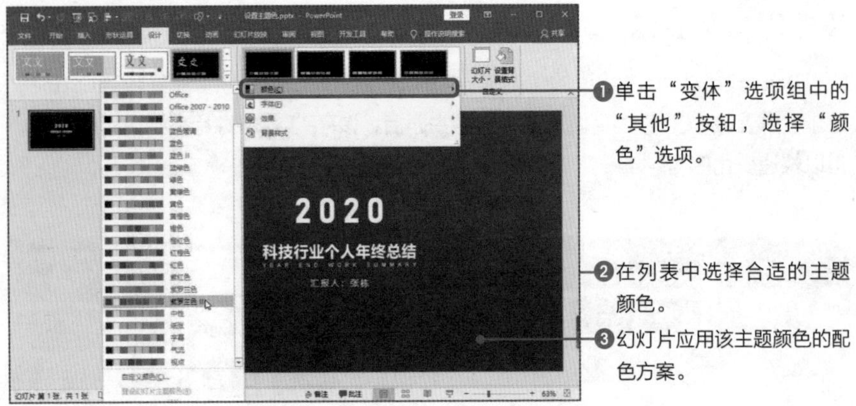

自定义主题颜色

我们通过自定义主题颜色，可以设置文字、背景以及形状等的颜色，**每套配色均有12种颜色，应用不同的配色方案展示的效果也不同**。

我们可以根据PPT的应用场景或者个人的需要新建主题颜色，方便以后直接套用。

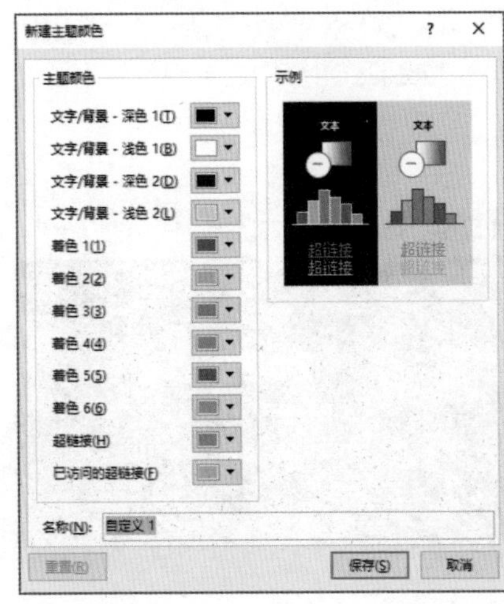

单击“变体”选项组中“其他”按钮，在列表中选择“颜色>自定义颜色”选项，打开“新建主题颜色”对话框，在“主题颜色”区域设置文字的深浅颜色、着色、超链接和已访问的超链接的颜色。

设置完成后，在“颜色”列表的“自定义”区域选择自定义的主题颜色名称，即可应用自定义的颜色。

PPT应用主题色后有一个特征：**把其他内容放置到当前PPT中，其颜色会自动应用主题颜色**。当然有时效果很好，有时效果很差，我们应当根据需要进一步设置插入内容的颜色。

基础知识之
规范幻灯片的操作

根据演示的内容确定字体

扫码看视频

比较不同的字体效果

几年前小米松果芯片的发布会上，“我心澎湃”的主题字体设计非常具有感染力，下面就使用这几个文字比较两张图片，看看哪种字体更能让人心潮澎湃。

两张图片的背景是相同的，都是惊涛骇浪，可以突出“我心澎湃”的主题。第1张图片上的文字选用常见的“宋体”字体，有一种中规中矩、了无波澜的感觉；第2张图片上的文字选用比较粗犷的书法字体，文字激昂澎湃、气势磅礴，和背景图片呼应得很好，有一种热血沸腾、心潮澎湃的感觉。

由此可见，**使用错误的字体会毁掉一张PPT！**这也是很多初学者在制作PPT时经常进入的误区。

黑体字形

黑体字体主要有方正兰亭系列字体、时尚中黑简体、微软雅黑、思源黑体、华康俪金黑等。

黑体字形的字体比较正式、稳重，商务感和现代感很强，通常适合项目汇报、工作总结、论文答辩、策划推广、商业合作等场景。其中粗的字体可以用在封面和标题中，细的字体可以用在正文或说明中。

● 商业合作

● 工作总结

● 产品展示

● 论文答辩

这也很重要!

百搭的字体

我们制作PPT时，如果没有合适的字体或者不知道该使用什么字体，就可以选择黑体字形的字体。市面上的字体很多，但是在PPT中最好不要使用超过3种字体。

宋体字形

宋体字形主要包括宋体、华文中宋、方正粗宋、方正书宋、造字工房朗宋等。

宋体的字体风格典雅、工整、大方、严肃，具有很强的艺术气息、文化属性以及古典特性，一般用在文艺类领域、有文化属性的产品、政府类报告等。

● 古典文学

● 清新文艺

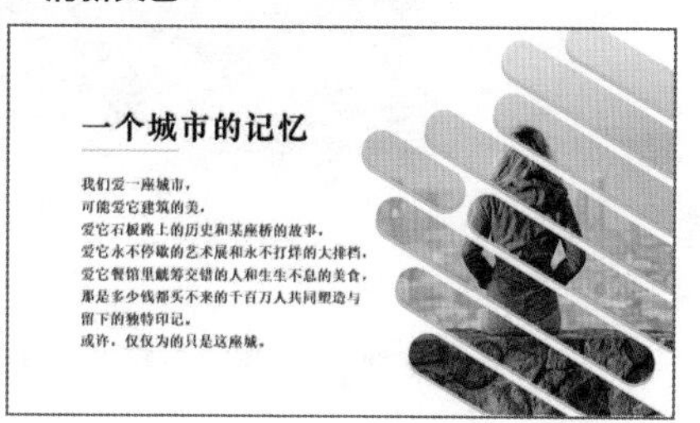

圆体字形

圆体字形主要包括方正细圆、幼圆体、华康圆体、经典中圆简、造字工房雅圆等。

圆体字形的字体看起来比较柔和、温暖、亲和、细腻，一般用在美食、女性、文化艺术、儿童风格的主题中。

● 童年

● 母爱

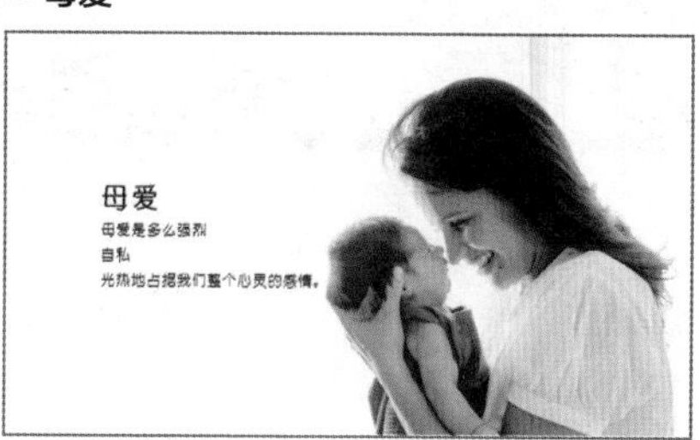

楷体字形

楷体字形主要包括楷体、华文楷体、汉仪全康诗等。

楷体字形看起来比较清秀、文艺、干净，具有艺术感，一般用在课件中的古诗词或者比较文艺的内容中。

● 古诗词

书法字形

书法字形主要包括华文行楷、方正吕建德字体、叶根友风帆体、叶根友毛笔行书等。

书法字形看起来比较潇洒、自信，有艺术感、力量感，一般用在封面、标题、中国风以及大气风格主题中。

● 中国风封面

● 标题

我们在选用字体时，要注意：**字体的气质要与主题匹配、不妨碍阅读、内容排版美观**。

这也很重要！

字体是有版权的

字体是由众多字体设计师付出辛苦的劳动设计出来的，所以大部分字体都是有版权的，我们在进行商业设计时，一定要确保字体是否可以商用，如果不可以要联系商家购买使用权。计算机中自带的字体并非全是免费的，例如微软雅黑字体就是由中国北大方正电子有限公司设计的，该字体是有版权的。

基础知识之
规范幻灯片的操作

根据演示的用途决定PPT的配色

扫码看视频

浅谈颜色

人的第一感觉是视觉，而对视觉影响最大的是色彩。颜色是通过眼、脑和我们的生活经验所产生的一种对光的视觉效应。人对颜色的感觉不仅仅由光的物理性质所决定，往往还会受到周围颜色的影响。

不同的颜色可通过视觉影响人的内分泌系统，从而导致人体荷尔蒙的增多或减少，使人的情绪发生变化。研究表明，**红色可使人的心理活动活跃，黄色可使人振奋，绿色可缓解人的心理紧张，紫色使人感到压抑，灰色使人消沉，白色使人明快，咖啡色可减轻人的寂寞感，淡蓝色可给人以凉爽的感觉**。

下面两张图片，你更喜欢哪张呢？

左侧图片是将右侧图片在“图片工具-格式”选项卡下的“调整”选项组中，单击“颜色”下三角按钮，在列表中设置为“灰度”而得到的。

相信大部分读者都喜欢右侧的图片，毕竟我们都喜欢鲜艳的色彩。左侧的灰度图片给人无精打采的感觉，甚至会让人产生死亡或其他不好的联想；右侧的彩色图片则让人产生活泼愉快的情绪。

不同用途不同的配色

我们在制作PPT时并非色彩越多，视觉效果就越好，而是色彩一定要符合PPT的使用场景。比如商业PPT的**颜色要庄严、正式、稳重**，如下图所示。

● **科技类**

● **产品发布会**

一些鲜艳的颜色，例如粉红色或紫色适合女性主题的PPT，多彩亮丽的颜色适合儿童主题的PPT。

● **女性**

● **儿童**

每个行业都有着特定的色彩属性，例如**科技行业以黑、灰和蓝为代表，金融行业以金黄、红为代表，医药行业以绿和蓝为代表，党政以深红、黄、深蓝为代表**等，如下图所示。

● **医药类**

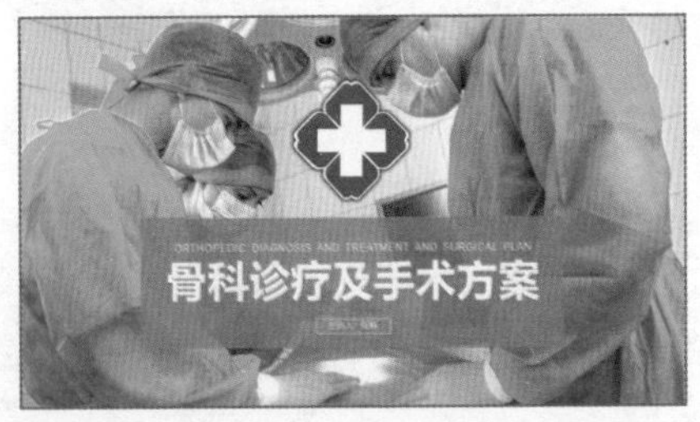

● **党政类**

基础知识之
规范幻灯片的操作

使用参考线规范内容的范围

扫码看视频

黄金分割在PPT中的应用

相信读者肯定了解过“黄金分割”，它是指将整体一分为二，较大部分与整体部分的比值等于较小部分与较大部分的比值，其比值约为0.618。因为这个比例是最符合美学的比例，所以被称为黄金分割比例。

对幻灯片页面上的内容进行划分时，较科学的办法就是运用黄金分割的原理。当然**在设计PPT时，黄金分割比例是允许变化的**，如果太刻意追求绝对的黄金分割，其效果反而会不完美。

下面我们以16：9的页面为例介绍黄金分割线的应用，一个矩形有12条黄金分割线，如下图所示。

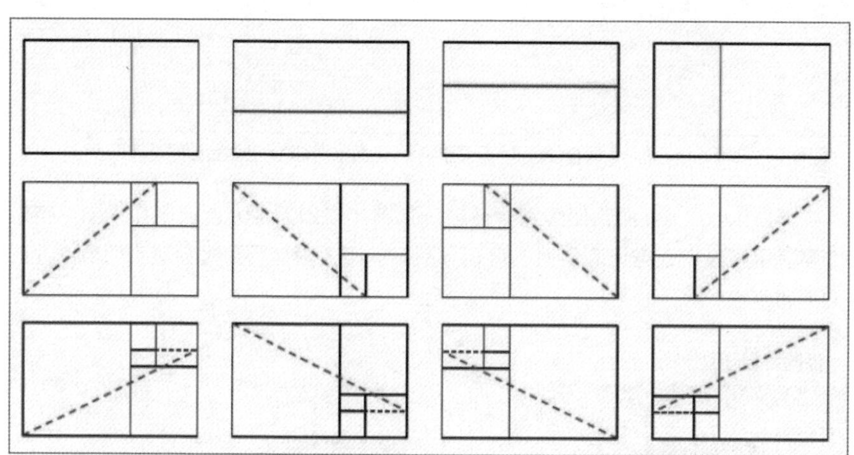

黄金分割**可以突出幻灯片的重点内容**，所以在设计时只需要将分割元素和重点内容放在黄金分割点上即可。需要突出的重点内容包括文字、图片、图表、表格等。

使用参考线确定黄金分割

在PPT中确定黄金分割，要借助标尺和参考线，然后通过计算，拖曳参考线到黄金分割线上。

下表为在4：3和16：9页面比例中纵、横参考线需要移动的数值，拖曳参考线即可移动到黄金分割的位置。

页面比例	方向	参考线移动数值
4：3	横向	3
	纵向	2.2
16：9	横向	4
	纵向	2.2

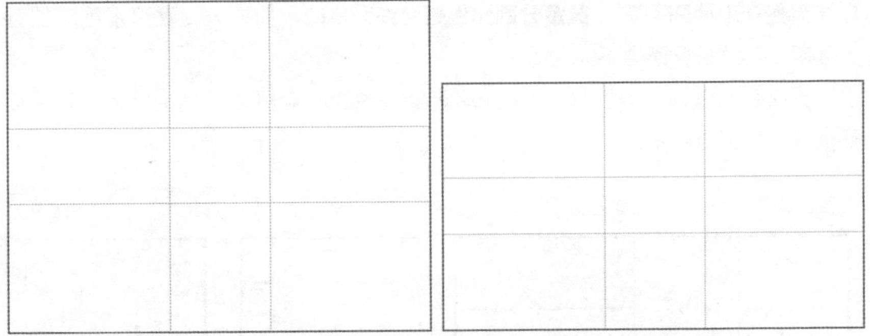

左图是4：3页面比例幻灯片的黄金分割线；右图是16：9页面比例幻灯片的黄金分割线。

下面以16：9页面比例为例，通过一张图片根据黄金分割线制作封面。本例主要展示在纵、横方向和斜面上黄金分割的应用，裁剪图片时会适当调整图片的大小和位置。

● **纵向黄金分割**

● **横向黄金分割**

● **斜向黄金分割**

以上展示的是以黄金分割线制作不同的幻灯片，在对图片进行剪切时也可以不使用直线，而是使用曲线，营造一种柔美的感觉。

● **使用曲线分割**

使用参考线确定可视范围

观众在浏览演示文稿时，可视范围并非是整张幻灯片，而是中间大部分区域。设置可视范围也可以防止在放映演示文稿时，投影与幕布之间出现偏差，使得幻灯片四周不能显示的问题。

幻灯片的可视范围一般占到幻灯片长宽（两端距离之和）的1/10。

下表为在4：3和16：9页面比例中纵、横参考线需要移动的数值，下图中参考线内的为可视范围。

页面比例	方向	参考线移动数值
4：3	横向	11.6
	纵向	8.5
16：9	横向	16.2
	纵向	9

左图是4：3页面比例幻灯片的可视范围；右图是16：9页面比例幻灯片的可视范围。

为PPT添加参考线

之前介绍了参考线在PPT中的应用，那么如何添加参考线呢？在PPT中添加参考线后默认有纵、横两条参考线，分别在水平和垂直方向上位于页面的中心位置。

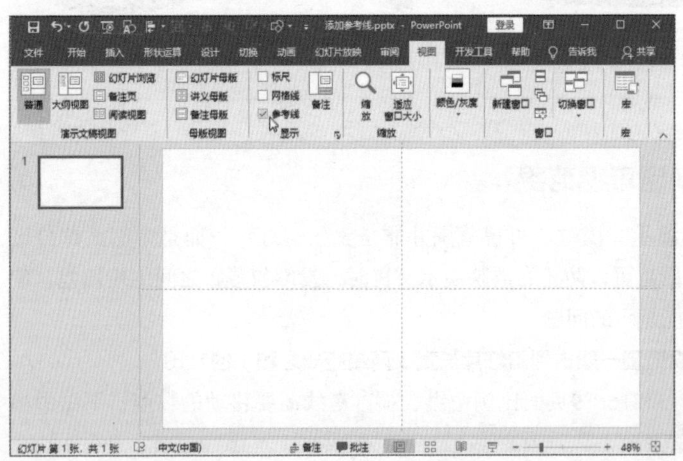

打开PPT，切换至“视图”选项卡，勾选“显示”选项组中的“参考线”复选框，在页面中显示参考线。

如果需要移动参考线，**将光标移到参考线上方，当光标变为双向箭头时按住鼠标左键进行拖曳**，光标处同时会显示拖曳的方向和移动的数值。**如果需要复制参考线，在移动参考线时按住Ctrl键即可**。

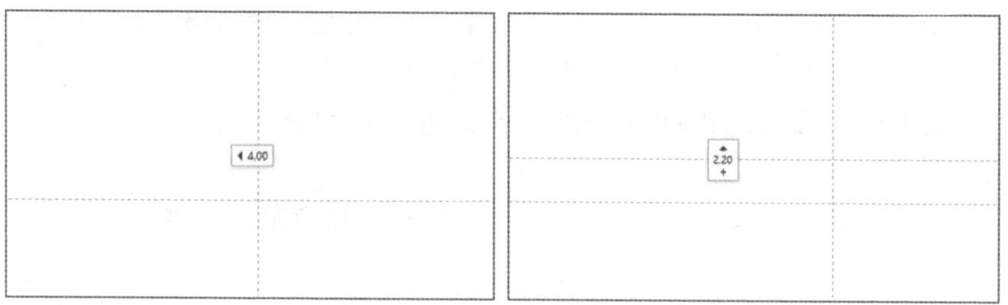

左图为拖曳纵向参考线向右移动4的效果；右图为按住Ctrl键拖曳横向参考线向下移动并复制的效果。

我们在移动参考线的位置时，可以借助标尺进行定位。**标尺位于页面的上方和左侧**，默认是不显示的。

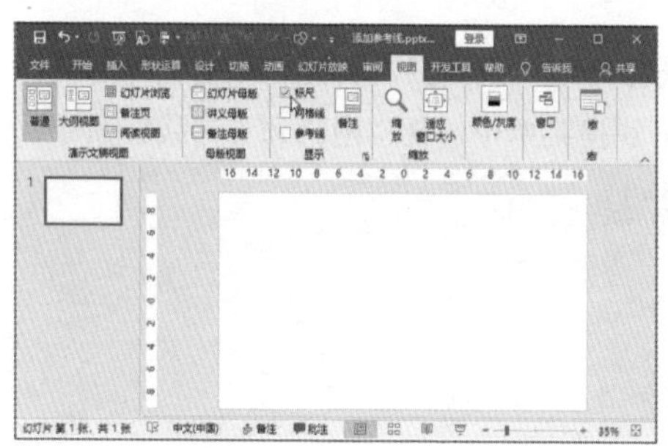

在“视图”选项下的“显示”选项组中勾选“标尺”复选框，在页面中显示标尺。

参考线默认的颜色是灰色，我们也可以根据需要设置参考线的颜色。**在设置参考线颜色时可以为不同的参考线设置不同的颜色**。

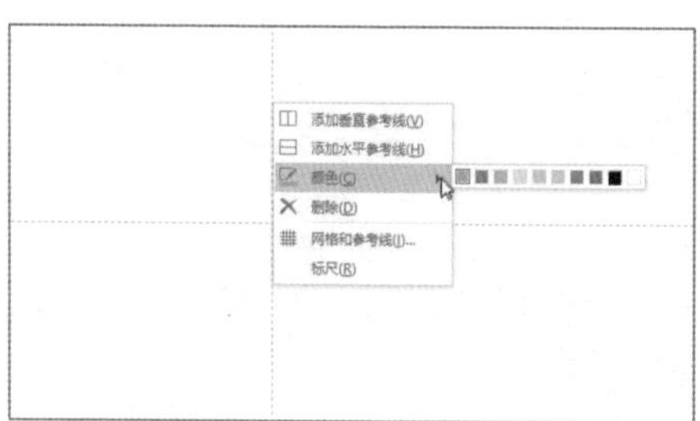

选择参考线并单击鼠标右键，在快捷菜单中选择“颜色”命令，在列表中选择合适的颜色，即可为选中的参考线设置颜色。

我们在PPT中移动元素时，**经常会出现橙色虚线，释放鼠标后线条会自动消失，该线条就是智能参考线**。

智能参考线可以帮助我们对齐元素以及确定各元素之间距离是否一样。当元素调整到和其他元素对齐时，元素之间会显示参考线，参考线在顶端时表示顶端对齐，在中间表示居中对齐，在下端表示底端对齐。当在元素之间出现两条灰色参考线以及箭头时，则表示各元素之间距离相等。

当调整元素到页面水平或垂直位置时会出现贯穿页面的参考线。

● **元素之间的智能参考线**

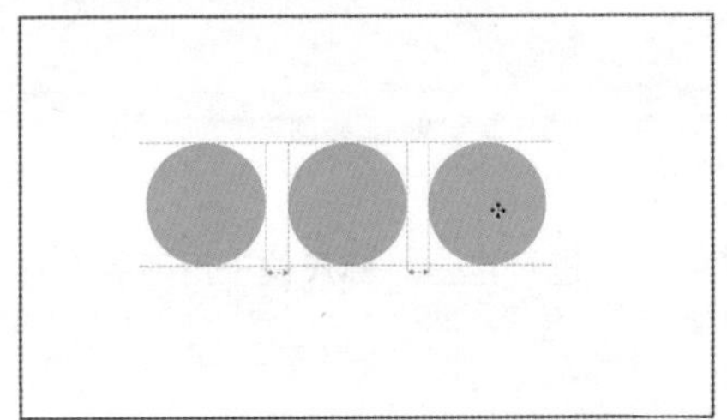

● **元素和页面之间的智能参考线**

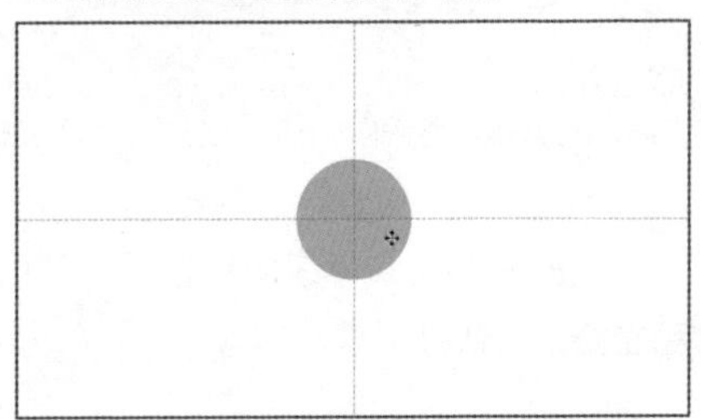

如果打开PPT调整元素时没有智能参考线，我们只需要开启该功能即可。在任意幻灯片中单击鼠标右键，在弹出的快捷菜单中选择“网格和参考线”命令，在子菜单中选择“智能参考线”命令即可。

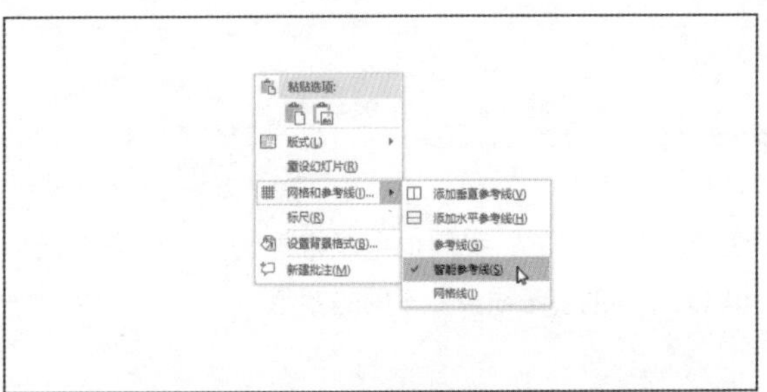

这也很重要!

参考线、网格和对齐工具结合使用

参考线和网格像是地图上的经纬线，可以帮助我们在PPT中找准位置、确定距离。之后我们还会学习对齐工具，这也是经常使用的功能之一。参考线、网格和对齐工具结合使用可以准确、快速地调整元素，这也符合设计四大原则中的对齐原则。

基础知识之
规范幻灯片的操作

通过幻灯片母版始终显示指定的内容

扫码看视频

修改模板的困扰

很多读者都会使用PPT内置的模板或者从网上下载模板，但是在使用时会遇到很多困扰，例如：

为什么有些内容无法修改？

为什么没有设置动画，放映时却有动画？

为什么切换幻灯片时只有部分内容切换？

……

通过以下知识的学习，将解开以上困扰。

认识母版

母版是演示文稿中存储版式、主题、背景和幻灯片大小等信息的模板。幻灯片母版用于保存演示文稿外观样式信息，包括版式、占位符、主题、背景、字体字号、字体颜色、背景等。

要在幻灯片母版中添加元素，首先要进入幻灯片母版视图。**PPT中母版分为幻灯片母版、讲义母版和备注母版3类**。

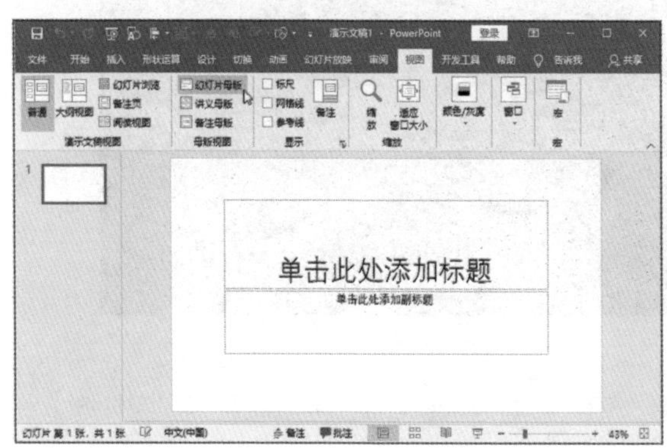

打开PPT，切换至“视图”选项卡，单击“母版视图”选项组中“幻灯片母版”按钮，即可进入幻灯片母版视图。

进入幻灯片母版视图后，左侧显示母版和11个版式，同时功能区显示“幻灯片母版”选项卡。

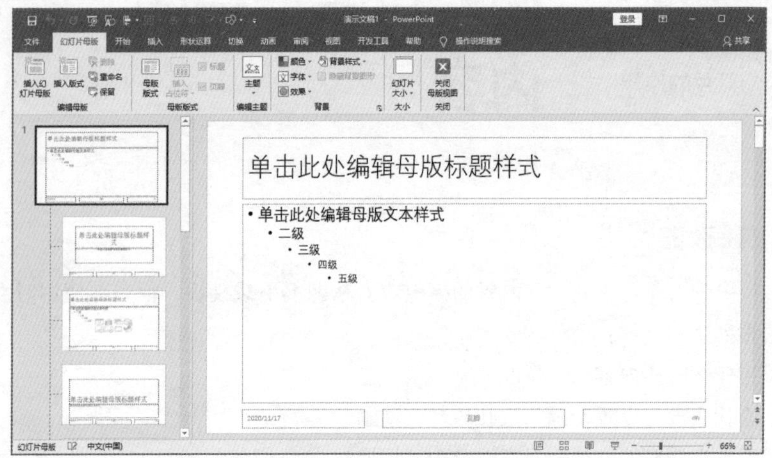

进入幻灯片母版视图后，左侧第1个为母版，其下方包括11个版式。我们可以根据需要添加并设置版式。

母版的应用

在母版中可以将使用频率高的元素固定在指定的位置，例如整个演示文稿的背景或者标志等。下面以设置演示文稿的背景为例介绍母版的应用。

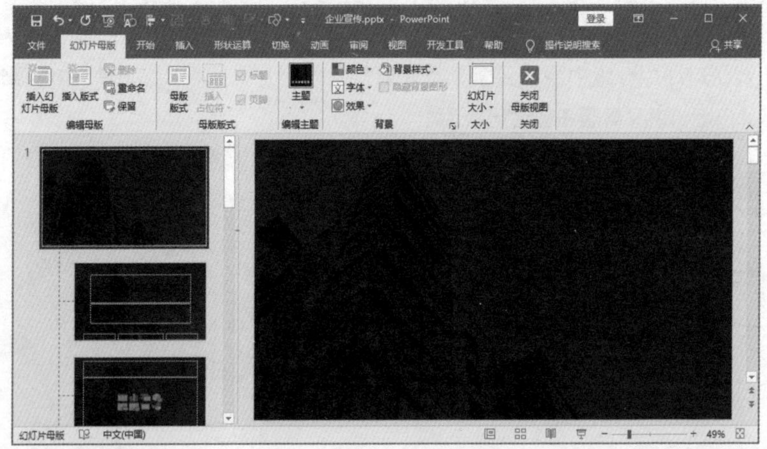

在左侧选择母版，在“插入”选项卡中通过“图片”功能插入背景图片，然后添加矩形形状，并设置颜色和透明度。将图片和矩形作为演示文稿的背景，设置完成后单击“关闭母版视图”按钮。

当为母版添加背景后，在其下方的11个版式均会应用该背景，而且在版式中是无法删除背景的。**如果在某一版式中不需要统一添加的背景，选中该版式后设置隐藏背景图形功能即可，不会影响其他版式的背景效果。**

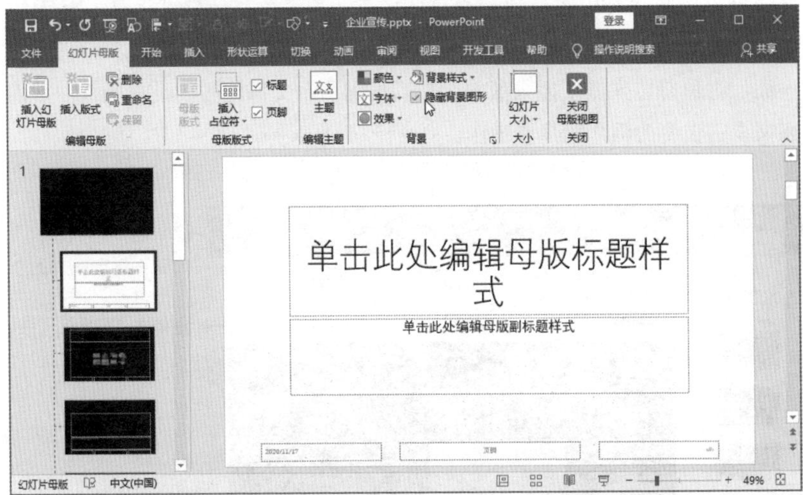

在母版视图中选择版式，在“幻灯片母版”选项卡下“背景”选项组中勾选“隐藏背景图形”复选框即可。

母版中的版式最大的特点是可以根据需要进行添加设置，设置好后自由选用。例如创建正文的幻灯片版式，要求在左上角显示标题文本，在右上角显示标志。

左上角添加形状并设置格式，插入文本占位符并设置文本格式；右上角插入标志图片和名称。

添加占位符

占位符是幻灯片母版的重要组成元素，我们**可以根据需要直接在这些具有预设格式的占位符中添加内容，如图片、文字和表格等**。

通过设置版式可以统一演示文稿的内容，保证幻灯片格式一致，从而统一PPT的风格。

添加占位符首先需要插入版式，然后根据演示文稿的需要设置版式。下面以插入文本占位符为例介绍具体操作。

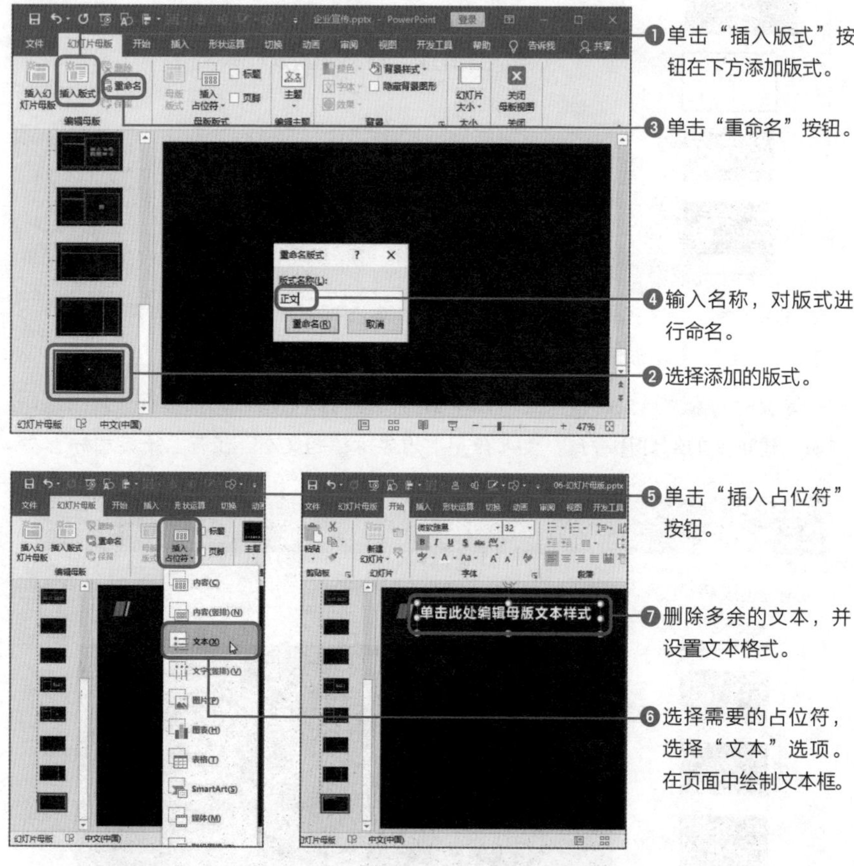

以上介绍了设计正文版式的方法。其实我们在制作演示文稿时，为了风格统一需要添加相同的元素，也可以在幻灯片母版中插入版式并添加元素，然后在制作PPT时直接插入该版式。

PPT内部设置

定时保存制作的PPT

扫码看视频

时刻手动保存演示文稿

当我们全身心投入制作PPT时，千万别忘记经常按Ctrl+S组合键。

制作全套的、高质量的演示文稿，从来不是一朝一夕的事情，在此期间难免会出现意外情况，比如计算机突然死机、突然断电等。因为没有任何人能预知未来，所以没有来得及保存费尽心思设计的成果，相信所有设计者都不愿意遇到这种情况。

Ctrl+S组合键可以保存当前的演示文稿，即使突然断电，也可以将损失降低到最小。在使用Ctrl+S组合键保存文稿时，最好是操作一步执行一次，但这是很麻烦的，而且会打断我们的设计思路。

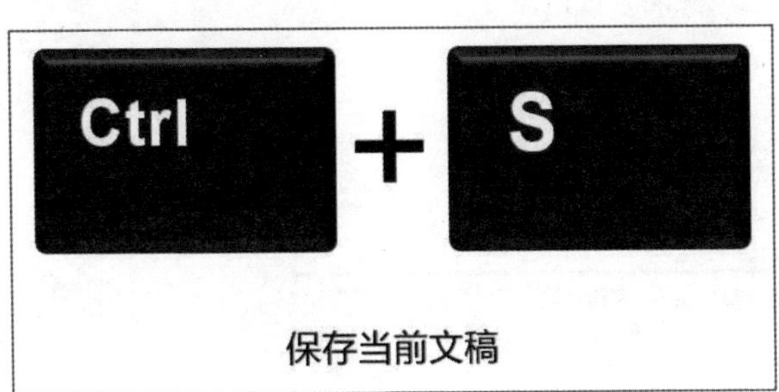

保存当前文稿

设置定时保存演示文稿

手动保存文稿不是很可靠，**设置PPT每隔多长时间就自动保存一次**，我们就可以专心设计演示文稿了。如果突然发生意外，可以根据自动恢复文件的位置去查找上次保存的文件。

设置自动保存时间，并不是越短越好，时间越短越占用电脑内存空间，容易造成计算机卡顿和崩溃。当然计算机性能很高时可以忽略该注意事项。

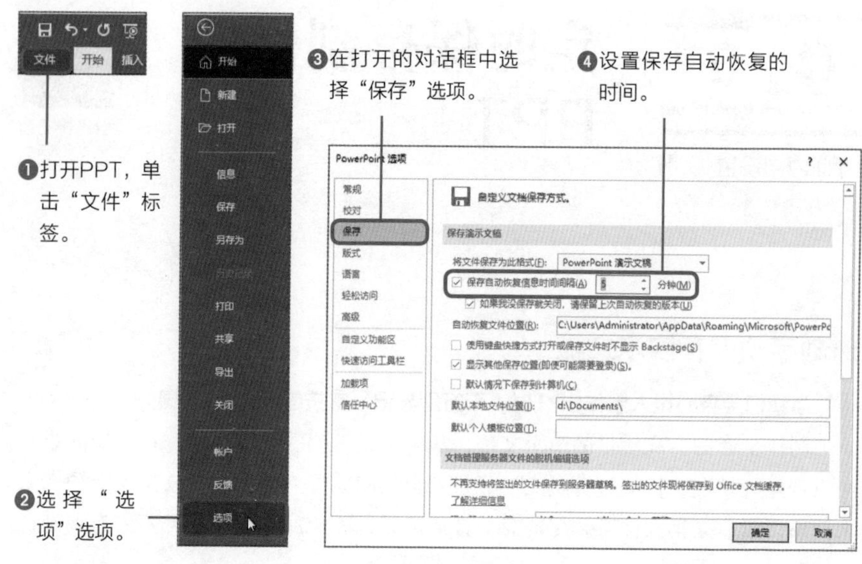

如果PPT非正常关闭，而且没及时保存，当下次再打开PPT软件时，界面左侧会自动打开“文档恢复”导航窗格，在其中选择需要恢复的文稿即可打开，而且文稿内容会恢复到关闭前的状态，然后将其保存即可。如果不需要恢复文稿，直接单击右下角“关闭”按钮即可。

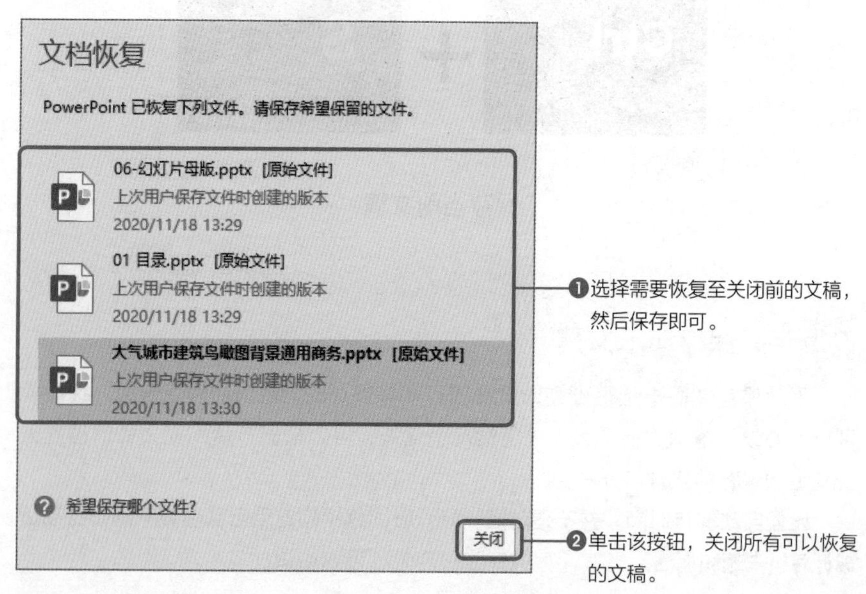

PPT内部设置

增加撤销操作步骤的次数

扫码看视频

手动撤销和反撤销

在现实生活中，我们会后悔做某件事，然后说“如果时间能倒流，我绝对不会……”。现实是没有后悔药的，但是在PPT中可以随时后悔。

我们不是圣人，犯错是常有的事，但是，**只需要按Ctrl+Z组合键就可以撤销一步操作**，一直按就可以一直撤销。

当我们撤销步数过多时，还可以按Ctrl+Y组合键反撤销。

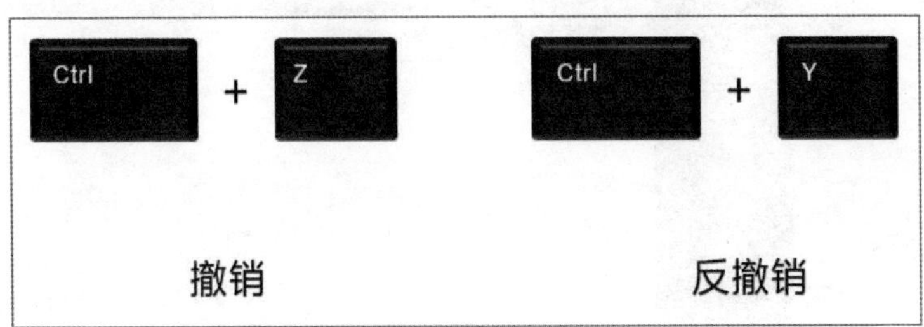

除了使用快捷键外，我们还可以通过快速访问工具栏中相关功能按钮实现撤销和反撤销。

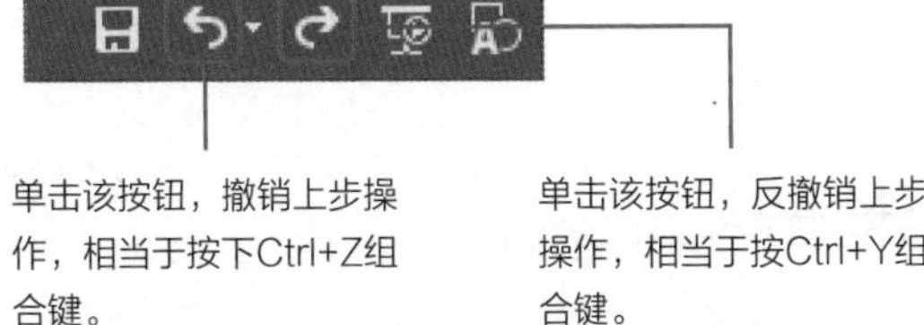

单击该按钮，撤销上步操作，相当于按下Ctrl+Z组合键。

单击该按钮，反撤销上步操作，相当于按Ctrl+Y组合键。

设置撤销的步数

当我们对制作的结果不满意时，需要撤销很多步，但是一直按Ctrl+Z组合键时，突然不能撤回了，而此时文稿的状态并没有达到我们想要的结果。这是最多可撤销的步数不够多导致的。

PPT中默认可撤销的步数为20步，最大可以设置为150步。150步已经足够我们后悔了，不能奢求太多。

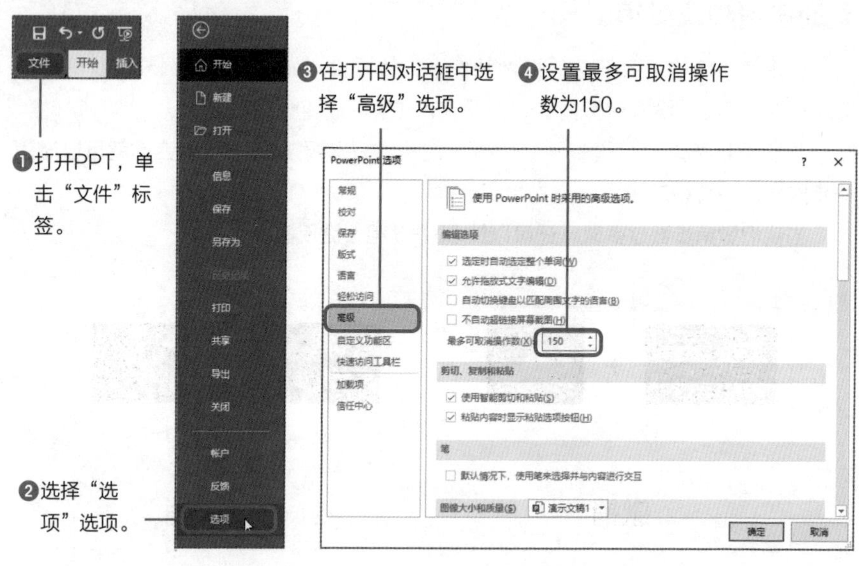

这也很重要!

设置显示最近打开的演示文稿的数量

在“PowerPoint选项”对话框中，选择“高级”选项，在右侧“显示”选项区域中设置“显示此数量的最近的演示文稿”的数值。在演示文稿的“开始”或“打开”界面的右侧会显示设置数量的最近打开的文稿，如果该数值设置为0，则不显示最近打开的文稿。

第1章
09
PowerPoint
PPT内部设置

防止字体丢失

扫码看视频

首先看两页幻灯片

● 原演示文稿的效果

● 其他电脑中的效果

比较两张幻灯片，哪张更符合主题呢？当然是左图，原因是它的字体和幻灯片的风格一致。

那么同样一张幻灯片为什么在不同电脑中会出现不同的效果呢？因为，不同的电脑安装的字体不同，如果**电脑中字体和幻灯片中字体不匹配就会自动替换为其他字体，出现字体丢失现象**。

PPT中每个元素都是经过精心设计的，字体也是如此，**字体一旦改变了，PPT的整体感觉就没了**。

那么我们该如何解决字体丢失的问题呢？第一种方法，让查看演示文稿的电脑也安装同样的字体；第二种方法，将字体嵌入到文件中。

如果演示文稿流动比较频繁，是无法为每台电脑安装相同的字体的，而且这样有可能会涉及字体侵权。所以，我们推荐第二种方法。

将字体嵌入到文件中

将字体嵌入到演示文稿中，在其他电脑上查看时不需要安装相同的字体，也可以查看原来的效果，而且还可以再次编辑幻灯片中的文本。

下面介绍将字体嵌入到演示文稿中的方法。

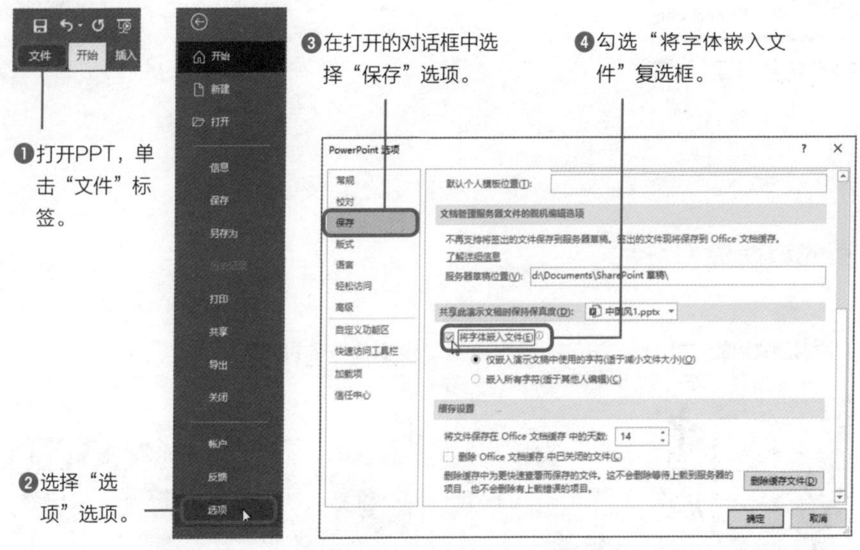

在“PowerPoint选项”对话框中勾选“将字体嵌入文件”复选框后，激活下方两个单选按钮之一。默认选中“仅嵌入演示文稿中使用的字符（适于减小文件大小）”单选按钮，该项含义是只嵌入字符，**优点是文件占用空间小，缺点是无法在其他电脑上编辑**。

选中“嵌入所有字符（适于其他人编辑）”单选按钮，**优点是在其他电脑上可以编辑文本，缺点是文件占用空间会变大**。

为了防止字体的丢失，除了将字体嵌入文件外，我们平时制作PPT时也需要尽量使用常见的字体或者电脑自带的默认字体。

这也很重要!

快速批量替换PPT中的字体

PPT制作完成后，如果需要将指定的字体修改为其他字体，我们可以使用格式刷逐个选中修改。如果需要替换的内容很多，该方法还是比较麻烦的。

我们可以通过“替换”功能实现快速批量替换PPT中的字体。切换至“开始”选项卡，单击“编辑”选项组中“替换”的下三角按钮，在列表中择“替换字体”选项，打开“替换字体”对话框，接着设置要替换的字体和替换为的字体即可。

PPT内部设置

快速为演示文稿减肥

扫码看视频

压缩图片减少内存

制作PPT时，为了更美观、大气、吸引眼球，我们会添加修饰性元素，例如图片、图表、多媒体等。这就使PPT成为一个胖子，需要占用大量空间，同时会导致上传、发送比较慢，甚至失败。

PPT占用空间大多数是使用分辨率高的、清晰的图片导致的。所以，我们首先要为PPT中的图片瘦身。

我们在使用图片时，经常裁剪图片，只保留需要的部分，但**裁剪掉的部分并没有从PPT中删除，仍然保留在PPT中并占用空间**。首先我们要清除这部分内容。

下面介绍压缩图片的操作方法。

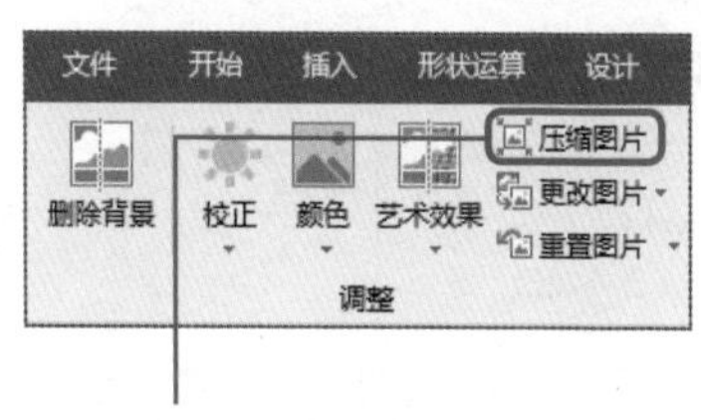

❶选中图片，单击“图片工具-格式”选项卡下“调整”选项组中的“压缩图片”按钮。

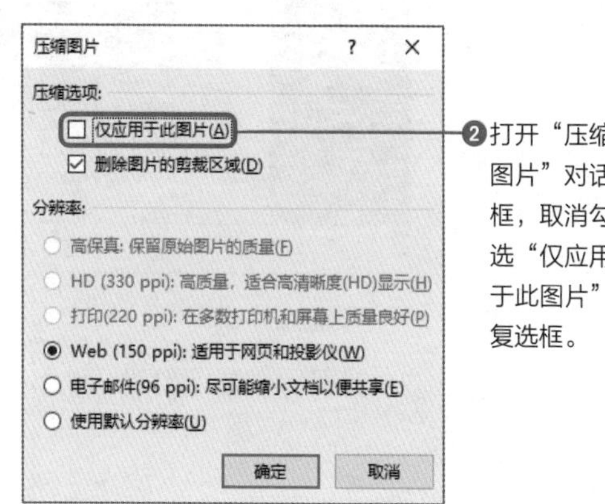

❷打开“压缩图片”对话框，取消勾选“仅应用于此图片”复选框。

如果只压缩当前图片，在“压缩图片”对话框中保持“仅应用于此图片”复选框为勾选状态即可。

在“压缩图片”对话框的“分辨率”选项区域中，默认选中的是“Web（150 ppi）：适用于网页和投影仪”单选按钮，我们可以根据演示文稿的用途选择其他选项。

PPT中图片的分辨率有330 ppi、220 ppi、150 ppi和96 ppi几种。如果用于投影，可使用默认的150 ppi或者220 ppi；如果要发送电子邮件，可使用96 ppi，最大限度减小文档占用空间；如果要打印，可使用220 ppi或者330 ppi，如果打印要求较高，可选择“高保真”选项。

压缩视频

在PPT中插入视频，也会导致PPT的体积变大，所以我们还需要通过压缩视频为PPT瘦身。

下面介绍压缩视频的方法。

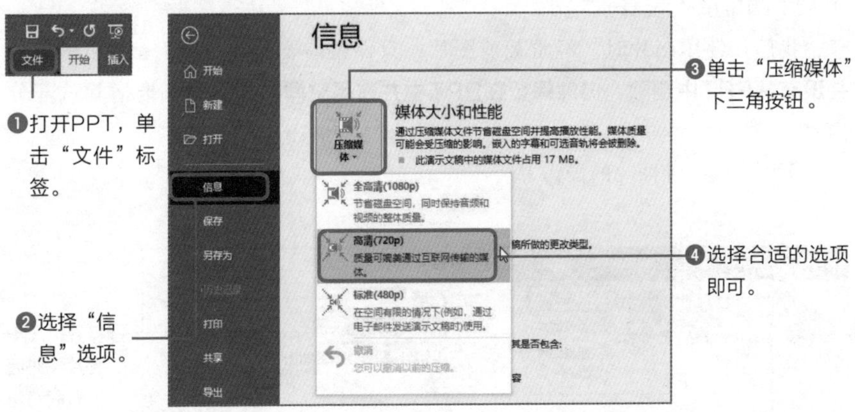

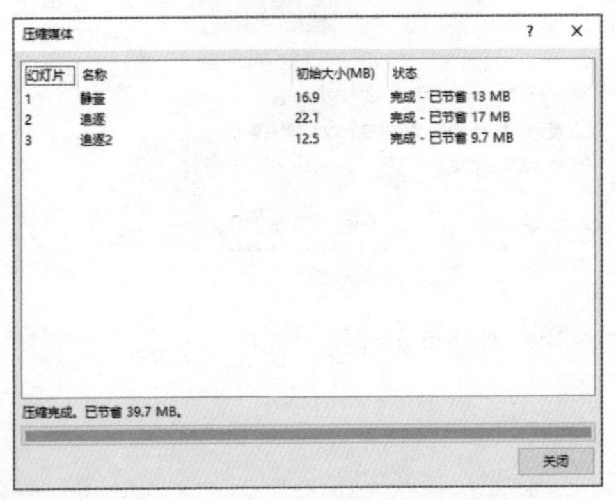

❺执行以上操作后，弹出“压缩媒体”对话框，“幻灯片”列显示压缩演示文稿中哪些幻灯片中有媒体；“名称”列显示媒体对应的名称；“初始大小(MB)”列为各媒体的初始大小，其单位是MB；“状态”列显示压缩的空间，单位也是MB；下方显示总计压缩的空间。

下面介绍“压缩媒体”列表中各选项的含义。

- 全高清（1080p）：压缩视频的空间比较小，可以保持音频和视频的质量。
- 高清（720p）：压缩视频的空间稍大点，和互联网传输的媒体质量差不多。
- 标准（480p）：压缩视频的空间最大，但是视频和音频的质量也最差。

降低默认分辨率

PPT默认的**分辨率比较高，这是为了保留图片的质量，但是会增加文件占用的存储空间**。如果**使用非高保真分辨率，虽然会损失图片像素，但是会减少文件占用的存储空间**。

下面介绍降低默认分辨率的方法。

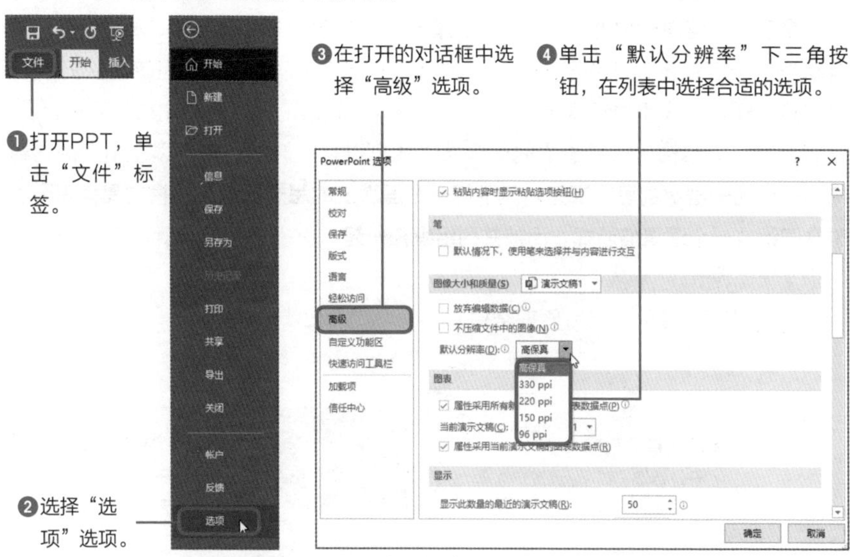

“默认分辨率”列表中包括高保真、330 ppi、220 ppi、150 ppi和96 ppi几个选项。我们可以根据压缩图片中介绍的内容进行选择。

这也很重要!

不压缩文件中的图像

在“PowerPoint选项”对话框“高级”选项的“图像大小和质量”选项区域中勾选“不压缩文件中的图像”复选框，可以保证PPT中图片的质量，但是会增加文件占用的存储空间。如果取消勾选该复选框则会牺牲图片的像素，使文件的空间变小。

演示内容决定PPT的组织架构

扫码看视频

完整演示文稿的框架

什么是金字塔原理

金字塔原理是由麦肯锡国际管理咨询公司的咨询顾问芭芭拉·明托发明的一种思维组织方法。

金字塔原理是一种重点突出、逻辑清晰、主次分明的逻辑思路、表达方式和规范动作。金字塔的基本结构是：中心思想明确，结论先行，以上统下，归类分组，逻辑递进。先重要后次要，先全局后细节，先结论后原因，先结果后过程。

在金字塔结构中，思想之间的联系方式可以是纵向的，也可以是横向的。**纵向是指任何一层次的思想都是对其下面一个层次上的思想的总结；横向是指多个思想共同组成一个逻辑推断式，而被并列组织在一起**。所有思想集合到一起就构成了一个金字塔结构。

下面以图形展示金字塔原理结构。

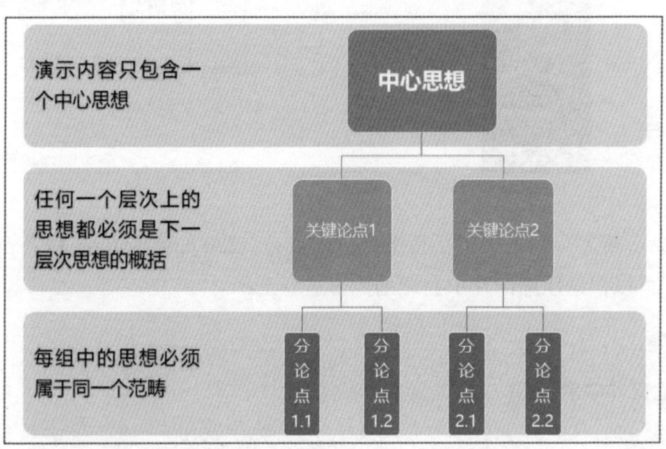

以上图形是使用SmartArt图形制作而成的。

PPT内容结构的类型

内容是演示文稿的核心，也是演讲者要表达的精髓。

当我们接到演示文稿的文字稿时，首先要根据演示的内容确定PPT设计的方向和风格。我们把PPT内容结构分为两种类型：线索型和分散型。

线索型内容结构从开始到结束，整份PPT会有一条完整的线索。前后页之间往往存在着明显的递进关系、因果关系或者是事件发展的时间关系。

对于线索型内容结构的PPT，在制作时要注意以下几点。

- 演示文稿中幻灯片的顺序按照事件的发展顺序排布；
- 上下两页幻灯片之间衔接要合理；
- 要考虑到整份演示文稿的连贯性。

分散型内容结构包含了明确划分的几个部分，而且各部分之间可以是递进的、按顺序的或者并列的。

对于分散型内容结构的PPT，在制作时要注意以下几点。

- 需要合理安排各部分顺序；
- 各部分的设计主题可以不同；
- 需要有良好的过渡展示相关内容；
- 可以通过超链接使各部分之间产生关联。

● 线索型PPT架构图

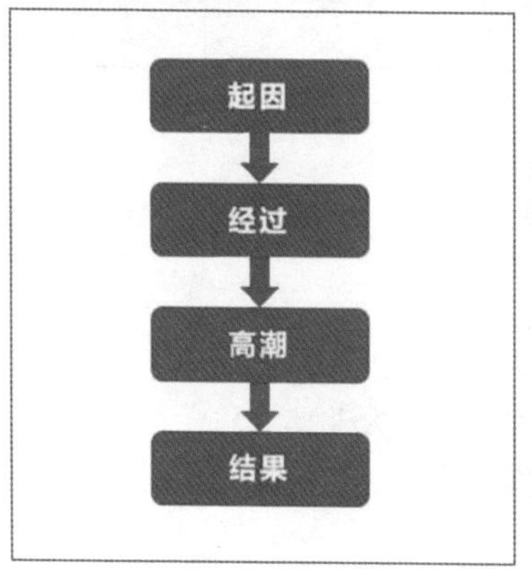

● 分散型PPT架构图

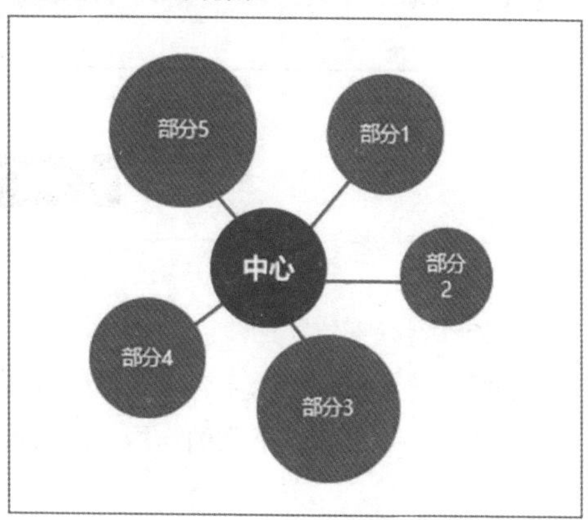

梳理演示文稿的框架

扫码看视频

完整演示文稿的框架

一份完整演示文稿的结构

一份完整的演示文稿包含的页面内容可以分为5个部分：封面、目录、过渡页、内容页和封底。

我们根据金字塔原理将5部分内容以图形方式展示如下。

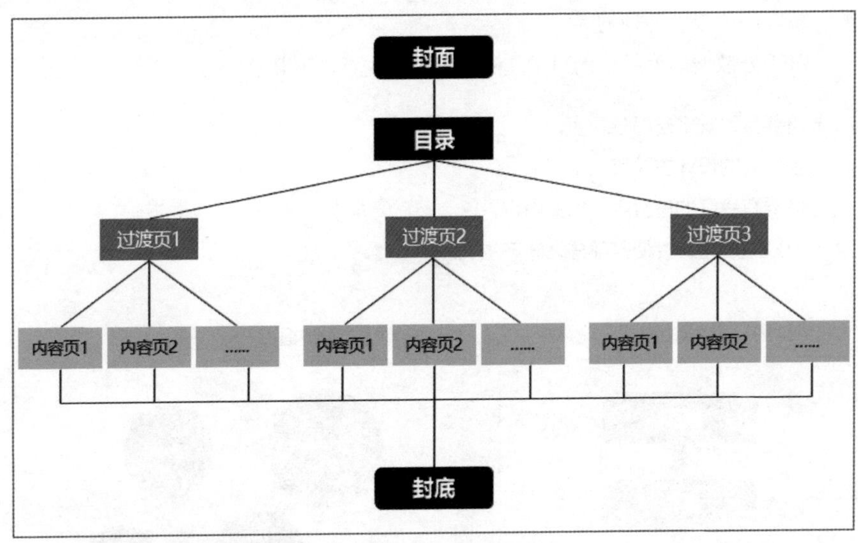

封面往往强调第一印象，是PPT制作的重中之重。

目录页主要展示演示文稿的纲要和架构，所以要结构清晰。

过渡页起到衔接上下文的作用。目录页包含几部分，演示文稿中就包含几张过渡页。

内容页是演示文稿的主体，根据展示的内容和观点制作求同存异的内容页。

封底是整份演示文稿的谢幕，收敛有度，才能让人回味无穷。

演示文稿内容的组成元素

制作演示文稿常用的元素一览

幻灯片中包含哪些元素

我们在制作演示文稿时都是在幻灯片中添加各种元素，并使其准确、美观地表达内容和思想。**一般而言，幻灯片由两部分组成：元素和逻辑**。

元素就是幻灯片中添加的内容，也是表达内容的有力证据。PPT中最基本的元素包括文字、图片、形状、图表、表格、多媒体、动画、配色。各种元素起到不同的作用，合理地结合在一起就是高质量的PPT了。

下面我们以一页幻灯片为例介绍包含的元素。

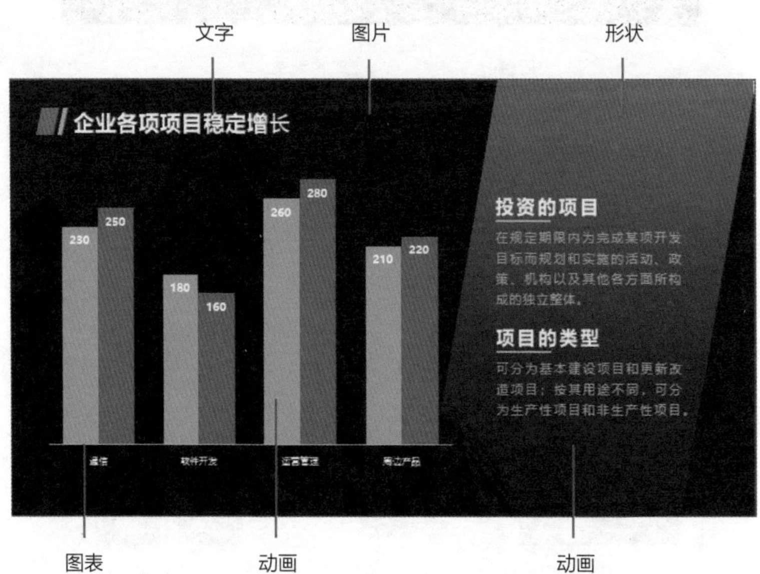

在幻灯片中设计各元素时，要遵循4大原则：对齐、亲密、对比和重复。要将关联的元素放在一起，并整齐排列，同时要突出重点内容，并且保证演示文稿的统一。这部分内容将在之后的章节中详细介绍。

逻辑是我们制作PPT时常用的概念，每页幻灯片都逻辑清晰，每份演示文稿都逻辑合理，才能更好传达演讲者的观点。

每页幻灯片都包含一个大标题，而**幻灯片中的所有内容都是支撑大标题的逻辑关系**。下图标题为“企业各项项目稳定增长”，这是结论，幻灯片中的图表、数字和文本都是结论的论据，整体观点鲜明、易懂。

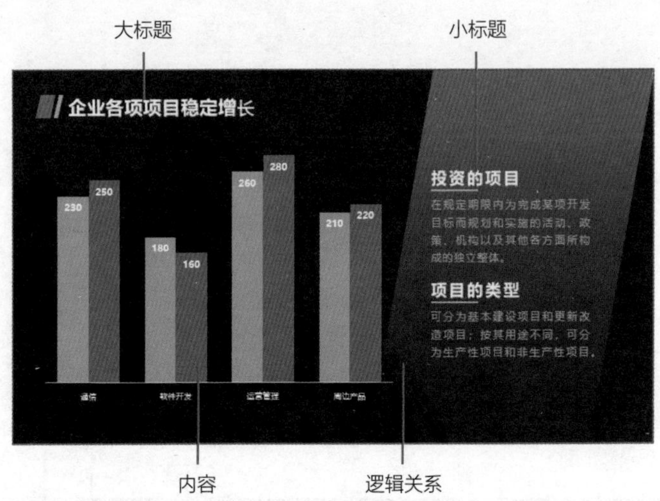

演示文稿包含哪些元素

在“梳理演示文稿的框架”中，我们介绍了一份完整的演示文稿包含哪些页面，此处以《工作总结》为例展示演示文稿的相关页面元素。

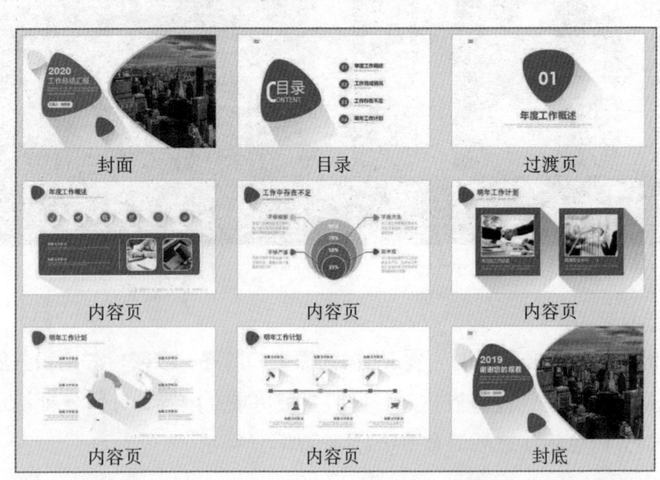

第2章

高效率工作者必备的设计技巧

快速使用常用的工具

设置快速访问工具栏

扫码看视频

认识快速访问工具栏

快速访问工具栏可以帮助我们更加高效便捷地使用PPT中的工具，达到事半功倍的效率。快速访问工具栏顾名思义，可以通过它快速使用PPT中的功能，默认位于页面的左上角，包含保存、撤销、反撤销和从头开始几个功能。

单击快速访问工具栏右侧的下三角按钮，在列表中可以选择预设功能对应的选项，快速将选中功能添加到快速访问工具栏中。同样，如果取消选择某功能选项，即可将其从快速访问工具栏中删除。

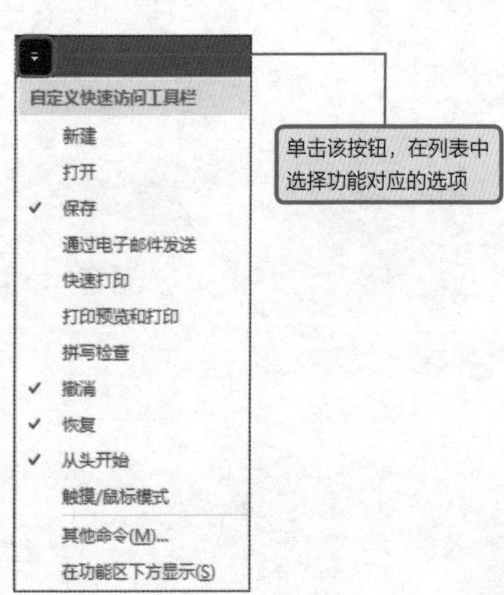

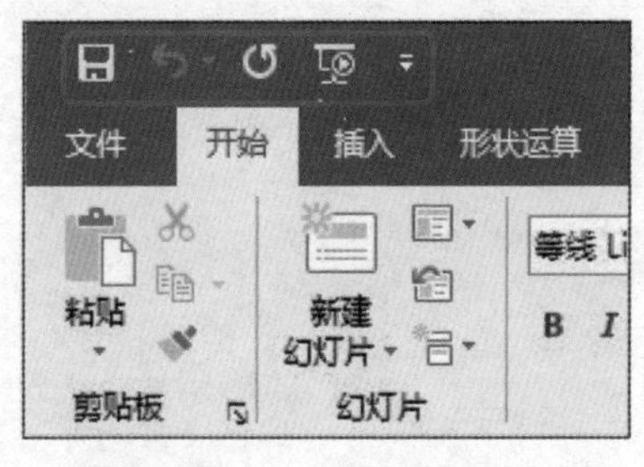

快速访问工具栏的作用如下。

- 放置入口较深又比较常用的功能；
- 放置高频使用的功能。

自定义快速访问工具栏的方法

快速访问工具栏这么好用，可不可以将多数功能都放在这里呢？当然不行，否则快速访问工具栏就变成杂货铺了。我们**最好是将经常使用的功能添加到该工具栏中**，以节省我们在不同的选项卡之间切换选择功能的时间。

我们可以通过两种方法将功能添加到快速访问工具栏，分别是右键菜单法和对话框法。

- **右键菜单法：将光标移到功能区指定的功能按钮上，单击鼠标右键，在快捷菜单中选择“添加到快速访问工具栏”命令。无论该功能按钮是否被激活都可执行该操作。**

- **对话框法：打开“PowerPoint选项”对话框，选择“快速访问工具栏”选项，在中间区域选择添加的功能选项，单击“添加”按钮，即可添加到快速访问工具栏中。我们还可以通过对话框右侧“上移”和“下移”按钮调整功能在快速访问工具栏中的位置。**

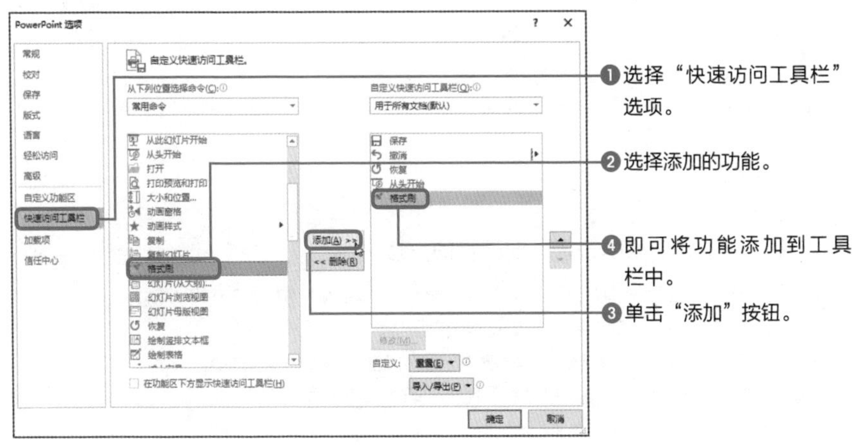

体验使用快速访问工具栏的优越性

假设我们需要为圆形自定义填充颜色，颜色的RGB的值分别为32、232、151。常规操作如下。

1. 选中形状；

2. 切换至“绘图工具-格式”选项卡；

3. 单击“形状填充”下三角按钮；

4. 在列表中选择“其他填充颜色”命令；

5. 在打开的“颜色”对话框中设置RGB的值。

使用快速访问工具栏进行操作如下。

1. 选中形状；

2. 单击快速访问工具栏中“其他形状填充颜色”按钮；

3. 在打开的“颜色”对话框中设置RGB的值。

从以上操作可见使用快速访问工具栏可以节省操作的时间，提高操作的效率。下面我们再以图的形式展示两种操作。

● **常规操作**

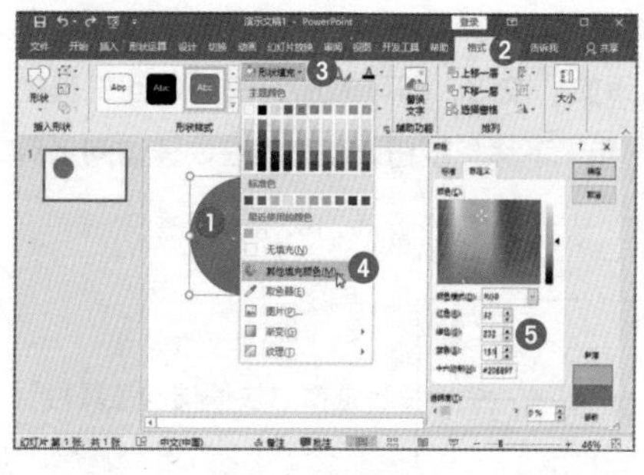

● **通过快速访问工具栏操作**

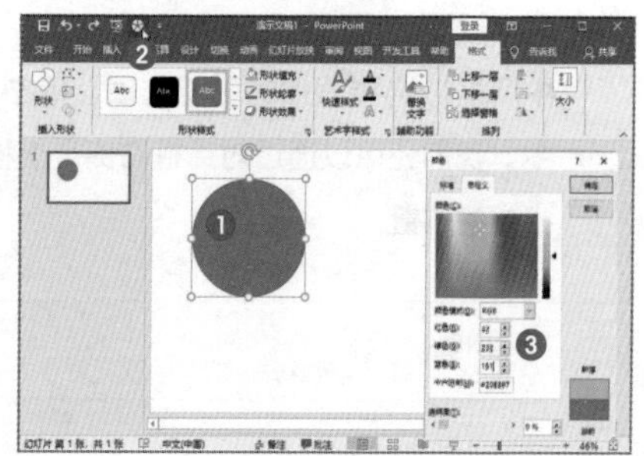

这也很重要!

打开“PowerPoint选项”对话框的方法

在PPT中很多设置都需要打开“PowerPoint选项”对话框，第1章中介绍了通过“文件>选项”的方法打开该对话框，下面再介绍两种常用的方法：

- 单击“快速访问工具栏”右侧下三角按钮，在列表中选择“其他命令”选项；
- 在功能区任意空白处或功能按钮上右击，在快捷菜单中选择“自定义功能区”命令。

快速使用常用的工具

根据习惯调整快速访问工具栏的位置

扫码看视频

快速访问工具栏在功能区上方合适吗

正所谓"工欲善其事，必先利其器"，建议每个常使用PPT的职场人，都花很短的时间调整你的快速访问工具栏，更省时省力地制作PPT。

至此，快速访问工具栏并没有介绍完！先看下面两张图，比较哪个快速访问工具栏使用更方便。

● 快速访问工具栏在功能区上方

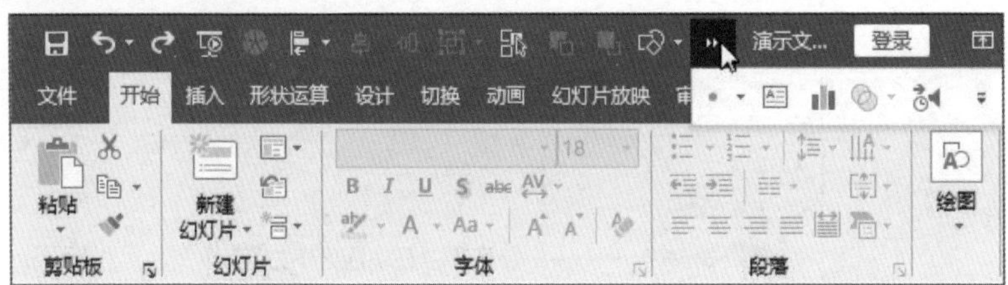

● 快速访问工具栏在功能区下方

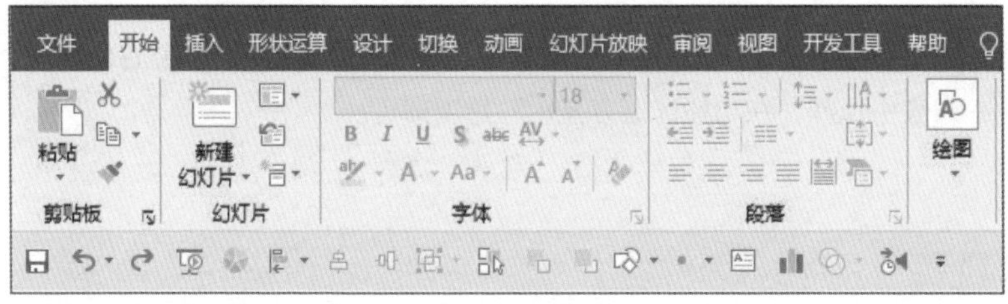

快速访问工具栏在功能区上方时，如果添加的功能比较多，会有部分功能不能完整地显示，需要单击右侧■按钮显示隐藏的功能。而且快速访问工具栏中的所有功能按钮都是白色，我们只能靠外观来直观地判断该按钮是什么功能，辨识度较低。我们在幻灯片中选中元素后，需要移动到窗口上方单击按钮，也很不方便。

快速访问工具栏在功能区下方时，可以显示完整的功能，不需要和标题共用有限的空间。而且各功能按钮是原来的样式，辨识度也会增强，使用按钮时也不需要大幅度移动鼠标。

调整快速访问工具栏位置的方法

快速访问工具栏在功能区下方如此方便，那如何调整其位置呢？单击快速访问工具栏右侧下三角按钮，在列表中选择“在功能区下方显示”选项即可。

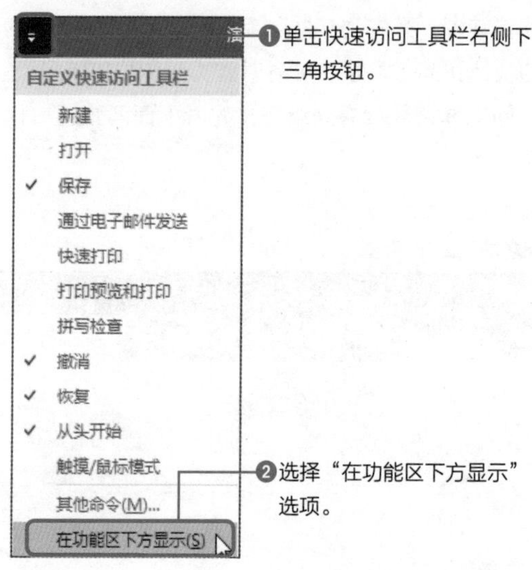

如果需要将快速访问工具栏移到功能区的上方，则再次单击右侧下三角按钮，在列表中选择“在功能区上方显示”选项即可。

这也很重要!

添加功能注意事项

我们向快速访问工具栏添加相关功能时，建议将同一类的功能放在一起，例如形状、编辑形状、形状填充、形状轮廓等。

如果要从快速访问工具栏中删除功能，在工具栏中右击功能按钮，在快捷菜单中选择“从快速访问工具栏删除”命令即可。

元素的对齐工具

高手必备的常用工具

对齐工具

对齐是设计四大基本原则之一。对齐工具也是我们制作PPT时最常用的工具之一。第1章介绍过参考线和智能参考线，我们经常根据它们拖曳元素进行对齐。本节将介绍PPT中的对齐工具，共包含8种对齐方式，分别为**左对齐、水平居中、右对齐、顶端对齐、垂直居中、底端对齐、横向分布和纵向分布**。

● **8种对齐方式**

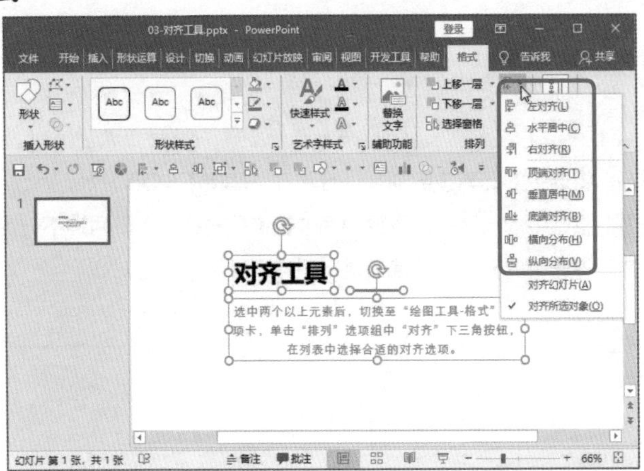

对齐工具对PPT中所有元素都适用。选中文字、形状、图片、图表等后，在对应的"格式"选项卡下都包含"排列"选项组，其中包含"对齐"功能。

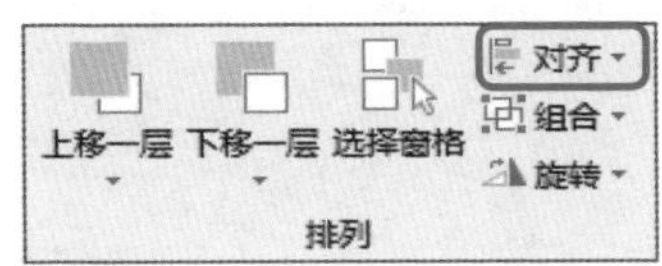

对齐的效果

下面我们通过文本框和直线形状展示8种对齐方式的效果。

- 左对齐：将选中的元素按照左侧边缘进行对齐，右侧不一定对齐；
- 水平居中：将选中的元素按照水平中间位置进行对齐，左右两侧不一定对齐；
- 右对齐：将选中的元素按照右侧边缘进行对齐，左侧不一定对齐。

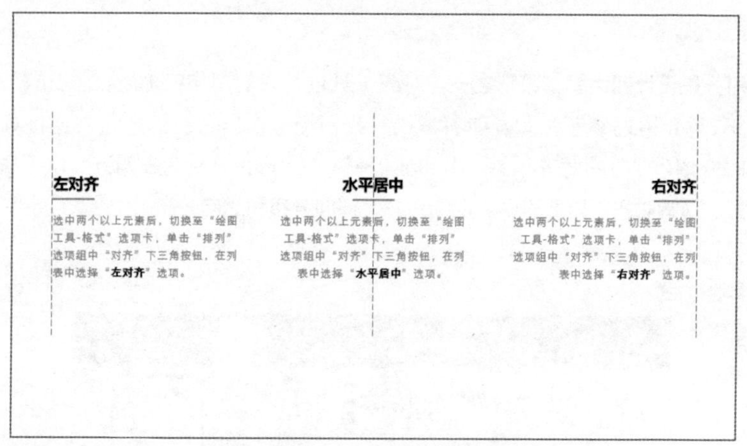

- 顶端对齐：将选中的元素按照顶端进行对齐，底端不一定对齐；
- 垂直居中：将选中的元素按照垂直中间位置进行对齐，上下两端不一定对齐；
- 底端对齐：将选中的元素按照底端进行对齐，顶端不一定对齐。

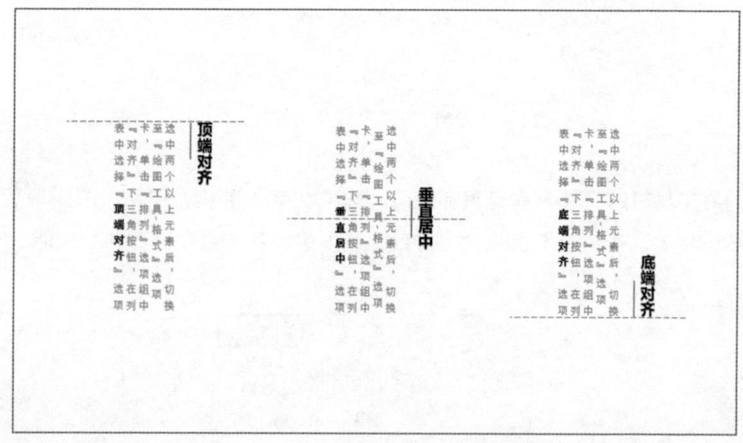

在PPT中选中的元素的数量超过两个时，在“对齐”功能中会激活“横向分布”和“纵向分布”两个选项。

- **横向分布：将选中的元素，以左右两侧元素的边缘为界在水平方向上平均分布，各元素水平之间距离相等；**
- **纵向分布：将选中的元素，以上下两端元素的边缘为界在垂直方向上平均分布，各元素纵向之间距离相等。**

下面以3个文本框为例展示横向分布和纵向分布的效果。

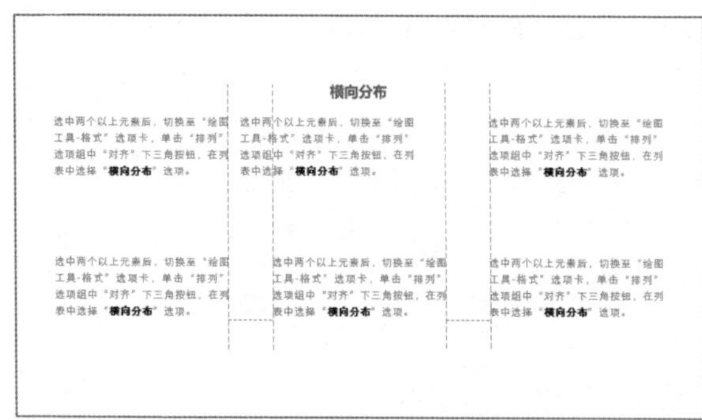

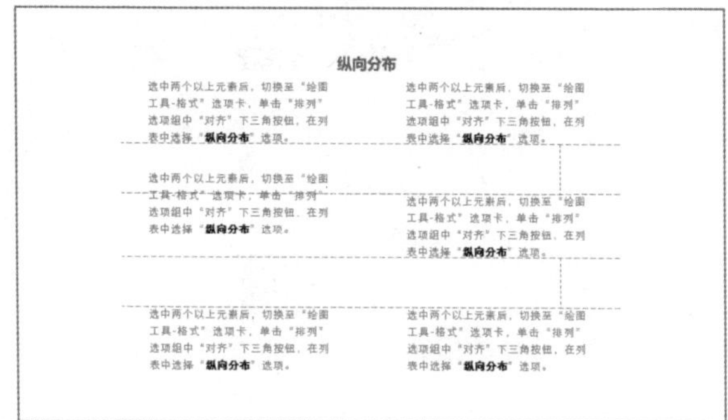

这也很重要!

文本框对齐前的设置

我们在设置文本框和文本框对齐，或者文本框和形状对齐时，经常会出现细微的错乱，这是文本框边距不统一导致的。选中文本框并右击，选择“设置形状格式”命令，在打开的导航窗格中切换至“大小与属性”选项卡，在“文本框”选项区域设置相同的左边距、右边距、上边距和下边距的值。文本框和形状对齐时建议将边距值设置为0。

高手必备的
常用工具

形状的合并工具

扫码看视频

认识合并工具的成员

合并形状功能一直是被忽略的高级工具，在PowerPoint 2010版本之前是隐藏的功能，而且只能对形状进行运算。直到PowerPoint 2013版本才在功能区显示该功能，但是在非常隐蔽的位置。此时，**合并形状功能扩展到形状与形状、形状与文本、形状与图片、文本与文本、图片与图片之间的运算**。

选中两个形状后，在“绘图工具-格式”选项卡下“插入形状”选项组中可以看到“合并形状”功能，其列表中包含结合、组合、拆分、相交、剪除功能。

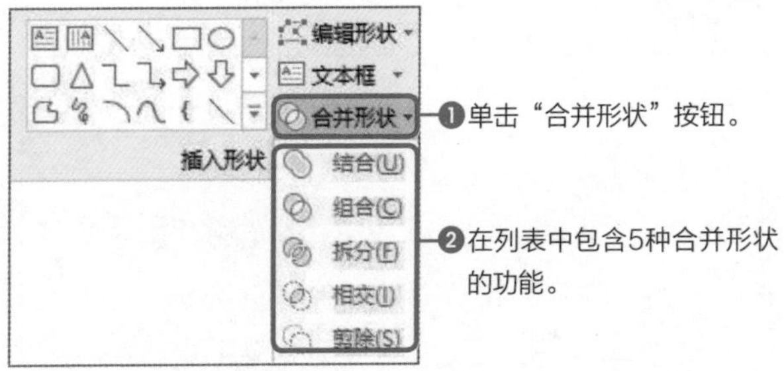

下面介绍5种合并形状功能的用途。

- 合并：两个形状合并为一个形状。
- 组合：两个形状合并的同时，相交的部分被去除。
- 拆分：两个形状和相交的部分单独拆分开。
- 相交：只保留两个形状相交的部分。
- 剪除：在选中的第1个形状中剪去第2个形状。

如果是PowerPoint 2013以前的版本，需要将这几个功能调出来。我们可以新建一个选项卡存放合并形状的功能，也可以在相关选项卡中新建选项组存放功能。

接着，详细介绍新建选项卡存放功能的操作。打开“PowerPoint选项”对话框，选择“自定义功能区”选项，单击“新建选项卡”按钮。选择新建的选项卡，单击“重命名”按钮，在打开的对话框中设置选项卡的名称。单击“新建组”按钮，根据相同的方法重命名选项组。

设置“从下列位置选择命令”为“不在功能区中的命令”，在中间选择合并形状的相关功能，单击“添加”按钮，根据相同的方法逐个添加即可。操作完成后即可在功能区显示创建的选项卡以及相关功能按钮。

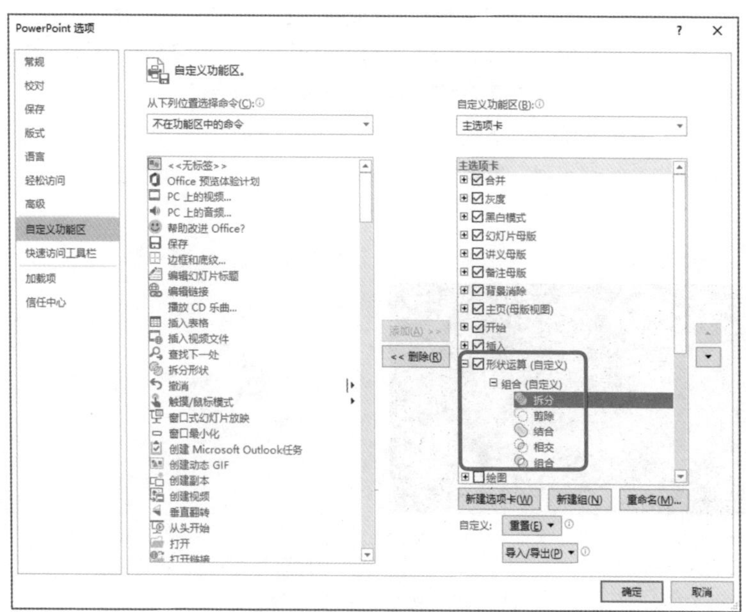

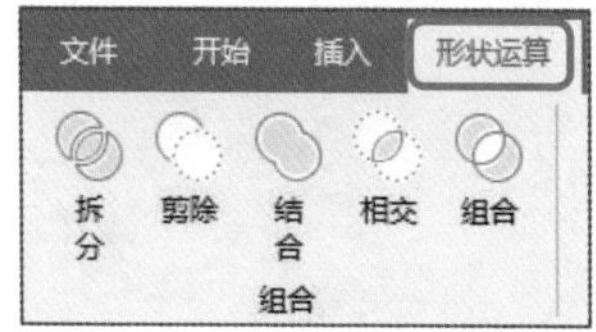

形状合并功能的效果

我们利用合并形状功能可以制作出很多在“形状”列表中没有的形状以及不同的图片效果。在使用合并形状功能时，选择形状的顺序不同得到的结果也不同，先选择的形状会作为底层，后选择的形状会在底层上操作。

● 初始形状

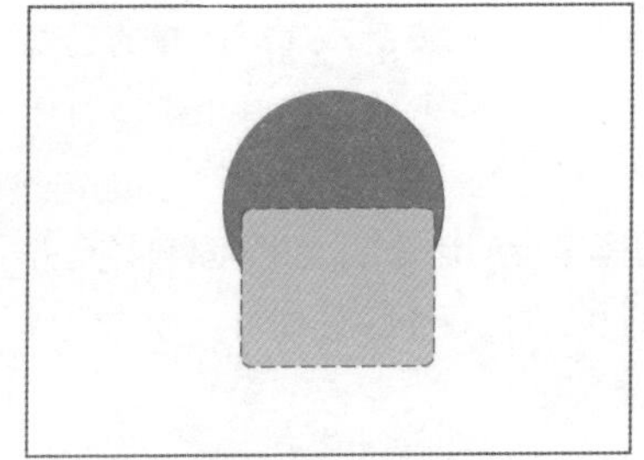

● 合并形状的效果

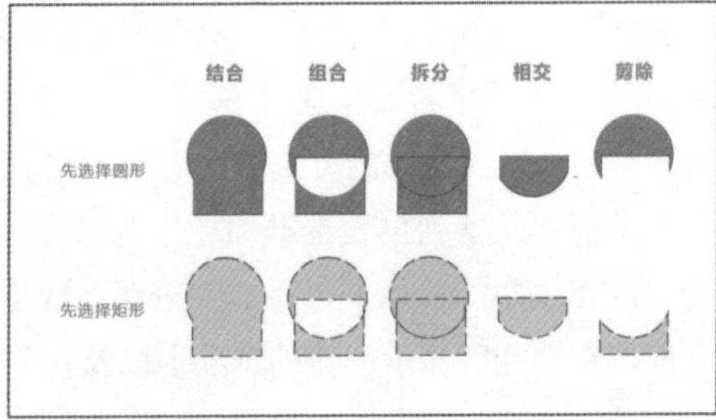

初始的圆形填充颜色为绿色、实线橙色的边框，矩形填充颜色为黄色虚线蓝色边框。从运行的结果可见**结果形状应用先选择形状的格式**。

学完合并形状知识后，下面介绍形状与形状之间以及形状与图片之间的合并效果。其操作方法都相同，效果如下。

● 形状与形状的运算

背景是一张图片，包括樱桃、蓝莓等共3种水果，为了不让另外两种水果分散人的注意力，添加和页面等大的矩形并填充黑色设置透明度。然后添加圆形，只覆盖在樱桃上，并将两个矩形进行合并。

● 形状与图片的运算

在小猫图片上方绘制圆形，使其覆盖住想要的部分，然后选中图片，再选中圆形，并执行“相交”运算。

这也很重要!

合并形状的技巧

5种合并形状的功能太难记了，经常分不清该使用哪种才能得到想要的结果。这不只是初学者的困惑哦！很多PPT高手也有这样的感觉。此时，我们可使用合并形状中的“拆分”功能，删除不需要的形状。

高手必备的常用工具

颜色的吸取工具

扫码看视频

取色器

在制作PPT时绕不开配色的话题，这也是很难掌握的，最主要是它直接影响PPT的视觉效果。我们可以通过PPT中的“取色器”进行配色，在第8章中介绍通过企业标志或网站进行配色时，“取色器”大显身手。

当我们设置**形状的填充和轮廓颜色、字体颜色时，在对应的列表中都有“取色器”选项**。

● **形状填充**

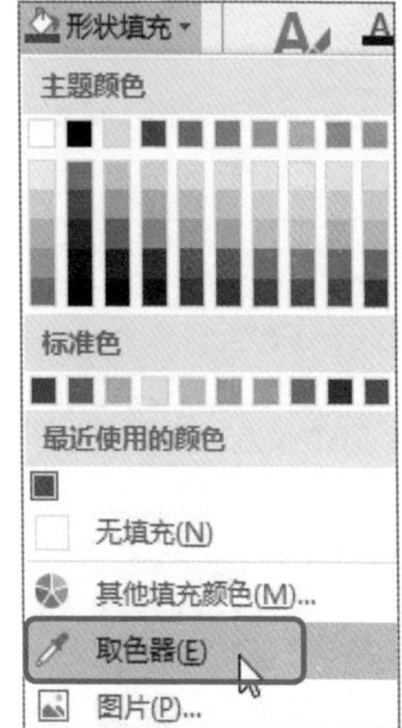

● **形状轮廓**

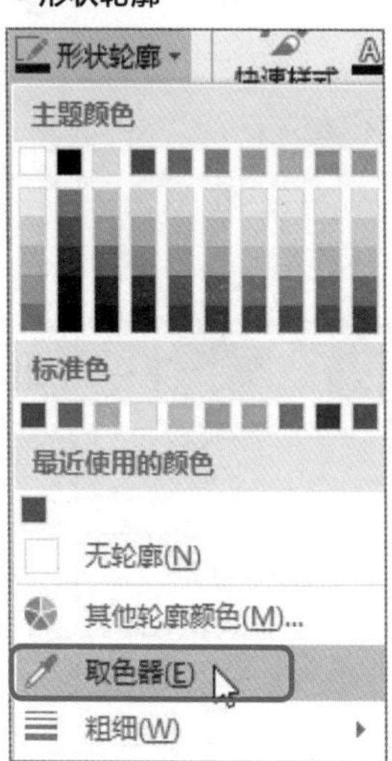

● **字体颜色**

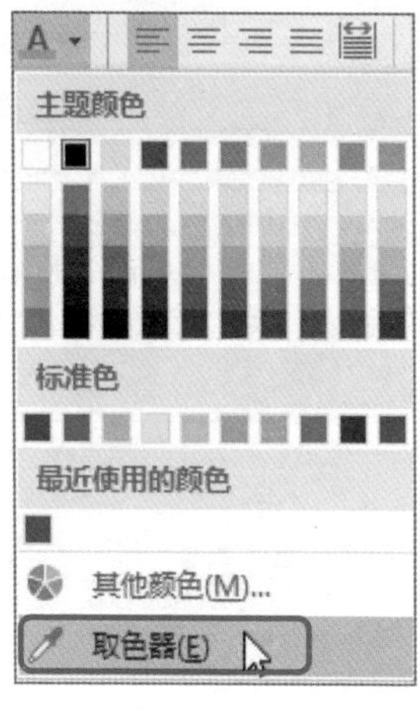

当选择“取色器”选项后，光标变为吸管形状，在右上角的矩形中显示吸取的颜色，以及颜色的RGB的值。

取色器的应用

取色器除了可以吸取PPT页面之内的颜色外，还可以吸取页面之外的任何颜色，包括电脑屏幕上的。

首先介绍吸取页面内的颜色，将幻灯片中的圆形填充为标志图片中对应的颜色。

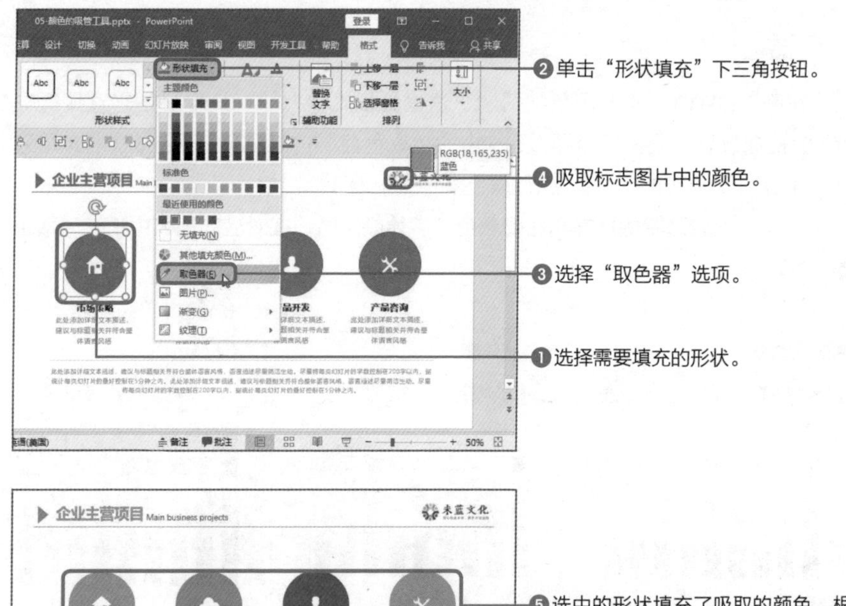

可以帮助其他办公软件填充想要的颜色

熟悉Office办公软件的读者，应当都知道“取色器”只在PowerPoint中存在，在Word和Excel中是没有该功能的。如果在Word或者Excel中需要填充想要的颜色，又不能确定颜色的RGB值，该如何应用呢？打开PowerPoint吸取想要的颜色，记录RGB的值，然后返回Word或Excel中输入RGB的值即可。

接着介绍吸取页面之外的颜色，我们可以吸取桌面的背景的颜色、桌面上各种快捷图标的颜色、打开的其他软件中的颜色等。

下图中PPT主题颜色是红色，打开一张照片并吸取其中深青色更改PPT的主题颜色。同样**选择“取色器”选项**，接着**按住鼠标左键不放并拖曳到页面外吸取颜色，然后释放鼠标左键即可完成吸取页面外的颜色**。

❸光标从页面中拖出到图片上吸取颜色。

选中的文本填充了吸取的深青色。根据相同的方法为其他红色形状填充深青色，然后对比设置不同主题色后PPT的效果。

● **主题色为红色**

● **主题色为深青色**

高手必备的
常用工具

图片的裁剪工具

扫码看视频

裁剪图片

PPT中最为常用的元素，除了文字，就是图片了。我们费尽心思找到的心仪图片，其大小一般都需要调整，此时就要使用图片的裁剪工具。**使用裁剪功能可以在图片中保留需要的内容，去除多余的部分**。

在PPT中选择图片，在功能区显示“图片工具-格式”选项卡，通过“大小”选项组中的“裁剪”功能裁剪图片。

下面是介绍“狗狗的嗅觉”的幻灯片，直接使用了原图。

● 使用原图制作幻灯片的效果

图中狗狗挺立的耳朵、犀利的眼睛、灵敏的鼻子，表达的详细信息很多，整体的构图也很好。但是幻灯片主题是嗅觉，和鼻子相关，所以图片需要进一步修整。

选中图片，单击“图片工具-格式”选项卡下“大小”选项组中的“裁剪”按钮。图片四周出现裁剪框，移动光标到裁剪框上按住鼠标左键拖曳，即可裁剪图片。在裁剪框内的图片为保留的内容，在裁剪框外变为灰色的图片是被裁剪的部分。

放大图片并移到页面的左侧，在页面空白处添加矩形并填充和图片背景相同的颜色，最后进行细微调整。

● **裁剪图片后制作幻灯片的效果**

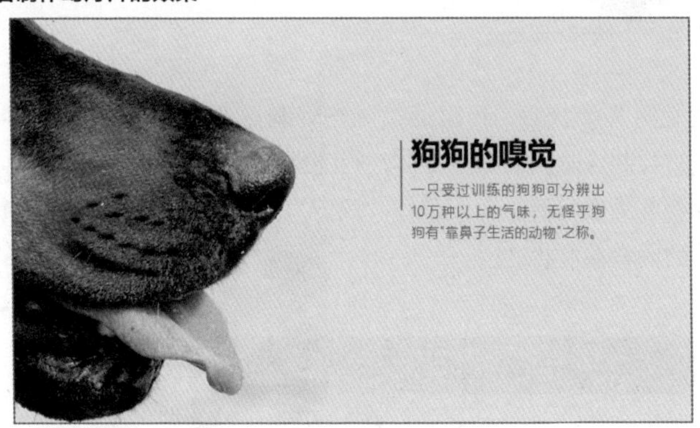

裁剪为形状

我们在介绍形状的合并工具中介绍了将图片和形状进行运算得到圆形的图片效果。**在裁剪图片时也可以将图片裁剪成PPT中内置的形状样式**，制作出不同风格的效果。

要在幻灯片母版中添加元素，首先要进入幻灯片母版视图。PPT中母版分为幻灯片母版、讲义母版和备注母版3类。

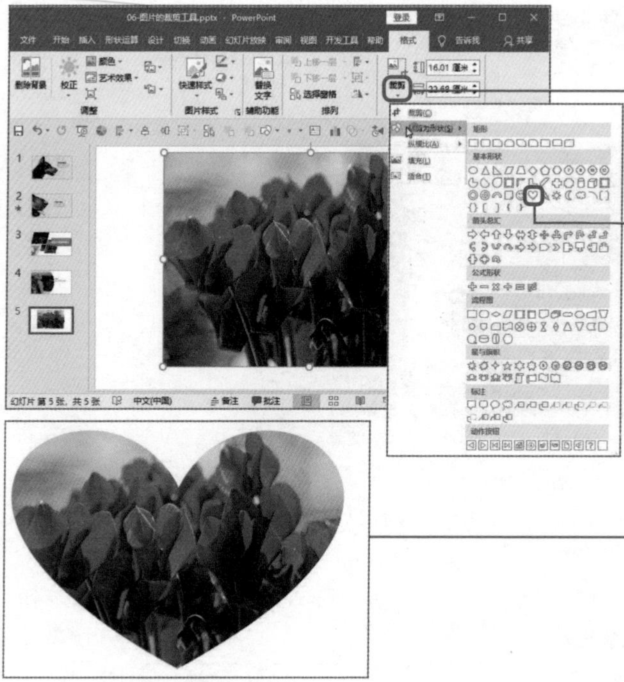

❶选择图片，单击“图片工具-格式”选项卡中“裁剪”下三角按钮。

❷在列表中选择“裁剪为形状”选项，在子列表中选择心形。

❸选中的图片会裁剪为心形。

将图片裁剪为形状后，可以通过调整控制点调整图片的大小，但是需要注意，当拖曳边控制点时图片容易变形，所以要调整4个角控制点。

将图片裁剪为形状后，再次单击“裁剪”按钮，可以通过调整图片的大小、位置使需要的内容在形状之内。

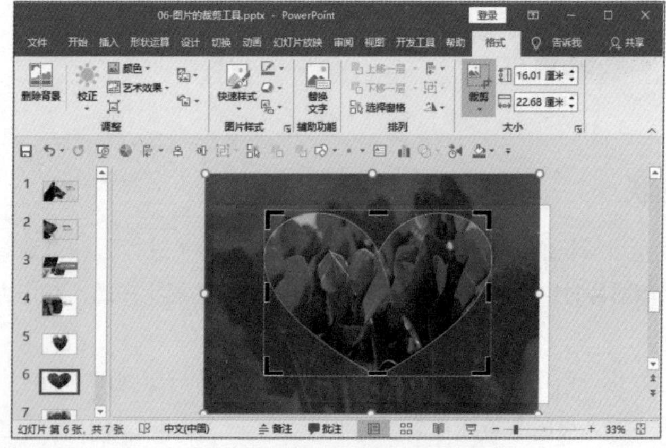

在PPT中将图片裁剪为形状，其纵横比是根据图片的纵横比进行裁剪的。我们可以先对图片进行裁剪以确定形状的纵横比，例如，将图片裁剪为瘦长形时，裁剪心形后也是瘦长的；裁剪为扁平形时，裁剪心形后也是扁平的。

通过将图片裁剪为不同的形状，可以方便地制作出不同的效果。下面展示将图片裁剪为平行四边形和圆形的效果。

● **将图片裁剪为平行四边形**

● **将图片裁剪为圆形**

按纵横比裁剪图片

在“裁剪”功能中还有一个按“纵横比”选项，在该选项中**只能按照默认的纵横比裁剪图片，无法自定义纵横比**。纵横比分为方形、纵向、横向3种。

通过按纵横比裁剪图片，可以准确地裁剪图片，例如裁剪16：9的图片作为幻灯片的页面背景。还可以将页面中多张图片按统一纵横比裁剪，然后调整为相同的高度或宽度并通过对齐工具排列，使图片更整齐。

在制作企业的人物介绍时，每位员工提供的图片大小、纵横比各不相同。下面介绍通过纵横比裁剪图片的方法。

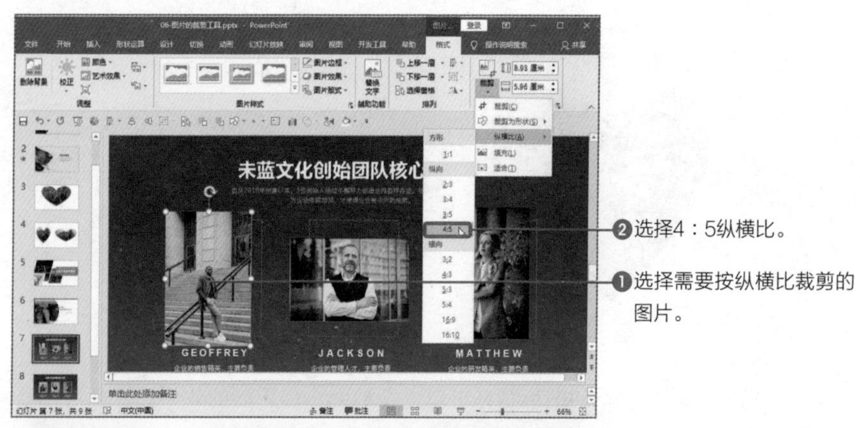

这也很重要!

3种裁剪方式可以叠加使用

我们对图片进行裁剪时，可以将3种裁剪方式叠加使用，即按纵横比裁剪图片时，可以裁剪为形状，也可以普通裁剪。例如在将图片按4：5裁剪后，还可以裁剪为形状。

元素的层次工具

扫码看视频

高手必备的常用工具

认识元素的层次

在幻灯片中设计内容时，各元素分别在不同的层次上，类似Photoshop中的图层。**位于上层的元素会覆盖和下层元素重叠的部分**。

下面以柱形图图表的幻灯片为例展示各元素的层级关系。该幻灯片中包括背景图片、背景半透明的矩形、平行四边形、图表和文本。

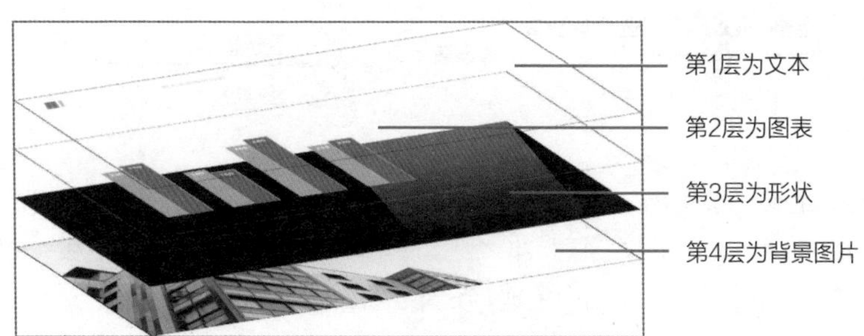

只有合理地将元素分层显示，才能得到设计的结果。如果元素的层次被打乱可能会影响展示的效果。例如将图表由第2层向下移到第3层，即将图表移到形状的下一层，如下右图所示。

● 合理的元素层次效果

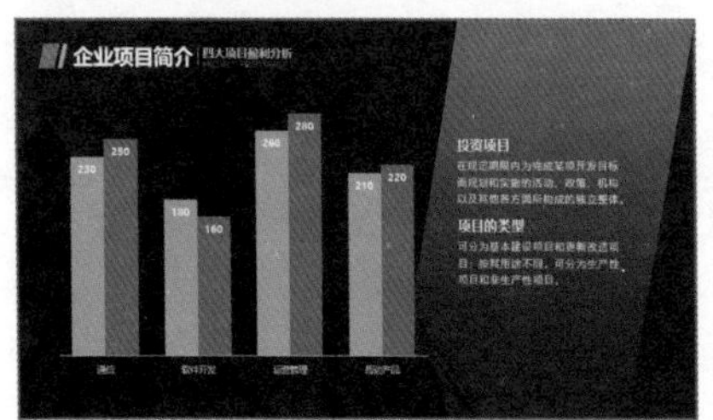

● 调整图表层次的效果

调整元素层次的工具

在页面中选中任何元素后，在对应的“格式”选项卡的“排列”选项组中通过“上移一层”和“下移一层”功能可以调整元素的层次。或者右击元素，在快捷菜单中选择“置于顶层”或者“置于底层”命令。

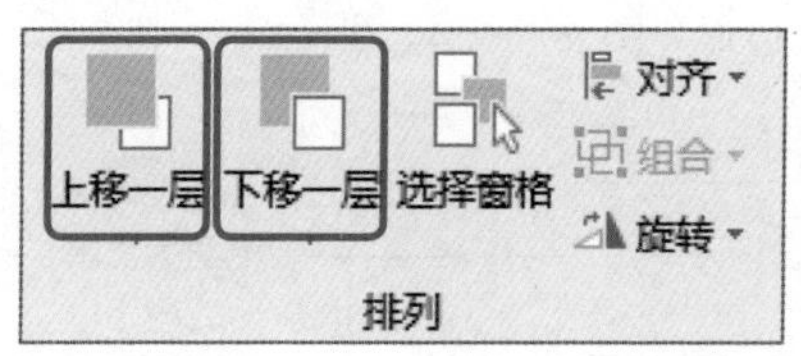

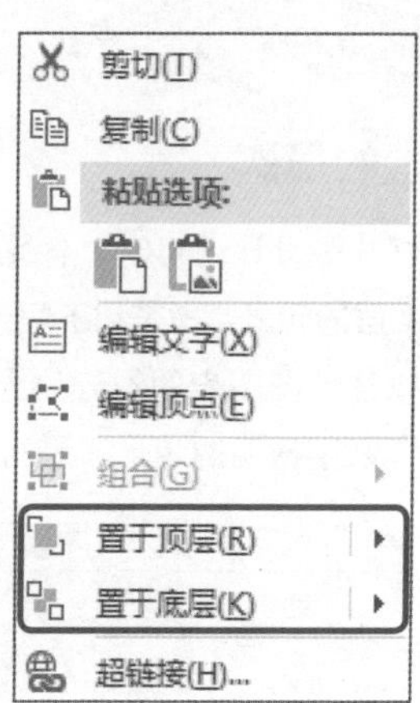

在“上移一层”和“置于顶层”的子列表中包含“上移一层”和“置于顶层”两个选项。在“下移一层”和“置于底层”的子列表中包含“下移一层”和“置于底层”两个选项。下面介绍这4个选项的含义。

- 上移一层：表示将选中的元素移到上一层，每选择一次就向上移动一层。
- 置于顶层：表示将选中的元素移到当前所有元素的最上方。
- 下移一层：表示将选中的元素移到下一层，每选择一次就向下移动一层。
- 置于底层：表示将选中的元素移到当前所有元素的最下方。

高效的两把刷子

扫码看视频

高手必备的
常用工具

认识两把刷子

稍微熟悉Office的读者应当都使用过"格式刷"，PPT中除了这一把刷子外，还有"动画刷"。

"格式刷"可以将一个元素的样式快速复制到另一个元素上，动画是除外的。使用"格式刷"可以统一元素的样式。

"动画刷"可以将一个元素的动画快速应用到另一个元素上，元素的样式除外。使用"动画刷"可以快速应用相同的动画效果。

使用两把刷子时，单击一次只能应用一次。如果需要为多个元素应用相同的样式或动画，可以双击对应的按钮，然后逐个单击需要应用相同格式或动画的元素，最后再次单击对应的按钮即可退出刷子的使用。

格式刷的应用

使用格式刷时，可以为幻灯片中任何相同的元素统一格式，例如为文本设置了字体格式并添加阴影，快速为其他文本应用相同的格式；为形状设置填充、轮廓和效果，可以将其格式应用到其他形状中；为图片添加边框、样式、效果，可以将其格式应用到其他图片中。

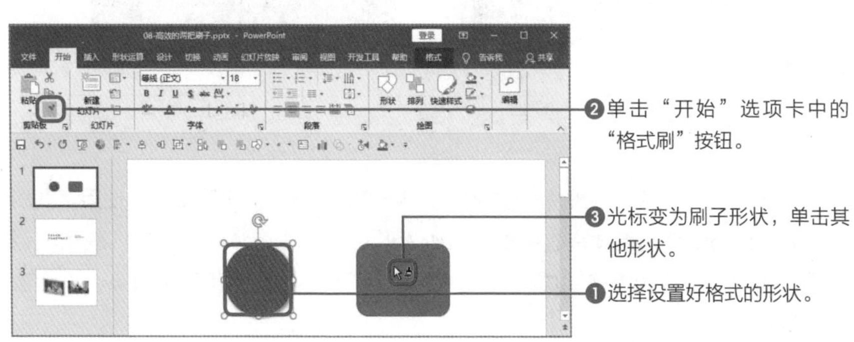

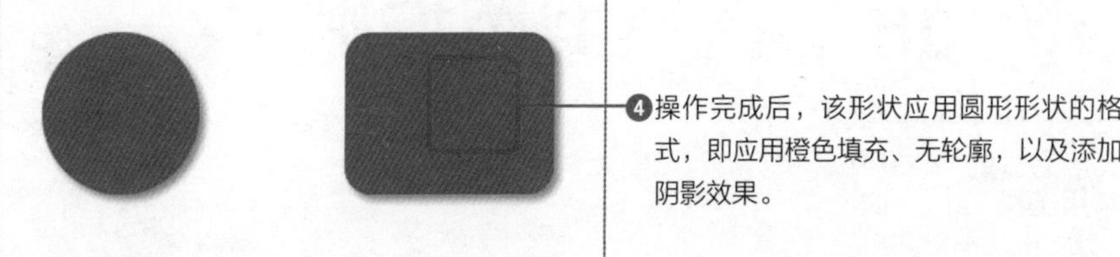

下面提供文本和图片文件，读者可以尝试使用格式刷统一文本和图片的格式。

常在江湖飘
哪能没有两把刷子

常在江湖飘
哪能没有两把刷子

左侧文本设置了字体、字号、字体颜色，并应用了阴影效果。使用格式刷将左侧的文本格式应用到右侧文本上。

左侧图片添加了边框并设置边框的颜色和宽度，应用了三维旋转的效果。使用格式刷将左侧的图片格式应用到右侧图片上。

以上介绍的是在相同的元素之间使用格式刷，**当在不同元素之间使用格式刷时，只能应用两个元素共有的样式**。例如为形状设置填充颜色、轮廓、应用映像效果，当使用格式刷将格式应用到图片上时，图片只能应用轮廓和效果，而无法应用填充格式。

● **将形状格式应用到图片上**

动画刷的应用

当需要为多个元素应用相同的动画效果时，只需要设置一个元素的动画，然后使用“动画刷”为其他元素应用动画。

下面在PPT中制作复杂的逐帧动画的效果。在每个文字下方使用线条添加两条腿，共9个动作，每个动作在特定的时间出现并在特定的时间消失，从而制作出在跳舞的动画效果。

为了简化制作过程，设置每个动作都是相同的动画，即“出现”和“消失”两个动画，且出现和消失的时间也一样。一个文字是9个动作，直接使用动画刷复制制作好的动画，然后为其他8个应用动画即可。

一个文字和9个动作需要设置20个动画，下面为4个文字应用相同的动画，所以该页面共80个动画。

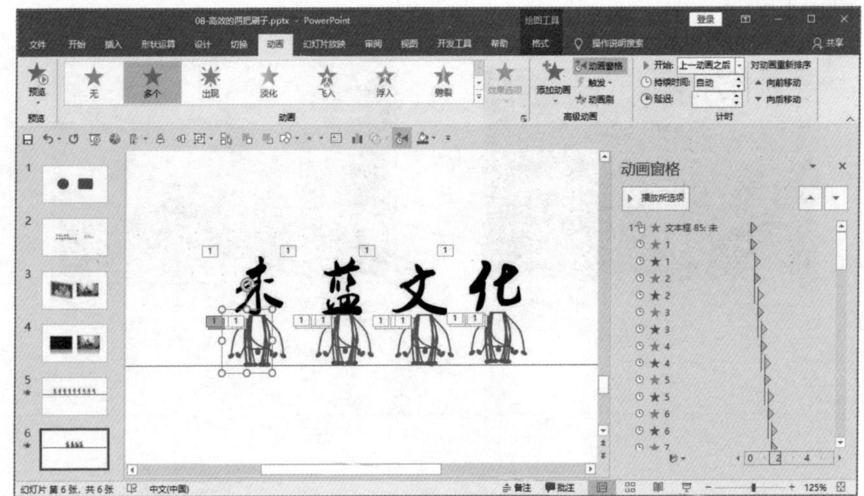

为一个动作设置“出现”和“消失”动画，并设置持续时间，然后双击“动画”选项卡下“高级动画”选项组中的“动画刷”按钮，逐个选择其他的动作形状，最后再次单击“动画刷”按钮。

制作逐帧动画并按照上述方法，设置完成后使用“动画刷”就能完成动作。为了使动作连续，需要控制好每个动作的时间，以及动作结束后的姿势。

由于时间原因，我们只制作了腿部的动画，没有制作文字上身的动作。读者可以在实例文件中放映演示文稿查看动画效果。

制作上述逐帧动画时，“动画刷”的优势特别明显，可以大大提高制作PPT动画的效率。制作4个字的跳舞动画，相同的动画有76个，使用“动画刷”几分钟就完成了。

高手必备的
常用工具

选择窗格

扫码看视频

打开“选择”导航窗格

在设置元素的层次中，我们介绍过PPT是分层的，好比Photoshop中的图层。在PPT中也有窗格用来显示当前幻灯片中所有的元素、元素的层次，还可以显示或隐藏元素。当我们怎么也选不中某元素时，就可以使用该窗格。

选择任意元素，在对应的“格式”选项卡中单击“选择窗格”按钮，即可打开“选择”导航窗格。

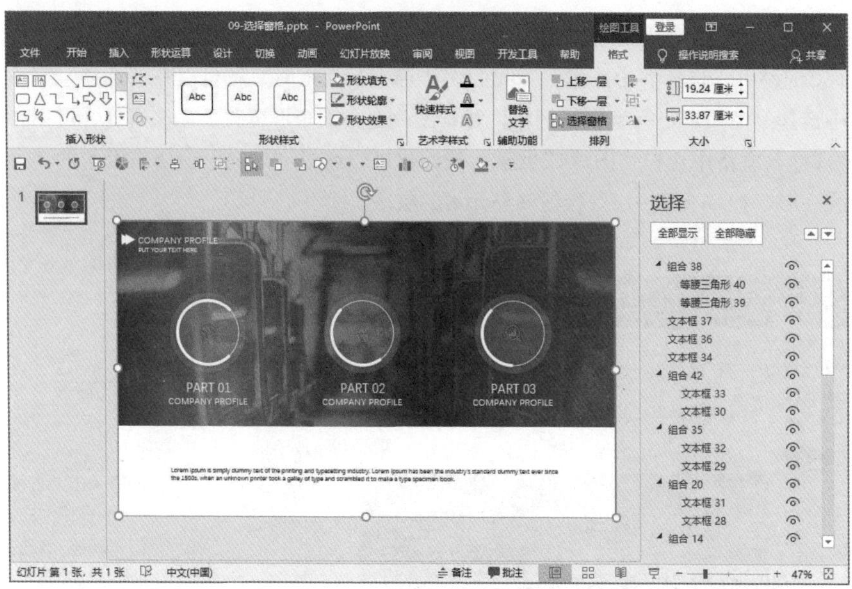

以上演示文稿是在网上下载的。选择矩形，切换至“绘图工具-格式”选项卡，单击“排列”选项组中“选择窗格”按钮，在页面的右侧打开“选择”导航窗格。窗格中将会显示当前幻灯片中的所有元素。

将字体嵌入到文件中

打开“选择”导航窗格后，每个元素名称的右侧显示图标，表示在页面中显示该元素。单击该图标，变为样式时，页面中隐藏该元素。例如隐藏了“组合14”元素，则页面中最右侧圆形和图标被隐藏。

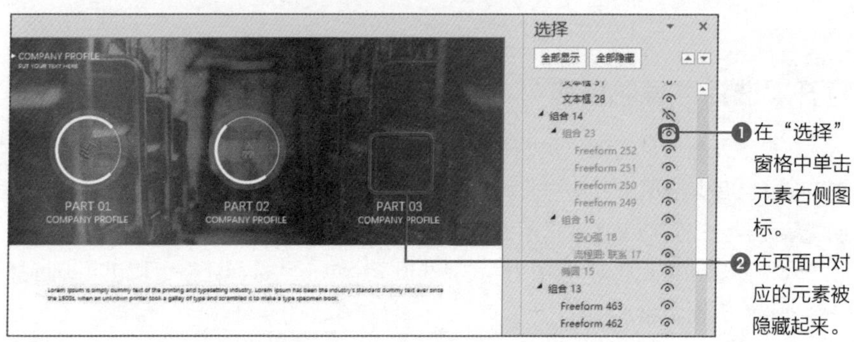

在“选择”导航窗格中选择某元素名称，则在页面中选中了对应的元素，按住Ctrl键可以选择多个元素。当我们无法选中某元素时，就可以在“选择”窗格中选择，然后再进行编辑。例如，背景图片上方被矩形覆盖，无法选择，可以在“选择”窗格中选择“图片1”元素。我们也可以通过“选择”窗格右上角的“上移一层”和“下移一层”按钮调整元素的层次。

第3章

直接影响PPT效果的文字设计

选择合适的字体有讲究

字体的分类有原则

扫码看视频

衬线字体和非衬线字体

字体是展示文字的外在形式特征，即文字的风格。字体是文化的载体，是社会的缩影。字体的艺术性体现在其完美的外在形式与丰富的内涵之中。

任何一种字体，从字形到笔画的细节都是由设计师精心设计的，都有特定的设计含义和适用环境。

字体主要有两种类型，分别是衬线字体和非衬线字体。

衬线字体和非衬线字体是来自西方国家的字母体系，其差异主要表现在西方字母的书写笔画上。

- 衬线字体是在字的笔画开始、结束的地方有额外的修饰，而且笔画的粗细会有所不同。
- 非衬线字体是无衬线字体，没有这些额外的修饰，而且笔画的粗细差不多。

两种字体各有各的优势，衬线字体容易识别，它强调了每个字母笔画的开始和结束，因此易读性比较高；无衬线字体则比较醒目。

两种类型字体的比较

衬线字体强调横竖笔画的对比，但是在远处观看时横线会被弱化，导致识别度下降。非衬线字体的笔画粗细差不多，不会出现弱化笔画的现象。

在传统的正文印刷中，普遍认为衬线体能带来更佳的可读性（相比无衬线体），尤其是在大段落的文章中，衬线增加了阅读时对字母的视觉参照。而无衬线体往往被用在标题、较短的文字段落或者一些通俗读物中。相比严肃正经的衬线体，无衬线体给人一种休闲轻松的感觉。随着现代生活和流行趋势的变化，如今的人们越来越喜欢用无衬线体，因为他们看上去“更干净”。有调查显示，欧洲人对于无衬线体的接受度略高于北美，在书籍、报纸和杂志中大段落文字的排版，衬线体始终占据着压倒性的优势。 在文字足够大的情况下，无衬线字体也是同样可读的。而且因为无衬线字体通常有艺术性，因此在显示器上显示通常比较赏心悦目；而且无衬线字体种类比衬线字体多得多，因此选择余地也很大，在这里非衬线字体分类不做赘述。但是必须保证以下原则：凡是使用无衬线字体的，必须保证其在正文内容中的可读性。否则，使用衬线字体。所以衬线字体在设计中占据很重要的位置；以下是衬线字体的具体分类。

在传统的正文印刷中，普遍认为衬线体能带来更佳的可读性（相比无衬线体），尤其是在大段落的文章中，衬线增加了阅读时对字母的视觉参照。而无衬线体往往被用在标题、较短的文字段落或者一些通俗读物中。相比严肃正经的衬线体，无衬线体给人一种休闲轻松的感觉。随着现代生活和流行趋势的变化，如今的人们越来越喜欢用无衬线体，因为他们看上去“更干净”。有调查显示，欧洲人对于无衬线体的接受度略高于北美，在书籍、报纸和杂志中大段落文字的排版，衬线体始终占据着压倒性的优势。 在文字足够大的情况下，无衬线字体也是同样可读的。而且因为无衬线字体通常有艺术性，因此在显示器上显示通常比较赏心悦目；而且无衬线字体种类比衬线字体多得多，因此选择余地也很大，在这里非衬线字体分类不做赘述。但是必须保证以下原则：凡是使用无衬线字体的，必须保证其在正文内容中的可读性。否则，使用衬线字体。所以衬线字体在设计中占据很重要的位置；以下是衬线字体的具体分类。

左右两图中的文字大小、颜色、字符间距、段落间距都是一样的，左侧字体为“宋体”，右侧字体为“微软雅黑”。

相同的字号下，衬线字体看起来比非衬线字体略小点，非衬线字体更具有视觉冲击力。这也是制作PPT时一般使用非衬线字体的原因。

18	衬线字体	非衬线字体
20	衬线字体	非衬线字体
24	衬线字体	非衬线字体
28	衬线字体	非衬线字体
32	衬线字体	非衬线字体
36	衬线字体	非衬线字体
40	衬线字体	非衬线字体

在图中比较7种不同字号的衬线字体和非衬线字体，可见相同字号下非衬线字体更醒目、略大点。

一般情况下，**PPT的标题可以选择衬线字体或非衬线字体，而正文内容最好选择非衬线字体**。

了解字体的性格

扫码看视频

选择合适的字体有讲究

字体也有性格

生活中有一句话是“字如其人”，就是说一个人的性格和阅历会投射到文字上。千人千面，每个人的性格都不尽相同，字体也是如此。

字体性格，其实就是通过字体结构、笔画、细节的差异，塑造出形式多变的字体，从而给人不同的视觉感受。好的字体设计，总能在第一时间准确地传达字体情感，这就是字体性格的魅力。

我们把人分为男性、女性、中性和儿童四类，在PPT中用不同的字体展示其效果差别还是很大的。

● **男性字体**

男性的字体给人以粗犷、坚硬、强劲有力、棱角分明、力量感。

● **女性字体**

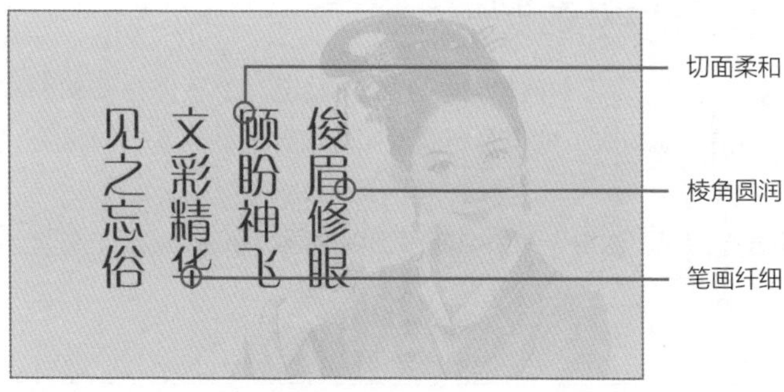

女性的字体给人以纤细、柔软、苗条、曲线美感。

● **中性字体**

中性的字体给人以干净、简洁、中性美、精致和平静感。

● **儿童字体**

儿童字体给人以圆乎乎、可爱、有趣感。

从笔画结构了解字体的性格

笔画是字体构成最基本的单位，笔画的设定对于字体性格的表现也尤为重要，由线段还是块面构成，即使是相同的字也会给人截然不同的感受。

1. 细与粗

笔画粗显得浑厚、浓重、有力；笔画细则会显得单薄、轻巧、纤弱。这是一种最直接粗浅的观感。

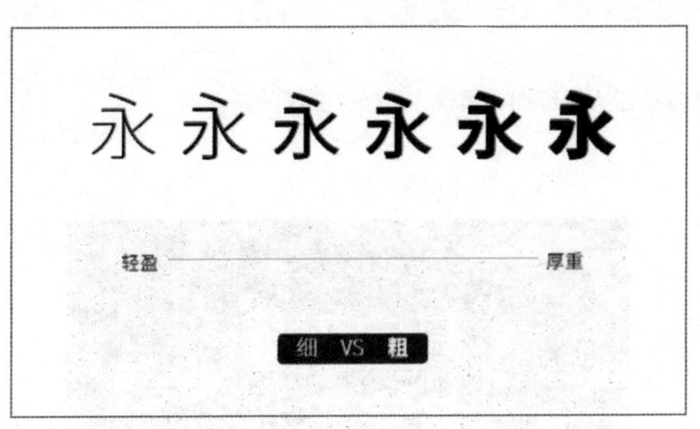

粗笔画字体在排版上会形成高密度的文本块，这是因为笔画加粗，字体的负空间就会减小，视觉面积加重，产生一种压迫感，进而形成视觉重心，产生强调的作用。所以粗体字经常用于标题和标语上，占据显眼的位置，产生强调的作用。

细笔画字体在视觉面积上较淡较轻，缩小了视觉面积后，笔画负空间增大，结构显得疏朗清透，较小的视觉分量亦不会让读者产生压迫感。

以下为在网上搜索的相关图片。

● **笔画粗的效果**

● **笔画细的效果**

2. 曲与直

在字体里面，笔画以曲线为主的话，就会给人以飘逸柔和的感觉；笔画直来直往，转角处多为折角，这样的字体干脆利索，有速度和力量感。

前面在介绍男性字体时，使用刚健的字体，粗壮的笔触加上凌厉的线条，使字体有着一种不容置疑的坚决态度，去掉了曲线，也就没有了一丝回旋的余地；介绍女性字体时，使用圆润的字体，大多数笔画都是曲线。

绝大多数字体都不是由单纯的直线或者单纯的曲线构成，横竖为直，撇捺为曲，有曲有直才显得刚柔并济，有力量，也有弹性。

3. 简与繁

这里所说的**简与繁是指笔画细节的复杂程度**。之前介绍的衬线字体比非衬线字体复杂点，字体的繁复与简单一定程度上也代表着古典与现代走向。

简的字体剥除了多余的细节，以标准的几何形体做结构。越简约，越现代，因此常用于现代企业的标志设计、杂志排版、导视系统等。

繁的字体衬线处细节丰富，弧度优雅，线条粗细程度不一，有着浓厚的历史沉淀，因此常用于古典题材的电影海报等。

歸去來兮，田園將蕪胡
不歸！既自以心為形役，
奚惆悵而獨悲？悟已往
之不諫，知來者之可追。
實迷途其未遠，覺今是
而昨非。

归去来兮，田园将芜胡
不归？既自以心为形役，
奚惆怅而独悲？悟已往
之不谏，知来者之可追。
实迷途其未远，觉今是
而昨非。

左侧使用新蒂赵孟頫体，体现出了古诗词的韵味，如果换为非衬线字体的思源黑体则体现不出古典的味道。

4. 扁平与瘦高

文字的扁平与瘦高是由其结构特征所得。通常情况下比较纤瘦、高挑的字形更具文艺气息；而扁平的字形重心偏低，更沉稳庄重一些。

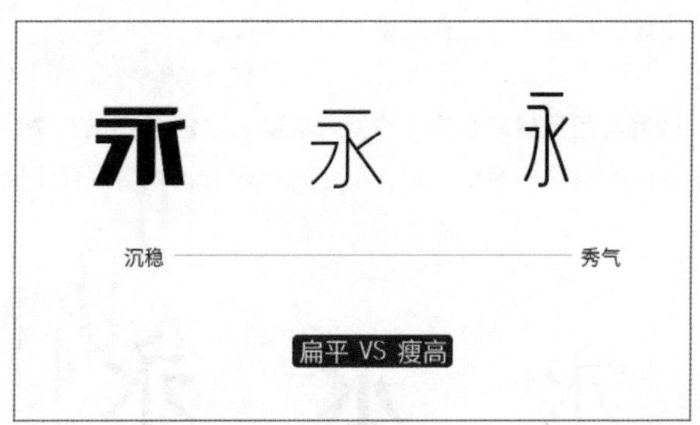

这也很重要!

选择字体要注意的问题

我们在制作PPT时，不要选择太细或太粗的字体，不使用过于怪异的字体，中英文字体必须分开使用。在此再次强调，每个演示文稿不要使用多于3种字体。

选择合适的字体有讲究

新字体的安装

去哪里下载字体

我们从事设计工作时，电脑中默认的字体是远远不够用的，此时可以在相关的字体网站下载精美的字体。我们下载并使用字体时，一定要注意版权问题。

下面介绍笔者常用的字体网站。

网站名称	网址
字体之家	https://www.homefont.cn/
方正字库	https://www.foundertype.com/
站长素材	https://sc.chinaz.com/
造字工房	https://www.makefont.com/
华康科技	https://www.dynacw.cn/
My Fonts	https://www.myfonts.com/
Fonts 2U	https://www.fonts2u.com/index.html

当我们发现漂亮的字体时，可以通过网站识别是哪种字体（如求字体网）。在网站上上传字体的图片，搜索字体然后下载使用即可。

安装字体的方法

字体下载后，需要安装后重启PowerPoint软件才能使用。

常用的字体安装有3种方法：复制粘贴字体、快捷方式安装、使用“安装”功能安装。

1. 复制粘贴字体

选择并按Ctrl+C组合键复制需要安装的字体，然后根据路径“C:\Windows\Fonts”打开Fonts文件夹，按Ctrl+V组合键粘贴字体即可。

2. 快捷方式安装

选择需要安装的字体，单击鼠标右键，在快捷菜单中选择“安装”命令，弹出提示对话框显示字体安装的进度。

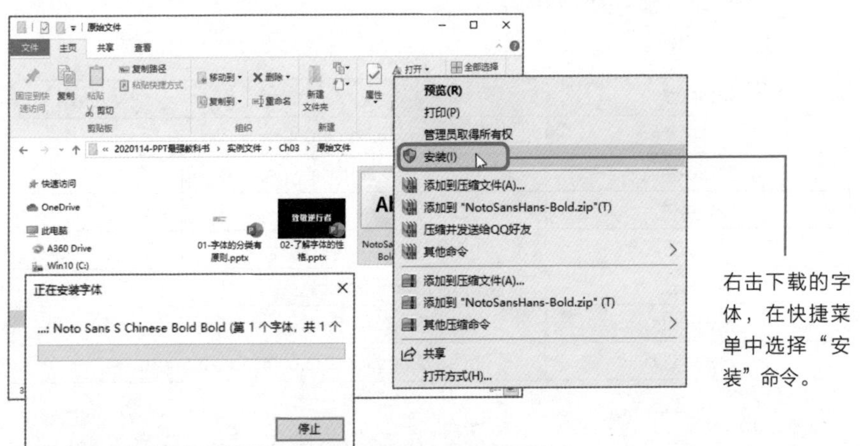

3. 使用“安装”功能安装

双击下载的字体，在打开的字体对话框中单击“安装”按钮即可。

文本的基本处理方法

扫码看视频

文本的基本设置

调整文字的大小

制作PPT时，始终强调突出重点内容。在处理文字时，可以通过增大字号突出重点的文本。

选择文本，在“开始”选项卡中单击“字体”选项组中“字号”下三角按钮，在列表中选择合适的字号选项；还可以通过单击“字体”选项组中的“增大字号”或“减小字号”按钮调整字号；也可以通过快捷键调整字号，按Ctrl+[或Ctrl+Shift+<组合键缩小字号，按Ctrl+]或Ctrl+Shift+>组合键增大字号。

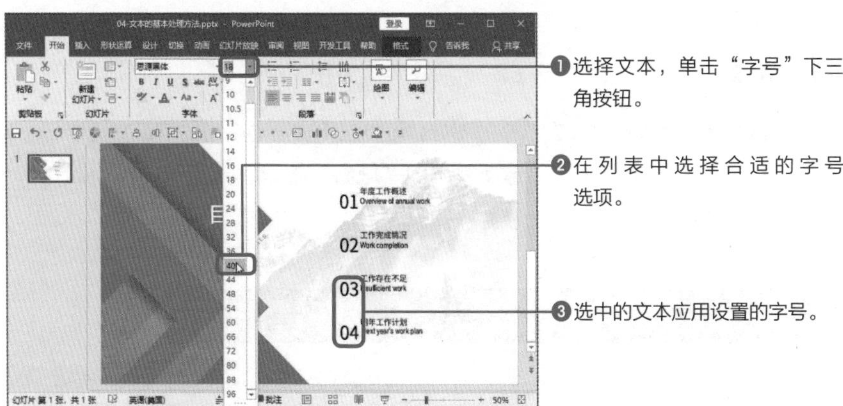

选中数字文本，设置字号为40，数字文本相对其他文本比较突出。根据相同的方法设置标题中文的字号为28号，中文文本相对于英文文本比较突出。

加粗文字

设置文字加粗可以进一步加强标题和内容的对比，容易比较主次关系。

选择文本，单击“字体”选项组中的“加粗”按钮，或者按Ctrl+B组合键，即可加粗显示文本。

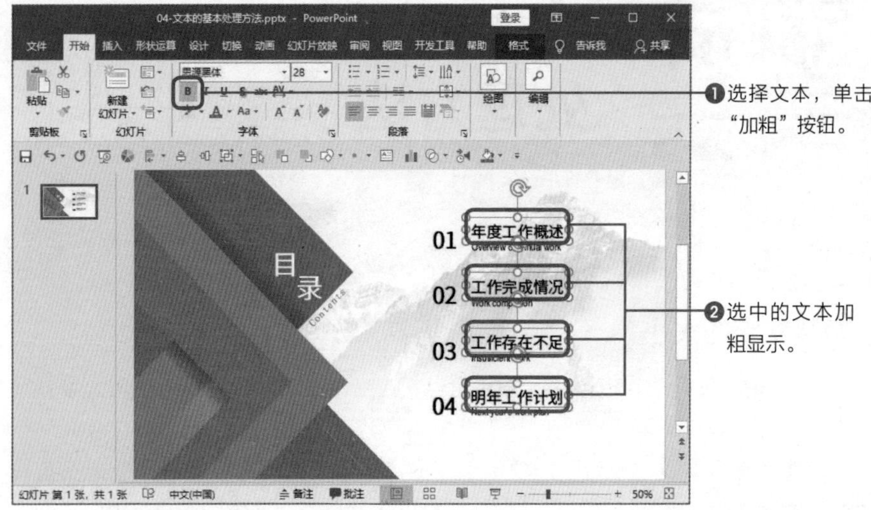

文本加粗后，目录的序号和各标题文本更为突出，目前通过调整字号、加粗已经很清晰地显示了页面的主次关系。

倾斜文字

倾斜文字会让人产生失去重心的感觉，可以应用在运动风格的演示文稿中。

选择文本，单击“字体”选项组中的“倾斜”按钮，或者按Ctrl+I组合键，即可令文本倾斜显示。

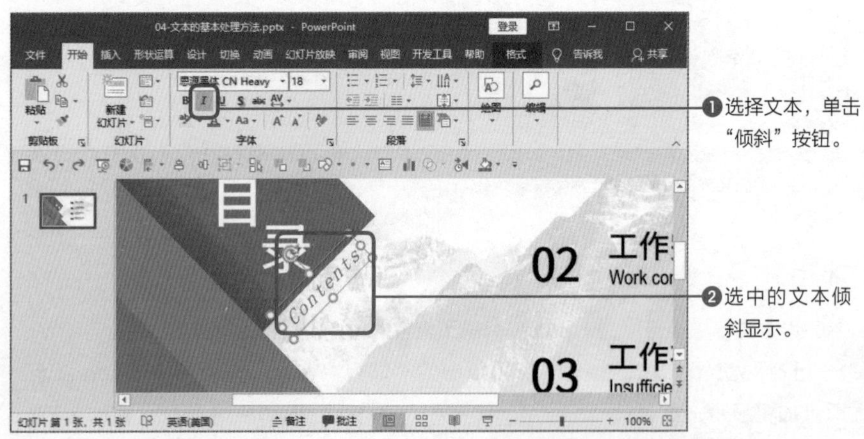

设置文本的颜色

设置文字的颜色，不仅可以突出重点内容，还能提高视觉效果。

选择文本，单击“字体”选项组中“字体颜色”下三角按钮，在列表中选择合适的颜色，即可填充文本的颜色。在“绘图工具-格式”选项卡下的“艺术字样式”选项组中通过“文本填充”和“文本轮廓”按钮也可以设置文本的填充颜色和轮廓颜色。

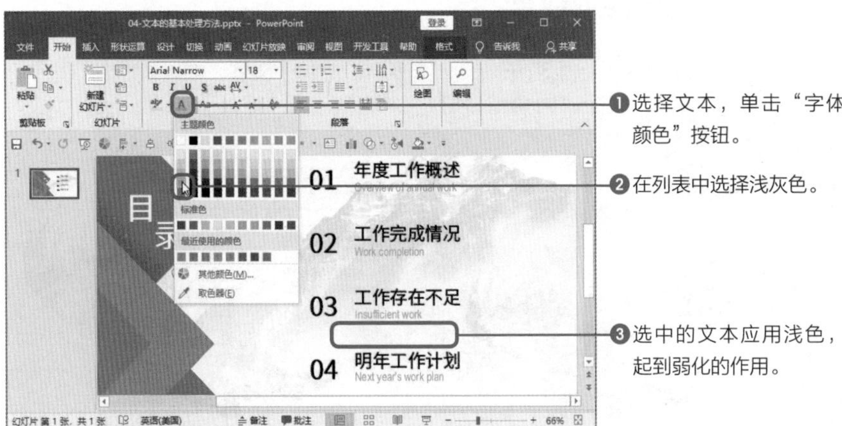

以上是通过将非重点的内容设置为和背景颜色差不多的颜色，进一步弱化文本，从而强调其他文本内容的方法。

我们也可以为重点内容填充强调颜色，这种方法更能直观地突出该内容。但是需要注意整个演示文本的配色，不能太花哨。

文本的基本设置

文本之间保持合适的距离

扫码看视频

比较设置字符间距的效果

下左图中文本没有设置字符间距，文字之间比较拥挤，不利于阅读；下右图适当增加字符间距，文字之间稍微松散。

● 未设置字符间距

● 设置了字符间距

字符间距并非设置得越大越有利于阅读，如果字符间距大于行距，那么我们就不知从何处开始读起了。

设置字符间距

字符间距是指一组字母之间相互间隔的距离。字符间距影响了一行或者一个段落的文字密度。

在PPT中可以直接选择内置的字符间距选项，快速设置字符间距。选中文本后，单击“字体”选项组中“字符间距”下三角按钮，在列表中选择即可。

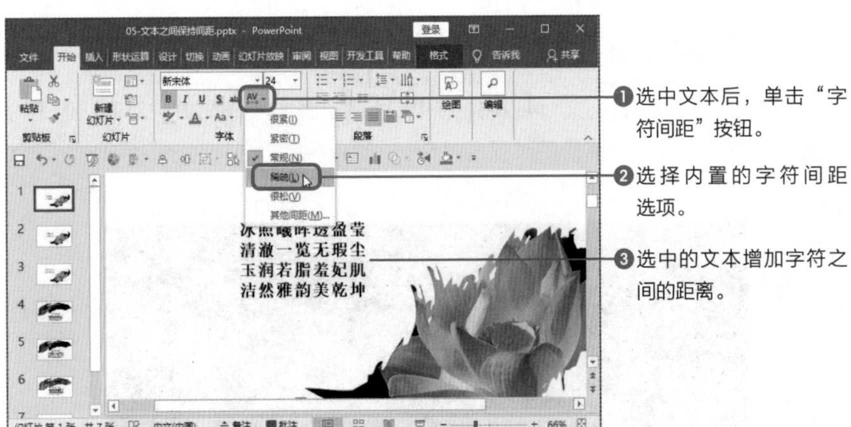

我们还可以通过“字体”对话框设置字符间距。在“字符间距”列表中选择“其他间距”选项或者单击“字体”选项组中对话框启动器按钮，在打开的对话框中设置“间距”。

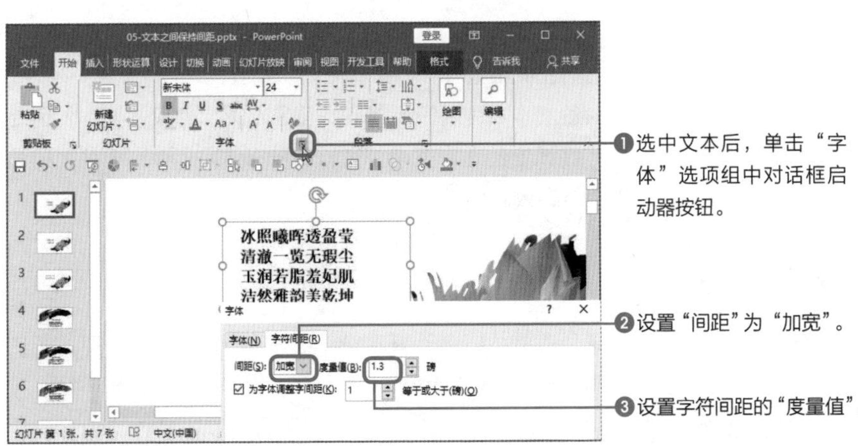

文本的基本设置

设置段落文本的对齐方式

扫码看视频

段落文本真的对齐了吗

第2章介绍了对齐工具，可以将PPT中的各种元素按照不同方式对齐。但是对段落文本进行对齐后，真的就对齐了吗？

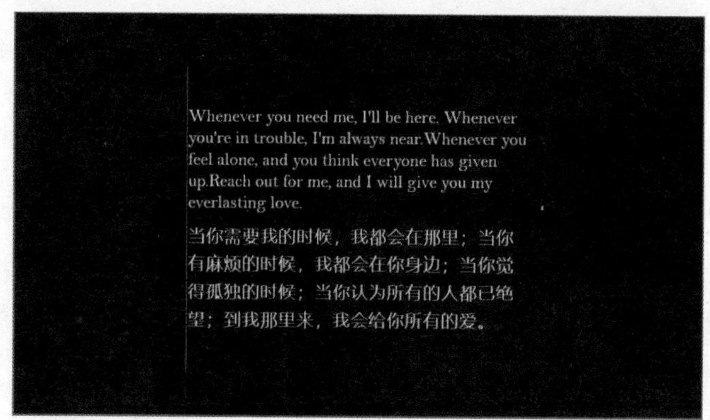

上图包含两个段落文本，文本框的宽度一样，并使用“对齐工具”设置两个文本框为左对齐。可见它们左侧很整齐，但是这两段文本真的对齐了吗？

细心的读者会发现两段文本右侧并没有对齐，特别是英文的段落文本。因为英文的单词长度不统一，在固定的文本框中，当右侧没有空间容纳一个单词的长度时，会自动切换到下一行导致右侧留白。

设置对齐方式

在PPT中，文本框中文本默认的对齐方式是“左对齐”，即沿着文本框左侧对齐。在“段落”选项组中还包含“居中”“右对齐”“两端对齐”和“分散对齐”4种对齐方式。

“两端对齐”指段落文本中最后一行为左对齐，其他行均匀地分散在文本框中。

“分散对齐”指段落文本中所有文本均匀地分散在文本框中。

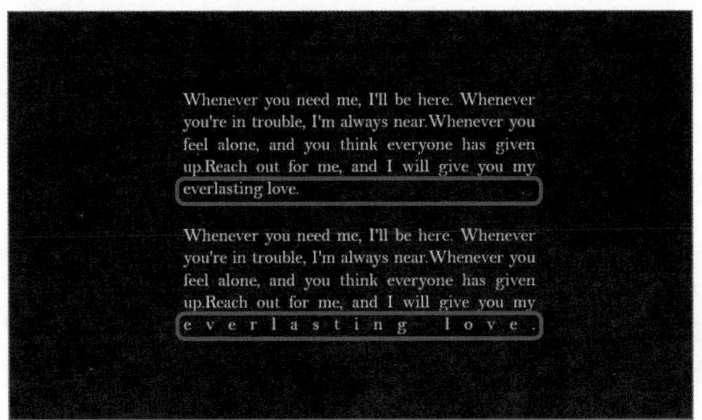

上方文本框设置为“两端对齐”方式，下方文本框设置为“分散对齐”方式。

为了让段落文本左右两端都对齐，不影响最后一行文本，此处选择“两端对齐”方式。

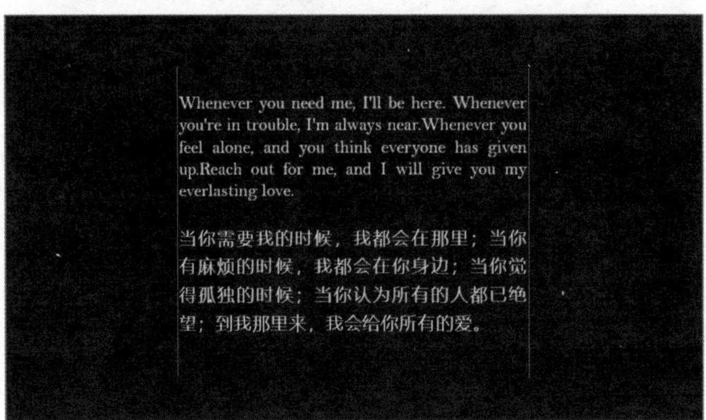

这也很重要!

允许西文在单词中间换行

选择英文段落文本框，打开“段落”对话框，在“中文版式”选项卡中勾选“允许西文在单词中间换行”复选框。然后，段落文本为了使用右侧对齐会在单词的中间换行，这样很不利于阅读，所以不推荐该方法。

设置段落的格式

扫码看视频

文本的基本设置

比较设置段落格式前后的效果

只看以下两张图的段落文本部分，不需要读文本内容，你是什么感觉呢？是否觉得左图分不清段落层次，而右图段落层次清晰？

右图之所以段落层次清晰，是因为设置了行距和段落间距。

● **未设置段落格式**

● **设置了段落格式**

设置行距

对于英文字体来说，行距指的是两行英文的基线（axc等字母的底部所在的水平线）之间的距离；**对于中文字体来说，指的是一行中文的最底部与下一行中文最底部之间的距离**。

在设置行距时需要注意：**行距要大于字符间距**。在PPT中，一般文字比较多时，使用1.3倍行距；文字比较少时可以使用1.5倍行距。当然还要注意设置字符间距小于行距。

在“段落”选项组中“行距”列表中包含1.0、1.5、2.0、2.5和3.0几种内置的行距，我们可以直接选择并使用。我们也可以打开“段落”对话框，自定义行距的值。在“行距”列表中选择“行距选项”，或者单击“段落”选项组中对话框启动器按钮，即可打开“段落”对话框。

❶选中文本后，单击“段落”选项组中对话框启动器按钮。

❷设置“行距”为“多倍行距”。

❸设置行距的值为1.3倍。

设置段落间距

段落间距指段落与段落之间的距离。设置段落间距时需要注意：段落间距要大于段落内行距。

设置完行距后，为了使段落层次更清晰，还要设置段落之间的距离。在“段落”对话框的“间距”选项区域中可以设置“段前”和“段后”的值。

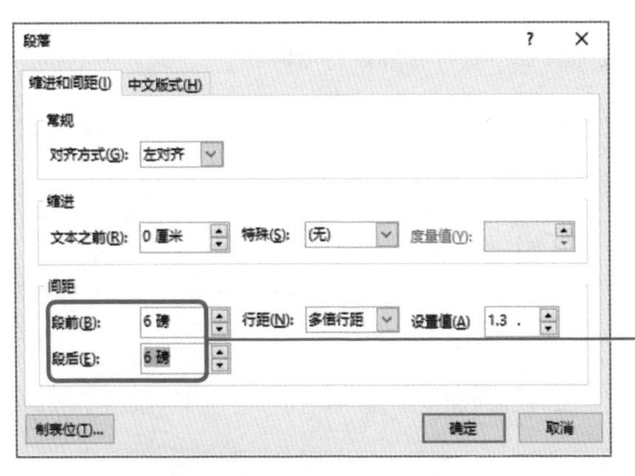

打开“段落”对话框，分别设置“段前”和“段后”的值，也可以只设置“段前”或“段后”值。

加强文字的对比

扫码看视频

突出重点文字的处理方法

使用色块突出文字

我们可以通过本章“文本的基本处理方法”一节中介绍的设置字号、加粗、设置字体颜色突出文字，也可以将基本的方法进行组合，更进一步地突出文字。

下面介绍使用色块突出文字，即需要**突出哪个文字就在其下方添加色块**。

生活中你是什么样子呢？

生活中你是什么样子呢？

以上两句话中文字的格式都相同，我们单独看时，是不是目光自然而然地移到色块上呢？这就是通过色块突出重点内容的原理。在使用色块时，鲜艳的颜色可以更好地吸引受众的目光。

除了色块之外，还可以通过形状或标点符号聚焦重点内容。

● **添加标点符号突出重点**

如何突出幻灯片中

“重点内容”

● **添加形状突出重点**

如何突出幻灯片中

重点内容

让视线聚焦到重点内容上

我们可以使用图片将受众的视线引向一个焦点，然后将重点内容放在焦点上。

图片中人物的视线、身体的方向和手指的方向都指向页面的左上角，即将我们的视线引向页面的左上角，所以将重点内容放置在左上角即可。

我们制作的时间轴，会引用受众的目光沿着时间轴逐渐浏览内容，也是将视线聚焦到重点内容上的方式，因为我们在看时间轴时，会不知不觉地受到线条的引导。

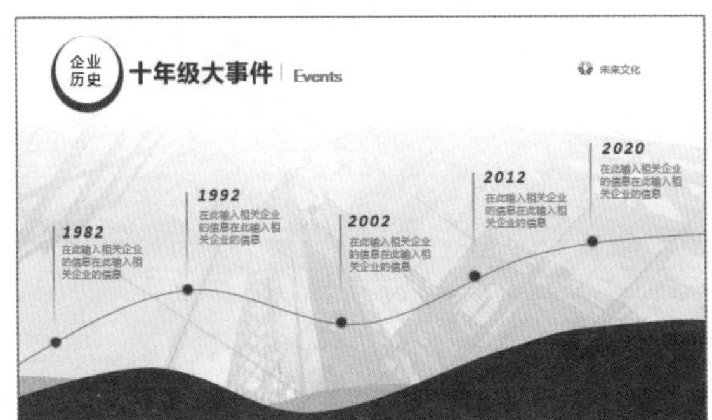

这也很重要!

将重点内容放在中间位置

在排版演示文稿时，应将重点的内容放在中心位置，因为在浏览页面时，人的目光在中心位置停留的时间比较长。

对文字进行拆分

扫码看视频

突出重点文字的处理方法

拆分文字并设置结构

以上介绍的突出重点文字的方法都是在不改变文字外观基础上进行的，也是最基础的方法。本节介绍通过拆分文字以突出文字的方法。**文字被拆分后，各部分会变为形状**，根据设置形状格式的方法调整拆分后的文字即可。

从此，腰杆更直了！

上图中为了体现“腰”更直了，将“腰”字进行拆分，适当放大“要”字并设置明亮的颜色。再将左侧“月”字倾斜，表示“要”更健壮把偏旁挤斜了。

拆分使用图片或形状进行修饰

将文字拆分后，每部分单独存在，为了更能突出文字还可以添加有寓意的图片或者形状作为文字的一部分。值得注意的是，**选择的图片或形状要和表达的主题含义一致，否则会太突兀。**

● 使用图片作为文字的一部分

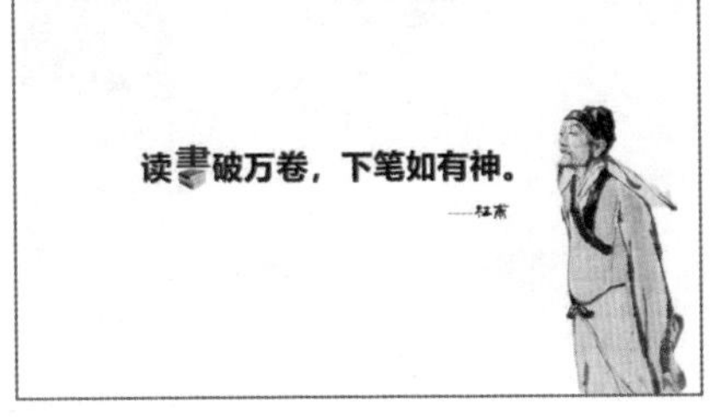

● 使用形状作为文字的一部分

梦想很珍贵，坚持梦想更珍贵。

拆分文字的方法

拆分文字时，需要借助形状运算中的“拆分”功能。因为形状运算功能需要选择两个或两个以上的元素，所以需要添加形状或文本进行辅助操作。

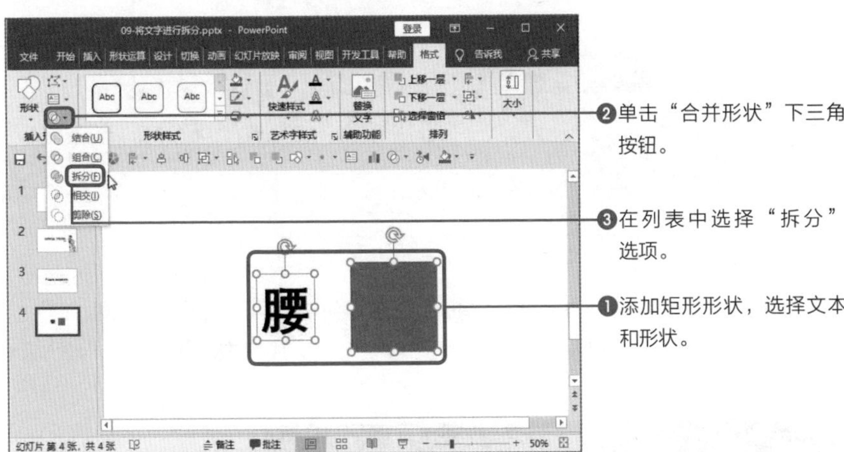

❷单击“合并形状”下三角按钮。

❸在列表中选择“拆分”选项。

❶添加矩形形状，选择文本和形状。

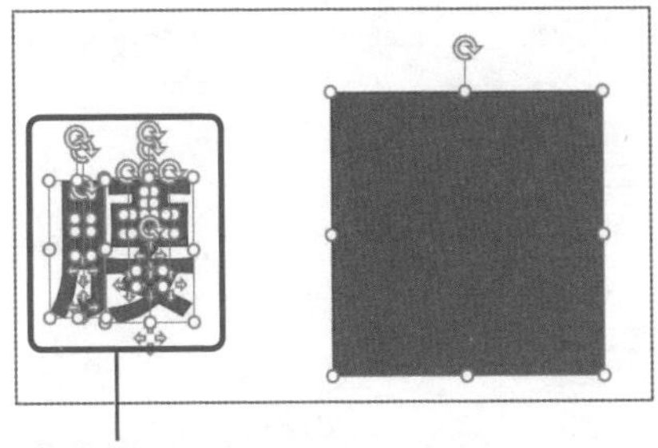

❹拆分后，文字的各部分分别显示。

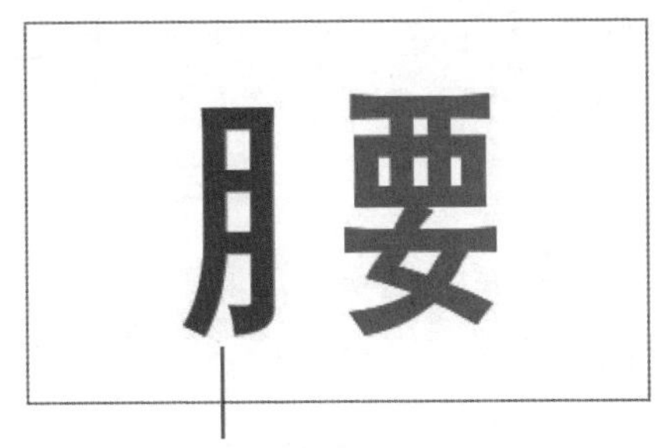

❺最后删除不需要的部分，设置各部分的填充颜色和轮廓。

设置文字的填充

扫码看视频

突出重点文字的处理方法

为文字填充图片

之前介绍为文字填充颜色以突出文本的方法，我们也可以为文字填充图片，其效果会更加显著。

上图所示效果在全屏放映时，会更加震撼！为文字填充图片的操作很简单，只需要准备一张和主题相关的图片，然后3秒就可以完成填充。

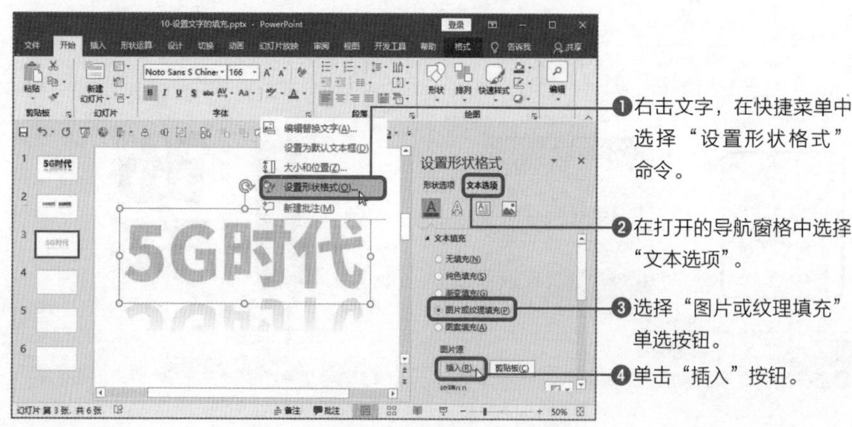

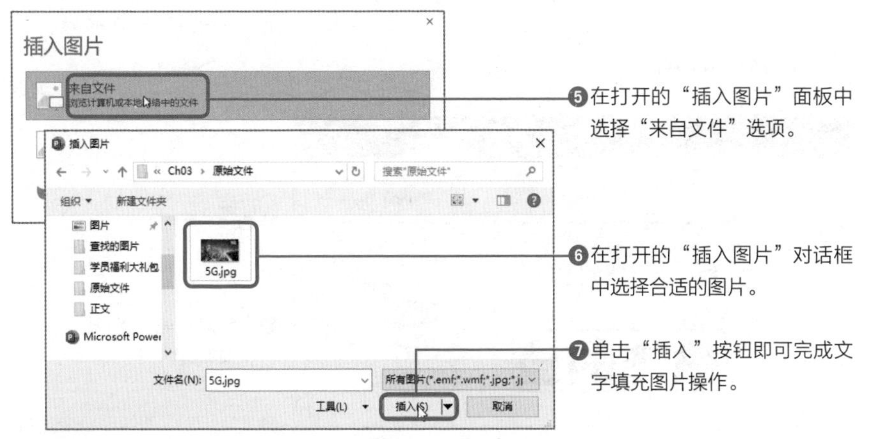

这也很重要!

通过"剪贴板"填充文字

在PPT中插入合适的图片，选中图片并按Ctrl+X组合键进行剪切，此时图片存放在"剪贴板"中。选择文本，在"设置形状格式"导航窗格中选择"文本选项"，选中"图片或纹理填充"单选按钮，再单击下方"剪贴板"按钮即可将剪切的图片填充到文本中。

让文字舞动起来

为了让文字更突出、更炫酷，可以制作动态的文字，首先看以下两张图片。

● **使用图片作为文字的一部分**

● **使用形状作为文字的一部分**

有的读者会问，这两张图片有区别吗？只是文字的背景图片有点差异而已。如果我说右侧的幻灯片在放映时文字的背景是一群鱼在游动，这效果是不是比填充图片更炫酷？读者可以打开实例文件放映查看效果。

让文字动起来的原理，其实是背后的视频在播放。

在PPT中插入文本和视频后，还需要添加形状以遮盖住多余的视频部分，下面介绍具体操作方法。

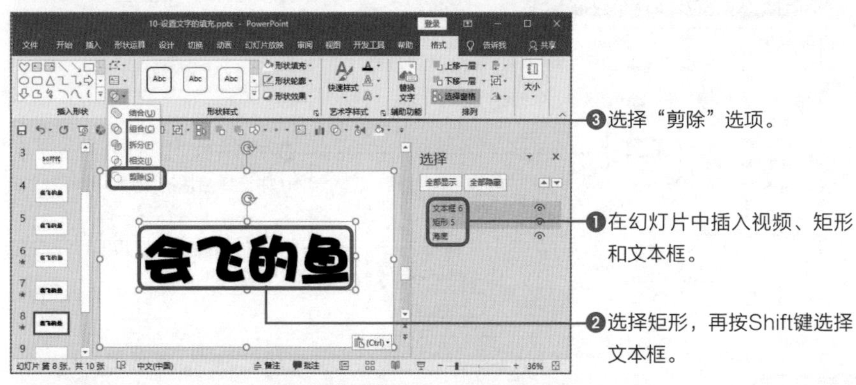

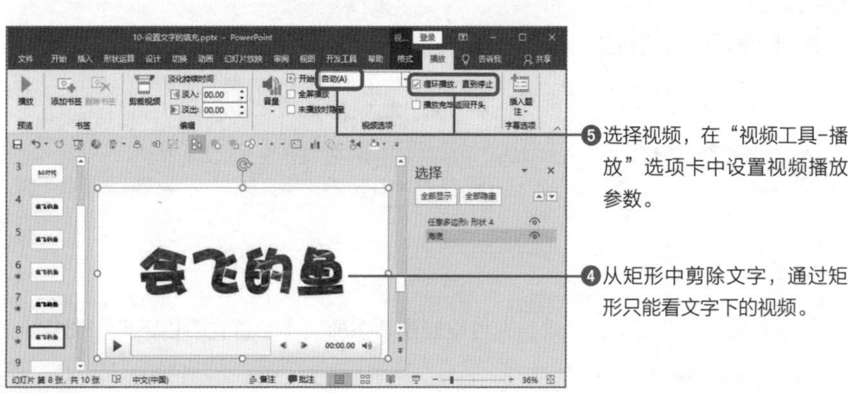

这也很重要!

使用GIF动态图片制作动态的文字

通过以上方法制作的文字是无法修改字体格式的。我们还可以填充动态图片让文字动起来。准备好GIF格式的图片，在PPT中选择文本框，在“设置图片格式”导航窗格中设置形状填充为GIF动态图片。接着切换至“文本选项”，设置文本填充也为GIF动态图片，最后设置形状填充的透明度为100%即可。

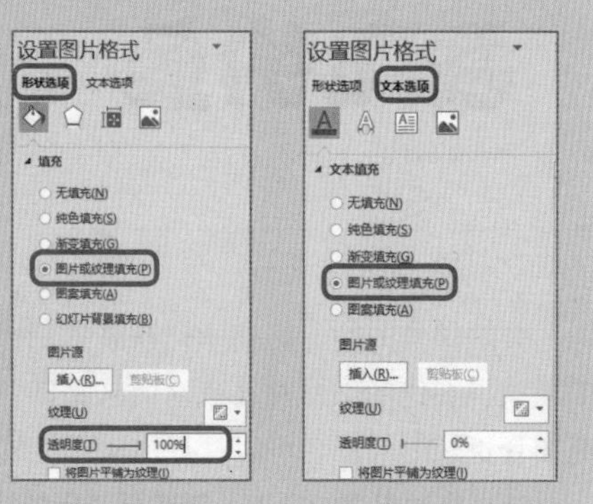

将Word文档一键转换为PPT

扫码看视频

如何处理文字太多的PPT

为什么要将Word文档转换为PPT

相信很多职场人士都遇到过，领导给你几页Word文档并吩咐今晚就要在会议上使用。此时，你是埋头苦干将Word文档中内容整理重点作标记，还是艰苦地按Ctrl+C和Ctrl+V将Word文档中文本复制到PPT中？

以上工作都是又苦又累不讨好的，其实只需要简单几步并稍加修饰即可制作出漂亮的演示文稿。

● Word文档

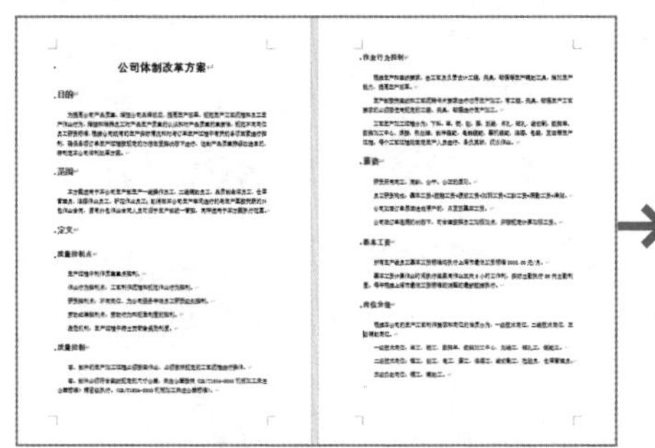

● 转换为PPT

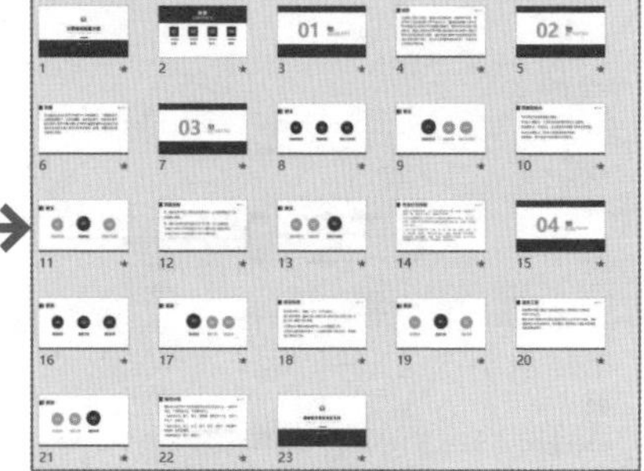

设置Word文档

在Word文档中设置各部分文本的级别，Word中设置**级别为“1级”的文本会作为幻灯片的标题，设置为非1级的会作为1级标题的内容显示**。所以将Word中所有标题文本设置为“1级”，标题下的正文设置为“2级”。

除此之外，我们也可以通过在“开始”选项卡中设置标题样式设置级别。将标题文本设置为“标题1”，其他正文设置为“标题2”即可。

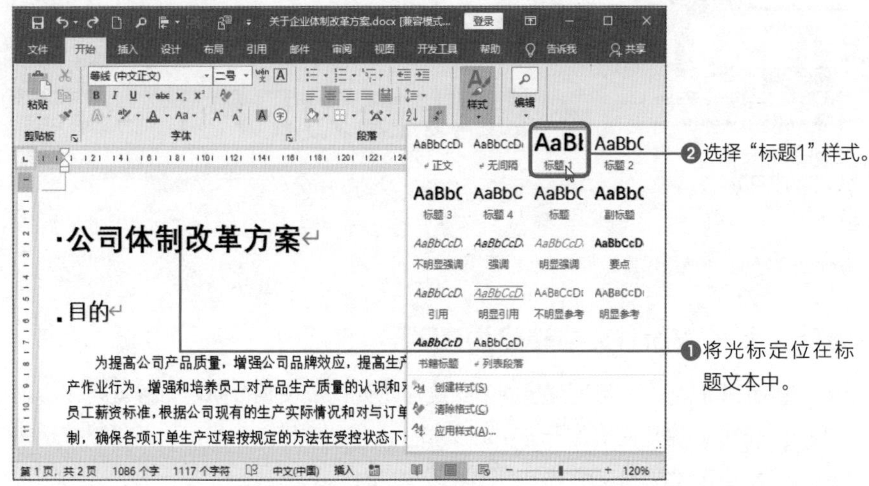

单击快速访问工具栏中右侧下三角按钮，在列表中选择“其他命令”选项。打开“Word选项”对话框，将“发送到Microsoft PowerPoint”功能添加到快速访问工具栏中。

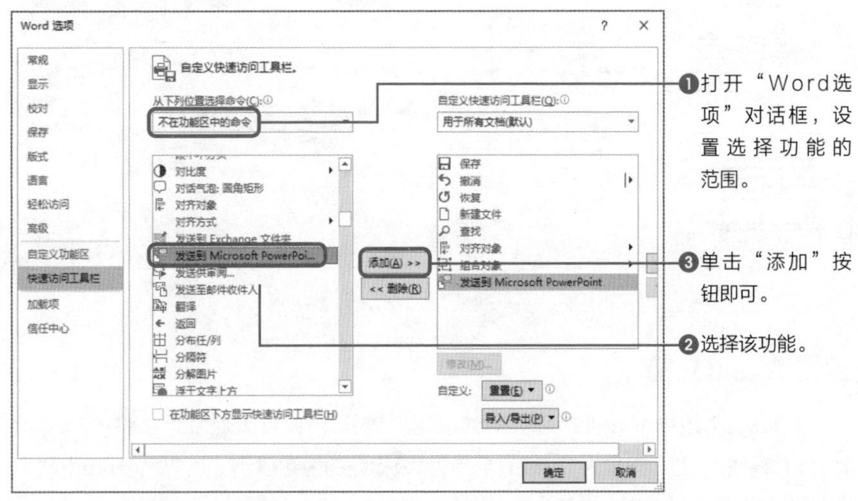

将“发送到Microsoft PowerPoint”功能添加到快速访问工具栏后，单击该按钮，即可将Word文档中的内容快速转换为PPT，并且分页显示。进入“幻灯片浏览”视图可以查看效果。

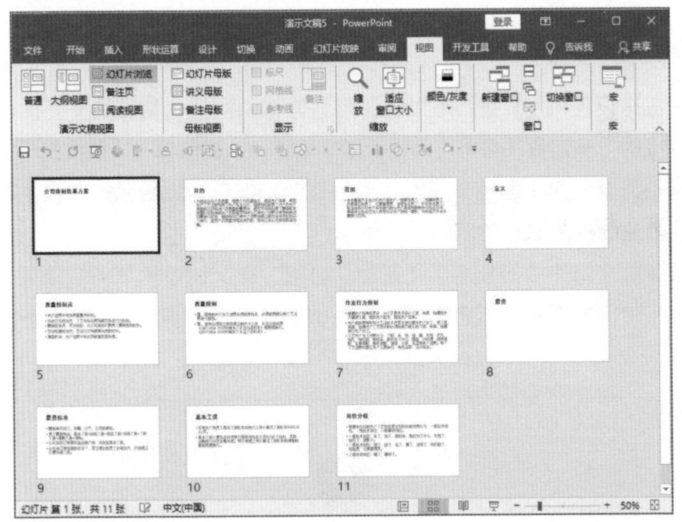

统一设置PPT中文本的格式

在PowerPoint中文本的格式均为默认格式，接下来要统一设置文本格式和段落格式。进入大纲视图，在左侧选择所有文本统一修改格式。

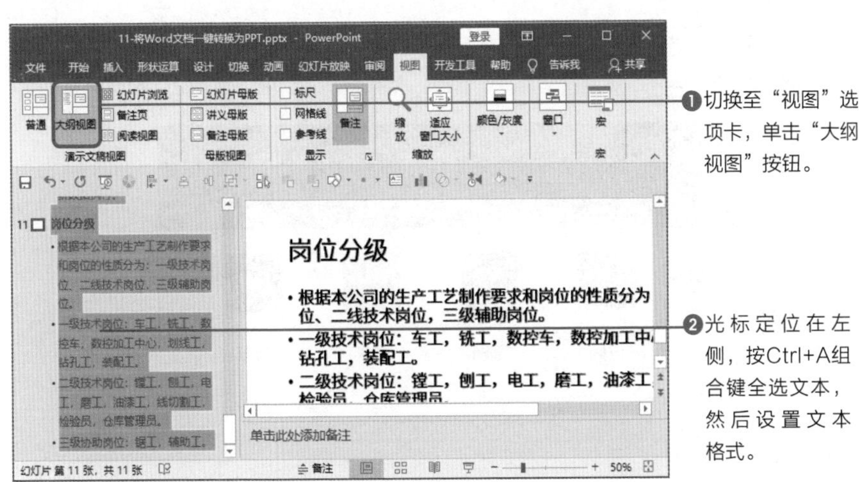

选择PPT中所有内容后，在“开始”选项卡中设置字体、字符间距、段落间距等，具体设置的方法此处不再介绍。读者也可根据需要设置其他内容。

进一步美化PPT

为了快速设置PPT，我们可以选择形状修饰幻灯片，制作扁平化演示文稿。**在美化PPT时，一定要注意统一原则，即字体统一、配色统一、风格统一**。本演示文稿配色是深蓝色为主题色、浅灰色为搭配色、红色为点缀色，其中主题色和点缀色是从企业的标志图片中获取的。

根据演示文稿的结构分别美化封面、目录、正文、过渡页和结尾页。首先美化封面，在封面底部添加蓝色矩形、中间添加修饰性文本和线条、上方添加标志图片。

本文档分为4大部分，即目录被分为4部分。为了使目录不单调，同样添加矩形和线条进行修饰。

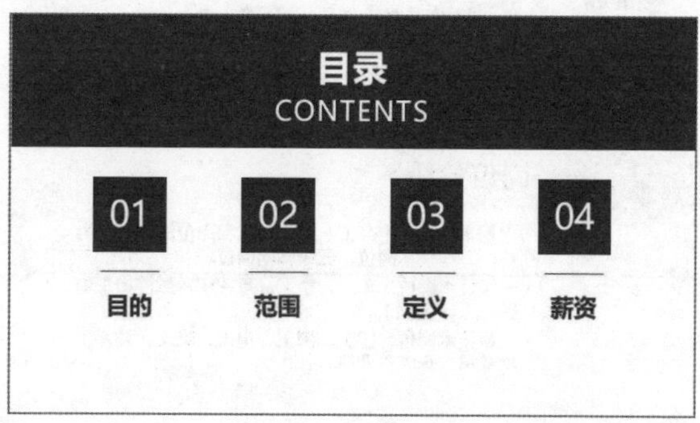

过渡页分为两种，其一是目录内容的过渡，其二是“定义”和“薪资”部分中各小节的过渡。目录的过渡页是单独设置的，主要包括矩形、文本和线条；小节的过渡是通过各小节目录设置的，通过形状大小和字体颜色显示过渡内容。

● 过渡页

● 小节过渡页

内容页的设计可以通过幻灯片母版进行统一设置。在标题左侧添加两个矩形修饰，在页面的右上角添加企业的标志，下方添加细长矩形。

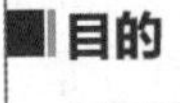

最后，复制封面幻灯片，修改相关文本即可。

简单的几步就能制作出简洁的PPT，如果还有充足的时间，可以分析正文内容的逻辑，使用相关形状、图表、表格进行修饰。

如何处理文字太多的PPT

提取重点内容减少文字

扫码看视频

提取重要内容并概括观点

PowerPoint的主要作用是展示演讲者的观点。所以针对有大段文本PPT时，首先要做的就是提取重要内容并概括观点。

在制作PPT时，我们遵循的原则是尽量减少文字，虽然文字能表明观点。这是因为，在放映演示文稿时，观众的目光很少停留在文字上。但是，如果必须将领导辛苦写的文字都展现在PPT上呢？例如，下面一页幻灯片中的文本是不可以删减的。

企业核心优势

未蓝文化传播有限公司是一家软硬件开发管理的现代化公司，该公司拥有一支高素质企业人才，资深技术以及项目开发经验。目前公司拥有团队500人，主要涉及各个领域的软硬件技术研发和制作。驻点全国20个省级市场、73个市级代理，并提供统一的管理和标准化服务。该公司拥有15项高尖技术，涉及到各个行业，并提供解决问题的方案。

领导不但不让删除文字，而且还要求制作效果要高大上。

下面要处理文案，首先将第一句描述性语句提取出来，该句可以作为叙述性语句放置在标题下方；接着将第2句、第3句和第4句话分别提出来，分别介绍企业团队、代理和技术，其中还涉及相关数据。

将各部分的文本设置格式并合理摆放，逻辑和思路会更加清晰。

● 纵向排列提取的内容

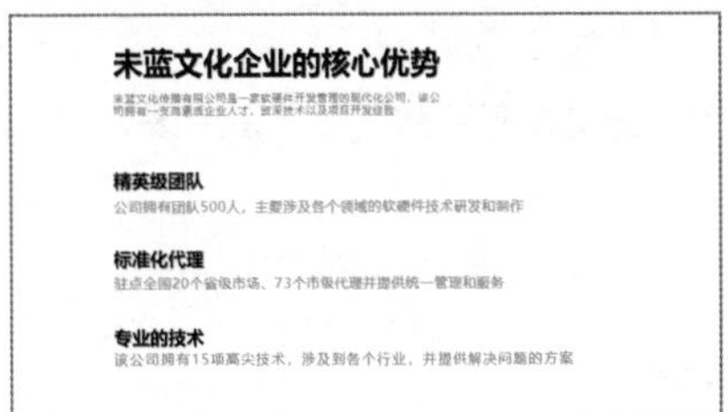

● 横向排列提取的内容

未蓝文化企业的核心优势

精英级团队 标准化代理 专业的技术

公司拥有团队500人，主要涉及各个领域的软硬件技术研发和制作 驻点全国20个省级市场、73个市级代理并提供统一管理和服务 该公司拥有15项高尖技术，涉及到各个行业，并提供解决问题的方案

目前，幻灯片中每部分文本表达的含义很清晰，而且相同的内容也放在一起。但是，这并不是你和你的领导想要的。接下来添加不同元素进行修饰。

添加色块进行美化

我们可以通过添加色块突出标题文本或者将正文内容划分为整体。关于色块的使用，在介绍形状时会详细讲解。**添加色块修饰页面，可以起到聚焦目光的作用，还能充实页面。**

● 使用圆形色块修饰

● 使用矩形色块修饰

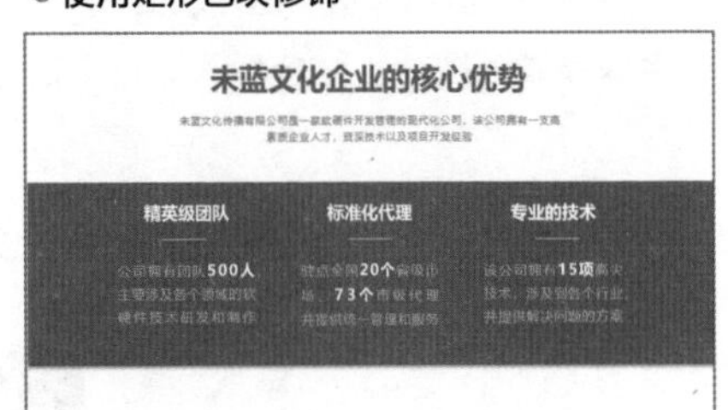

添加图标进行美化

图标的形象化比较强，可以直观地表达某种含义，在制作PPT时经常使用。图标基本上分为线条和填充两种，在使用时，要注意使用相同类型的图标。

● 使用圆形色块修饰

● 使用矩形色块修饰

使用图表进行美化

图表不但能够清楚地表达内容的逻辑关系，还能丰富整体页面。使用图表展示企业核心优势时，可以进一步突出数据。

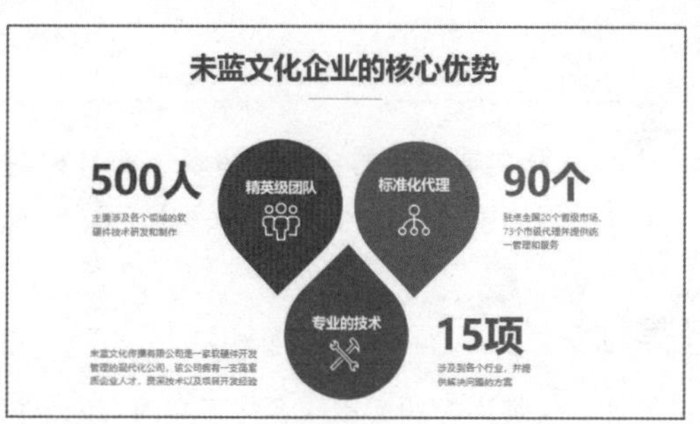

使用图片进行美化

想让PPT美观就使用图片吧！因为图片对人的吸引力远远超过文字。找到符合主题和商务图片，结合形状进行合适排版。

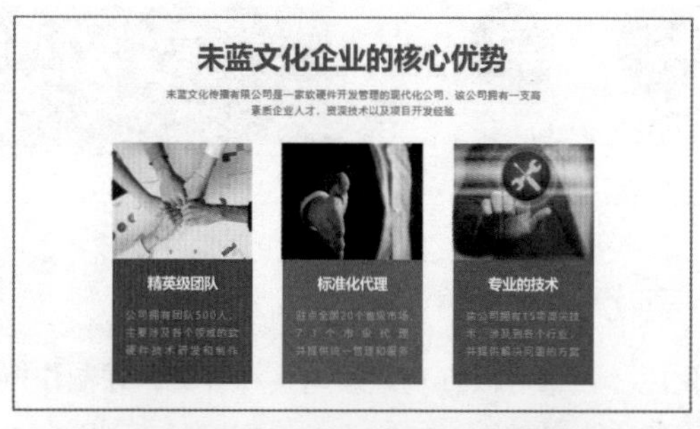

拆分内容

我们在处理多文本的幻灯片时，可以将提取的重点内容分别在不同的页面中展示。分别展示重点内容可以更加清晰地展示观点，制作更丰富的演示文稿。

为让观众清晰了解企业的核心优势包括哪三部分，首先要通过单独的一页幻灯片介绍相关内容。

接着，分别介绍3个核心优势，3页PPT的风格要一致。

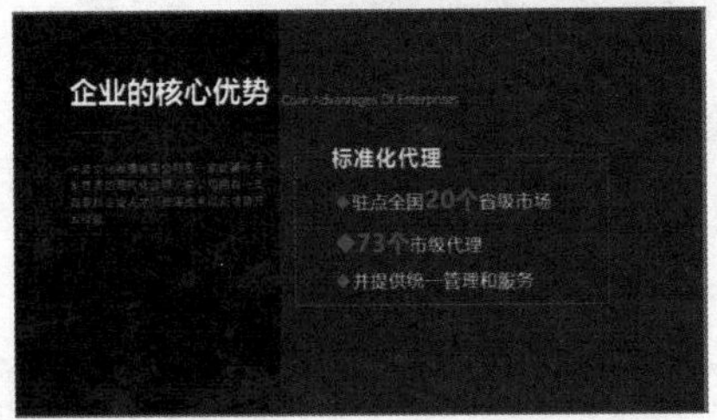

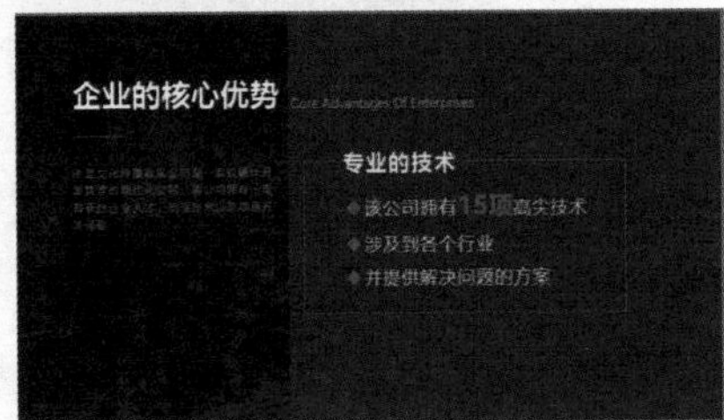

3 如何处理文字太多的PPT

PPT

第4章

制作PPT怎么能少了图片呢

图片的格式与类型

PPT中常见的图片格式

照片

照片是最常见的图片形式，是通过照相机拍下的画面。**图像的画面可以很好地表达某种含义**。在PPT中照片通常被作为背景，再添加合理的关键字使主题更加鲜明。

照片的优点：

- **内容丰富，表现力强。照片是图像化的，色彩多，内容比较丰富，带给人视觉的冲击力要比文本更强。**
- **容易获取。照片的获取方式比较多，既可以自己拍摄，也可以在网上搜索。网上有很多著名的摄影师拍摄的照片供我们使用。**

照片的缺点：照片的冲击力太强，容易吸引浏览者的眼光。

照片一般是JPG格式的，包含背景。有时候我们只需要主体部分的图像，可以删除图片的背景，也可以使用PNG格式的图像。

PNG是一种采用无损压缩算法的位图格式。

在PPT中，PNG图片起到点缀修饰作用，该类型的图片可以很好地融入复杂的背景中。

图片中的两只鸟就是PNG格式的，背景是渐变的圆形和白色的底纹，可见各元素之间融合比较和谐。

PNG格式图片的优点：透明背景，可以显示图像中的主体部分，创造一些有特色的图像。

缺点：该类型的图片画质中等。

剪影

剪影只显示人物外形轮廓，弱化了人物表情，能很好地表现事物的大体特征。在PPT中使用剪影可以很好地凸显内容，起到衬托作用。

剪影的优点：衬托内容。它不像图片那样吸引观众的注意，可以很好地衬托PPT。

缺点：如果在PPT中大量使用剪影，会显得单调。

3D人物

3D人物是将人物3D化、简洁化而形成的一种图片形式。3D人物主要应用在商务领域，其背景是白色，通过人物动作就能理解要表达的含义。

3D人物的优点：

- 表达含义清晰。3D人物用于商务领域，其动作可以清楚地表达含义。
- 素材多。之前3D人物比较流行，网上的资源比较多。

缺点：

- 风格过时。3D人物已经不适用现在的商务PPT风格，基本上被淘汰。
- 使PPT呆板。3D人物是面无表情的，在PPT中使用多时会显得很呆板。

2.5D人物

2.5D也被称为伪3D，是2D的素材通过颜色变化制作出的立体效果。近几年2.5D视觉表现形式在众多视觉效果中脱颖而出，正在被广泛运用在平面广告和PPT中。

简笔画

简笔画通过提取客观形象最典型的特点，以平面化、程式化的形式和简洁的笔法，表现事物的特征。

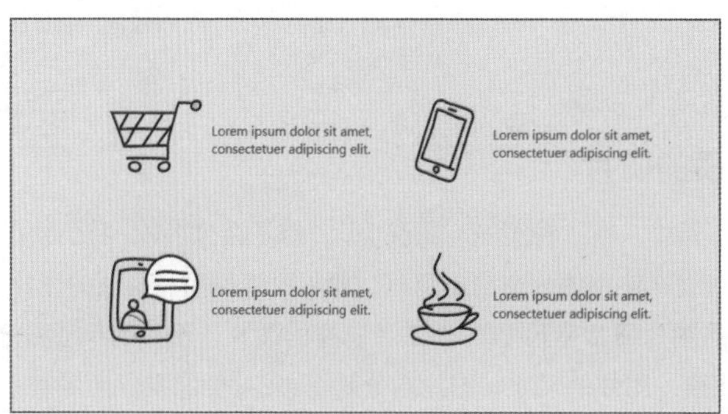

简笔画的优点：简单清晰，轻松活泼。

缺点：比较随性，不适合严肃的场合。

图标

图标是具有指代意义的图形符号。图标也是PPT中经常使用的元素之一，使用符合主题的图标可以辅助表达观点。

在网上下载的图标格式有svg、ai和png格式，前两者为矢量格式，可以修改颜色而且不失真。

选择图片的注意事项

选择高质量的图片

扫码看视频

使用高画质的图片

在现实生活中，有一种美叫“朦胧美”。但是在PPT中，我们要尽一切努力去阐明主题，所以在使用图片突出内容时，要尽可能使用高画质的图片。

高画质的图片通常指尺寸大、分辨率高的图片。**图片的尺寸和分辨率都是描述图片的清晰度**，图片的尺寸 × 图片的分辨率=图片的像素。两者对于图片清晰度成正比。图片的分辨率是指单位面积内的像素数量，即像素密度，单位是dpi。图片的分辨率越高，图片越清晰。

● 画质差的图片

● 画质好的图片

比较以上两张图片，相信大部分人都希望看到右图，因为右图中的图片像素高、展示内容清晰，左图像素低、图片中主体比较模糊。所以在制作PPT时一定要使用高画质的图片，否则会为PPT减分。

有的读者会问，使用图片作为背景，而且还要添加蒙版时，可不可以使用画质差的图片呢？当你的背景图片只是起衬托作用，而且蒙版加得很厚时，可以适当使用像素稍差的图片。

● **画质稍差的图片**

● **背景图片上的蒙版**

左侧图片的画质稍差一些，整体是朦胧、不清楚的；右侧图片是矩形的蒙版，填充颜色为纯黑色，透明度只有20%。

使用上述图片和蒙版制作的PPT背景若隐若现，观众的目光集中在文字上。这种情况可以使用画质稍差的图片，但是我们要尽可能使用高画质的图片。

不使用带水印的图片

首先，带水印的图片是有版权的，水印就是防止他人盗图而添加的；其次，带水印的图片会影响PPT的展示效果，特别是大面积的水印。

选择与内容相关的图片

扫码看视频

选择图片的注意事项

图片能突出主题

图片突出主题也就是常说的“图文相符”。**图文相符是PPT选图时最基本的要求**。如果图片与PPT所传达的信息不相符，会在一定程度上影响观众对内容的理解，出现自相矛盾的情况。

该幻灯片主要介绍儿童厌食的主题，选择的图片与主题相符，即使不仔细看文本也知道是和孩子不吃饭相关的。

该幻灯片中的图片与主题不符，儿童在草地上开心地玩耍，让人联想到多接触大自然、快乐童年等。

符合PPT风格的图片

制作PPT，整体风格要一致，图片当然也要一致。

划分的依据是不同PPT的风格类型也不同，不同的风格需要应用不同的元素。根据PPT的氛围风格可分为：严肃沉稳、轻松幽默、艺术气息等类型；根据PPT的设计风格可分为：扁平风、商务风、中国风、科技风等类型。

氛围严肃沉稳的商务全图型的PPT，多数以写实的图片为主，真实感极强，细节丰富，给人一种可信赖感。

科技风的PPT一般是深蓝色或黑色背景，添加科技元素。例如左图的幻灯片介绍人工智能，因此添加一些机器人以及点线的元素。

中国风的PPT，主要包含中国元素，例如山水画、笔墨纸砚、中国结等。文字上使用书法字体或衬线字体等。

当页面中包含多张图片时，还要保持各图片的风格统一。例如，页面中包含3张人物的图片，则图片可以均为写实的、艺术的、彩色的或黑白的。如果图片风格不统一会影响整个页面的展示效果，容易产生错乱，导致PPT让人感觉不专业。

我们只需要统一所有图片风格即可制作出整齐、专业的PPT。

这也很重要!

处理人物图片时注意高度

在页面中排版多张人物的照片时，要注意人物的大小和高度，通过裁剪图片和调整图片大小功能将人物调整在同一水平线上，而且人物的大小要一致。

选择图片的其他技巧

选择图片的注意事项

选择大气的图片

我们需要大气的图片时，要选择有纵深感或者空间感的图片。图片是二维图像，比较平淡，如果注入一定的空间感和纵深感会更有层次感，更加大气，而且能给观众更大的想象空间。

选择有**方向感的图片，能够对人的视觉起到延伸的作用**。

上图通过公路营造出了很好的纵深感和方向感，由路面的近景到远景，具有很强的视觉延伸作用，增强了图片的层次感。

选择有留白的图片

图片中的留白在视觉上会有充足的主导地位，可以突出主题。留白的空间越大，所述主题的主导地位越强。

留白与主体形成视觉的反差。人们在浏览图片时，首先看主体部分，然后自然而然地将目光停留在留白区域。如果我们将要表达的主题放在留白处，会形成新的视觉焦点，从而造成视觉的平衡。

选择主体明确的图片

图片的主体是表达主题的主要依据，因此主体一定要明确。图片越复杂，观众浏览图片的成本就越高，从而降低文本的阅读性。

选择图片的注意事项

选择图片的3B原则

扫码看视频

3B原则

前面介绍了制作PPT时选择图片的方法和技巧，其实我们还可以遵循3B原则选择图片。3B原则为：美女（Beauty）、婴儿（Baby）和动物（Beast）。这些也是在广告中经常出现的主角。

● 美女

● 婴儿

● 动物

我们在选择图片时，如果图片都很符合主题，就根据3B原则选择有美女、婴儿或动物的图片吧！我们可以比较一下哪张图片更吸引你。

● 选择有美女的图片

● 选择没有美女的图片

裁剪图片

扫码看视频

图片的美化操作

制作放大镜效果

第2章中详细介绍了图片裁剪工具的应用，本节将介绍如何通过裁剪图片制作放大镜效果。

下面介绍具体操作方法。

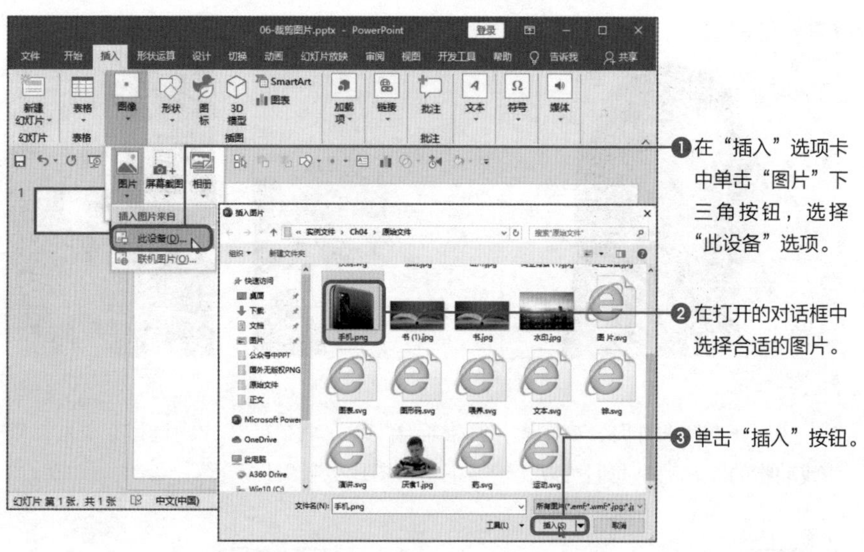

❹在当前幻灯片中插入选中的图片，选择图片，拖曳图片的角控制点调整图片的大小并移至页面的左下角。然后复制一份，并使其和之前的图片重合。

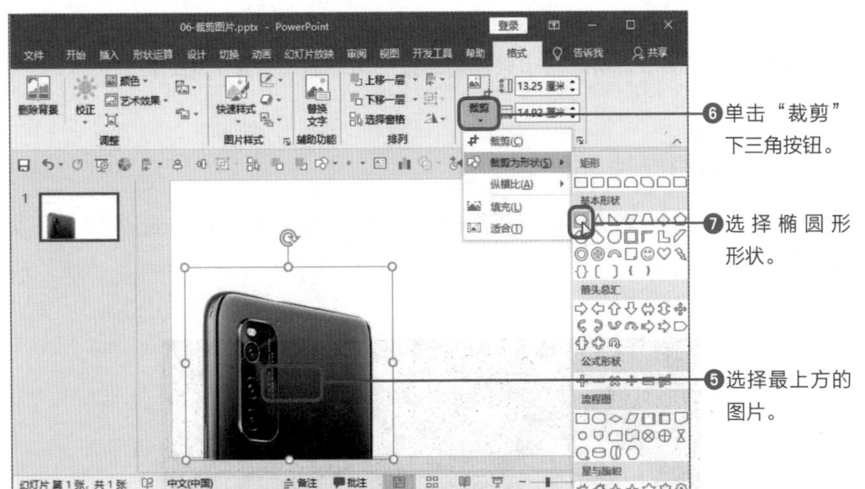

❽接着单击“裁剪”按钮，调整椭圆为正圆形。然后放大图片，使3个摄像头位于圆中间。

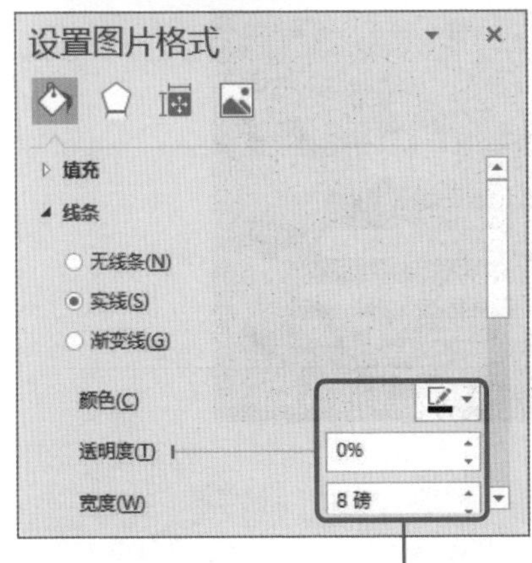

❾选择圆形图片，打开“设置图片格式”导航窗格，设置线条颜色和宽度。

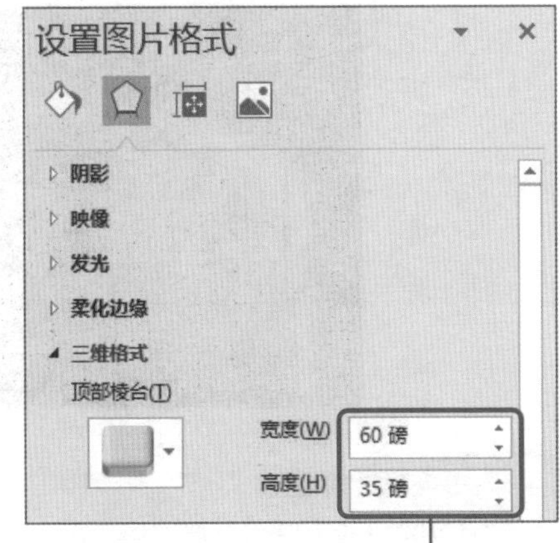

❿在“效果”选项卡中设置“顶部棱台”为“圆形”，“宽度”为60磅、“高度”为35磅，制作放大凸出的效果。

至此，放大镜的效果已经制作完成。在展示商品时，可以使用这种放大镜的效果展现商品的细节部分。接下来还需要进一步添加元素并美化幻灯片。

进一步修饰幻灯片

为了放大镜的完整，还需要添加把手，然后添加文本和形状进行修饰，最后设置背景为纯黑色。

此时，手机右侧与背景的黑色过渡不是很自然，可以添加矩形，设置从左向右的黑色渐变，左侧颜色的透明度设置为100%。最后在文字部分添加背景。

这也很重要!

若隐若现的文字背景设置方法

在页面中添加文字并设置格式，在其上方添加矩形形状完全覆盖在文字上。接着设置矩形为渐变填充，填充颜色为背景色，根据需求设置透明度即可。

抠除图片的背景

扫码看视频

图片的美化操作

设置透明色

当图片的背景为单一颜色，而且和主体的颜色差距较为明显时，使用“设置透明色”功能可以快速删除背景。

下面介绍通过“设置透明色”功能删除图片背景的方法。

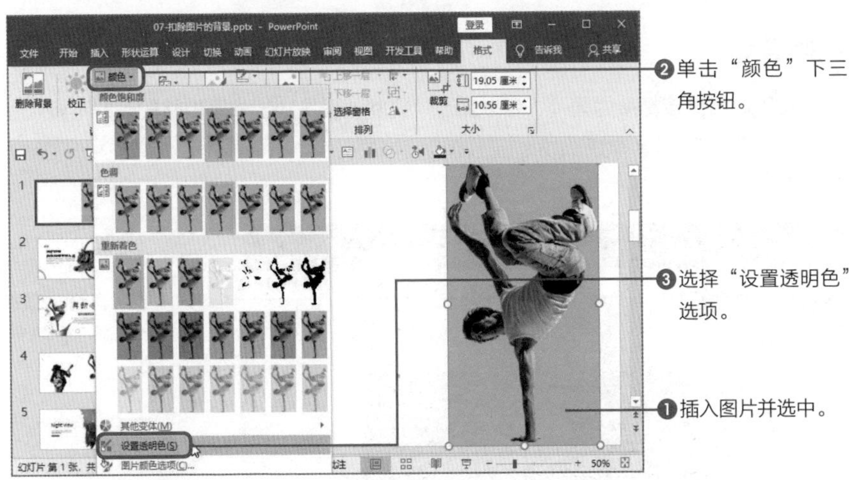

❷单击“颜色”下三角按钮。

❸选择“设置透明色”选项。

❶插入图片并选中。

❹此时光标变为刻刀的形状，在图片的背景部分单击，即可去除背景，只保留主体部分。

删除背景后，我们可以对幻灯片进一步进行设置，添加修饰性的元素、相关的文本，制作出精美的效果。

删除背景

对于背景比较复杂的图片，可以通过“删除背景”功能快速删除图片的背景。下面介绍“删除背景”功能的具体使用方法。

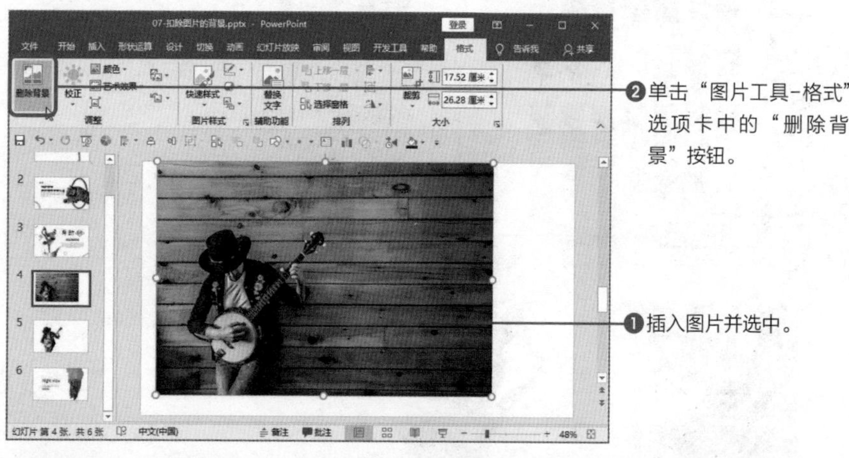

这也很重要!

删除背景前裁剪图片

在删除背景前，我们可以先裁剪图片，只保留主体部分，减少删除背景时的干扰。

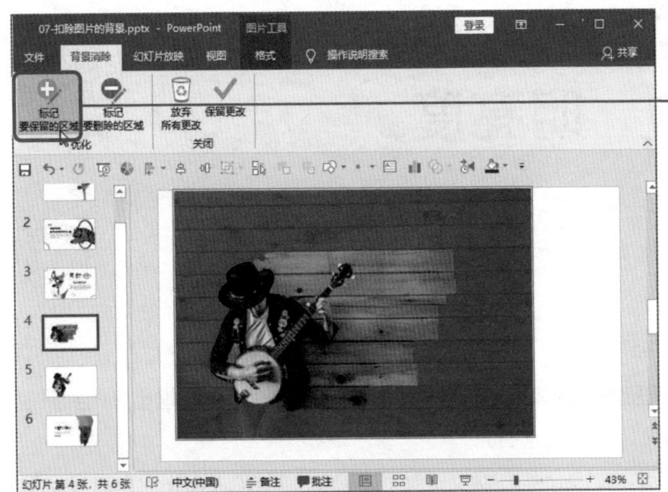

❸此时，图片中洋红色部分为删除内容。在“背景消除”选项卡中的“优化”选项组中单击相关按钮删除背景。

单击“标记要保留的区域”按钮，在图片中单击即可保留该区域；单击“标记要删除的区域”按钮，即可删除选中的区域；单击“关闭”选项组中的“保留更改”按钮即可完成删除背景操作。然后添加文本进行修饰，制作出精美的效果。

这也很重要!

删除更复杂的图片背景

当需要删除更复杂的图片背景，而且主体部分和背景相差不大或者主体包含很多细节（毛发等）时，就只能使用专业的图像处理软件了，例如Photoshop。

图片的美化操作

调整图片的明亮度

扫码看视频

调整图片的亮度

在PPT中可以**调整图片的亮度，产生明暗的差别**。设置的亮度越小，图片就越暗；反之，亮度越大，图片就越明亮。

● 图片的亮度从左向右越来越高

调整图片的对比度

图片的对比度是图片中明暗区域最亮的白和最暗的黑之间不同亮度层级的测量。对比度越高，图片色彩反差越大。

● 图片的对比度从左向右越来越高

调整图片的柔化和锐化

设置图片柔化越高时，图片越不清晰；设置图片锐化越高时，图片越清晰。

● **图片从左向右越来越清晰**

调整图片参数的方法

以上介绍不同的亮度、对比度、柔化和锐化对图片的影响，那么我们如何设置相关参数呢？

选中图片，切换至“图片工具-格式”选项卡，单击“调整”选项组中的“校正”下三角按钮，在列表中选择合适的选项即可。

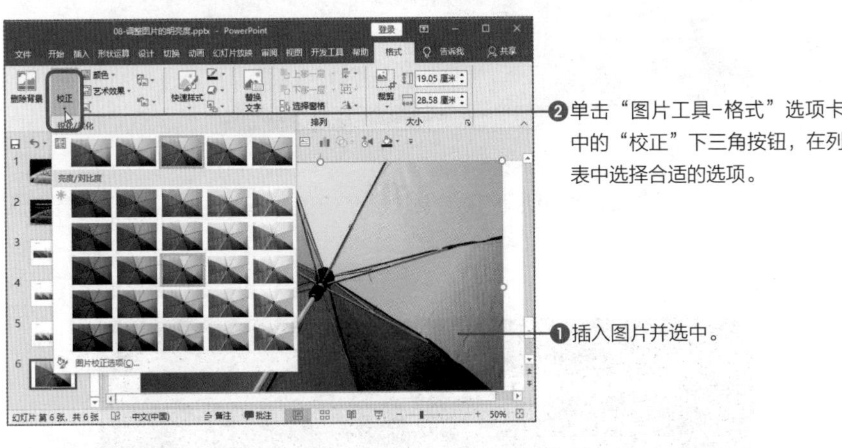

❷单击“图片工具-格式”选项卡中的“校正”下三角按钮，在列表中选择合适的选项。

❶插入图片并选中。

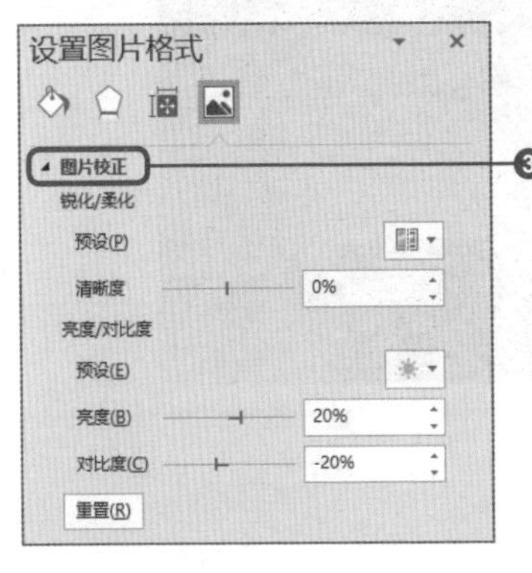

❸在“校正”列表中选择“图片校正选项”选项，打开“设置图片格式”导航窗格，在“图片校正”选项区域中进一步设置“锐化/柔化”和“亮度/对比度”的参数。

调整图片亮度的应用

我们学习调整图片的亮度后，制作PPT时，如果背景图片太亮可以不添加蒙版，直接调整图片的亮度即可。

在PPT中插入书的图片，背景是黑色的，但是桌面和书比较亮影响到文本的展示效果。

此时，我们不需要添加矩形形状再设置填充颜色和透明度，只需要适当降低图片的亮度即可。

调整图片的颜色

扫码看视频

图片的美化操作

调整颜色饱和度

颜色的饱和度是指色彩的纯度。色彩纯度越高，图片表现就越鲜明；纯度越低，图片就越暗淡。

● 从左向右颜色饱和度越来越高

调整颜色的色温

颜色的色温是光源光色达到某种颜色时，与其匹配的热黑体辐射体的温度。色温越高，图片越显蓝色；色温越低，图片越显橙红色。

● 从左向右颜色色温越来越高

为图片重新着色

重新着色即修改图片的色彩模式，把图片的颜色倾向变成某种特定的颜色。

● **为图片重新着色的效果**

灰度　　冲蚀　　金色　　绿色

在重新着色列表中包含两种类型的着色方法：冲蚀和单一颜色。

- 冲蚀：为图片蒙上一层白色透明的蒙版，使图片若隐若现。
- 单一颜色：使图片重现一种颜色，该效果可以直接过滤掉其他颜色，让图片看起来更加纯粹。

设置图片颜色的方法

在PPT中插入图片后，切换至“图片工具-格式”选项卡，在“调整”选项组中单击“颜色”下三角按钮，在列表中可以调整颜色的饱和度、色调和重新着色。

在“颜色”列表中选择“其他变体”选项时，在子列表中选择变化的颜色。选择“图片颜色选项”选项时，打开“设置图片格式”导航窗格，在“图片颜色”区域中设置相关参数。

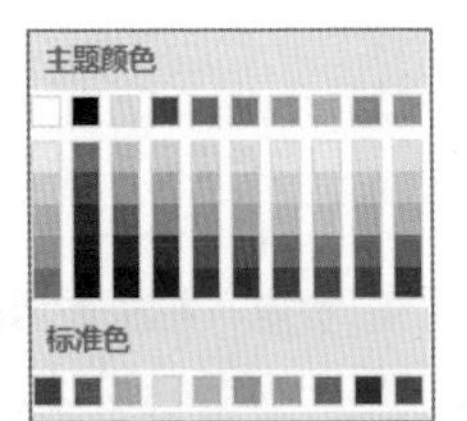

设置图片颜色的应用

我们可以通过调整图片的饱和度、色温或对其进行重新着色制作不同的效果。

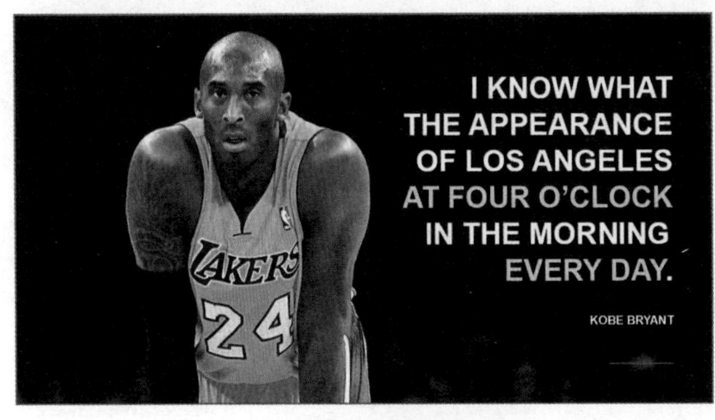

左图将带颜色的图片降低饱和度或者设置为灰色，制作出黑白图片的效果。在本案例中去掉人物的颜色表示一种缅怀之情。

左图只保留中间人物的颜色，突出甜美的时光。

复制一份图片，通过矩形和图片进行布尔运算。然后设置底层图片为灰色即可。

图片的美化操作

让图片具有艺术效果

扫码看视频

使图片艺术化

PowerPoint提供了快速为图片添加艺术效果的功能，在这个功能中包含20多种内置的艺术效果。

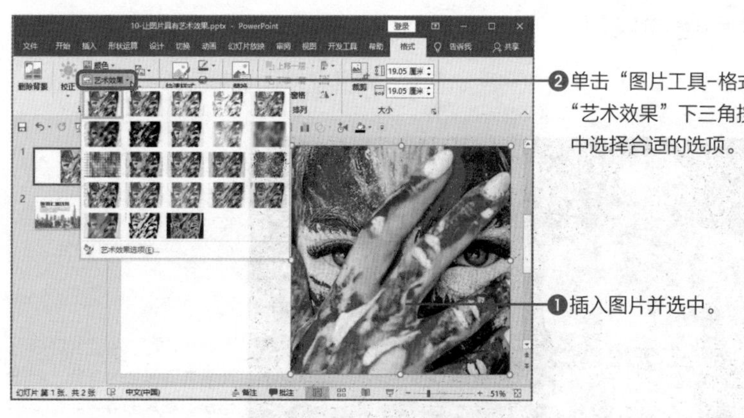

❷单击“图片工具-格式”选项卡中“艺术效果”下三角按钮，在列表中选择合适的选项。

❶插入图片并选中。

操作完成后，选中的图片会应用对应的艺术效果。下面列举8种艺术效果。

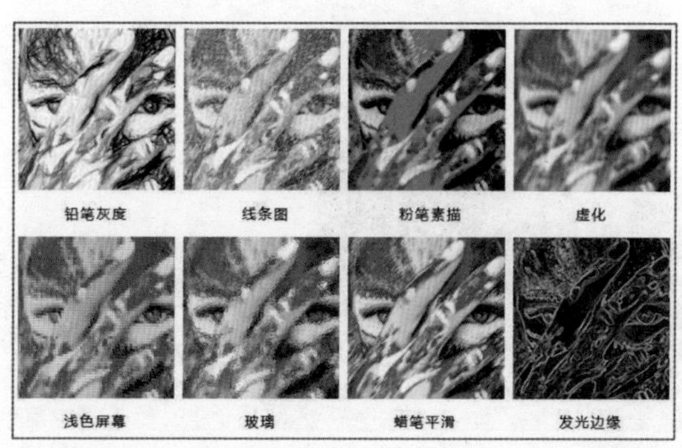

在列表中选择“艺术效果选项”选项时，在打开的“设置图片格式”导航窗格的“艺术效果”选项区域中进一步设置具体参数。当图片应用不同的艺术效果时，其设置的参数也不同。

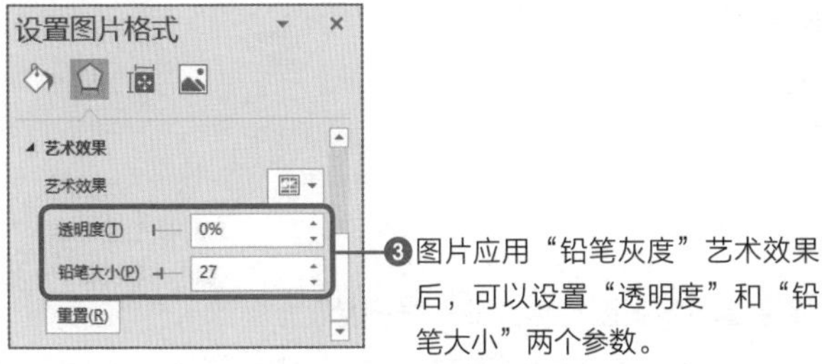

艺术效果的应用

我们制作一些具有艺术氛围的PPT时，经常需要为图片应用艺术效果。我们可以应用虚化的艺术效果以突出主体，具体操作是复制图片并通过与形状的布尔运算得到主体，然后虚化背景图片。

下面展示使用“铅笔素描”艺术效果制作出的“建筑上的线条”PPT。

这也很重要!

快速为图片应用样式

在PPT中可以为图片应用图片样式对外观进行快速美化。图片样式已经设置好图片的形状、图片边框以及图片效果，直接选择即可使用。选择图片，切换至“图片工具-格式”选项卡，在“图片样式”选项组中单击“其他”按钮，在列表中选择图片样式即可。然后通过“图片边框”和“图片效果”功能进一步美化。

图片的拼接

扫码看视频

让图片满足PPT需求的6种进阶方法

图片的横向拼接

图片的拼接是指将多张图片合并成一张图片。

我们在网络的海洋中终于淘到心仪的图片，插入到PPT中时，发现图片的纵横比和幻灯片不匹配，是不是有种“弃之可惜、留之无用”的感觉。

此时，我们可以将图片进行拼接以制作出完整的图片，但是图片的背景要相对干净、简单。

下面介绍横向拼接的具体操作方法。

❶打开PPT软件，插入一张图片，可见图片是瘦长比例，而且背景比较整洁。复制两份图片分别放在两侧。

这也很重要!

通过拼接增加图片的横向比例

本例所用的图片是瘦长的，要想增加图片的横向比例，需要将复制的图片与原图对应的背景进行延伸。此时，需要注意两张图片之间的连接合理。

❸选择“水平翻转”选项。

❷选择左侧图片。

❹用相同的方法将右侧图片进行水平翻转。然后分别裁剪图片，左图保留右侧部分，右图保留左侧部分。

❺将原图片调整到和页面等高并放在合适的位置。然后将左右两图片分别移到原图左右两侧，并调整裁剪图片的大小与原图片重合。最后添加修饰的元素即可。

图片的纵向拼接

如果图片的横向比例很大，裁剪图片会影响展示效果，我们可以根据横向拼接图片的方法进行纵向拼接。此处不再赘述。

以上介绍的纵横向拼接其实就是增加图片的背景，我们也可以将图片左右翻转或垂直翻转直接拼接图片，制作出梦幻的效果。

下面介绍纵向拼接的方法。

❷勾选“参考线”复选框。

❶插入图片，可见图片的横向比例很大，将图片调整和页面等宽并移到上方。

接着根据添加的参考线将图片下方部分裁剪掉，使图片为页面的一半大小。然后复制一份并进行垂直翻转，使两张图片充满整个页面。

❸裁剪图片并复制一份进行垂直翻转，使两张图片上下充满整个页面。同时选中两张图片，进行水平翻转。拼接后的效果是不是有种盗梦空间的感觉？

❹在页面中插入跳街舞的PNG图片，再绘制相同大小的矩形，用来制作二次曝光的效果。

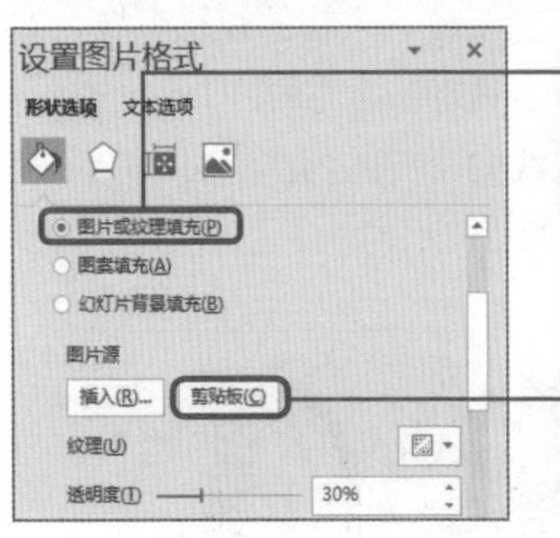

❺剪切街舞图片，选中矩形，打开“设置图片格式”窗格，选择该单选按钮。

❻单击“剪贴板”按钮，设置透明度。

梦幻的背景和二次曝光制作完成后，适当调整街舞图片的大小并位于页面的中心位置。为了使背景图片不影响内容，将拼接的图片设置为蓝灰色（通过图片的颜色设置）。最后添加相关文本即可。

通过人物引导观众视线

扫码看视频

人物的视线

在制作PPT时难免会使用人物的图片，此时一定要注意人物的视线引导。如果使用清晰的面孔和正确的视线引导，就可以制作出具有感染力的PPT。

人物视线能起到聚焦的作用。一般来说人的视线向页面的内部，可以引导观众将目光停留在PPT中，如果视线向外则会将观众的目光引向PPT之外。

看左图时你的视线是不是被人物引导到了页面之外的地方呢？右图是不是有种她正看着你的感觉，而你的视线会一直停留在图片上呢？

单个人物

在页面中的图片只包含1个人物时，要**选择人物的视线向页面内的**图片。在排版时还要注意人物的视线最好是水平的，并将重要的文本内容与视线放在同一水平线上，这是因为观众的目光会通过人物引导到文本上，这也符合人们的观看习惯。

多个人物

在页面中使用多张人物图片时，要使人物的视线相对，这样才能让观众的目光停留在页面中。如果人物的视线是相反的，那么很容易引导观众的目光到页面之外。

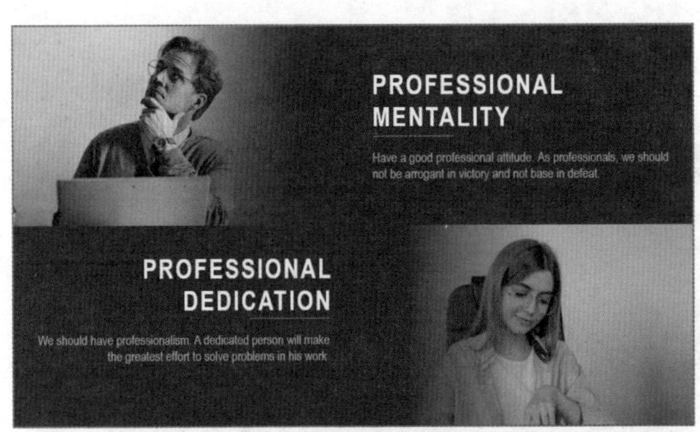

当我们浏览页面时，首先看到的是图片。如果两张图片中人物视线是相反的，我们的目光很容易跟随人物视线移到页面之外。

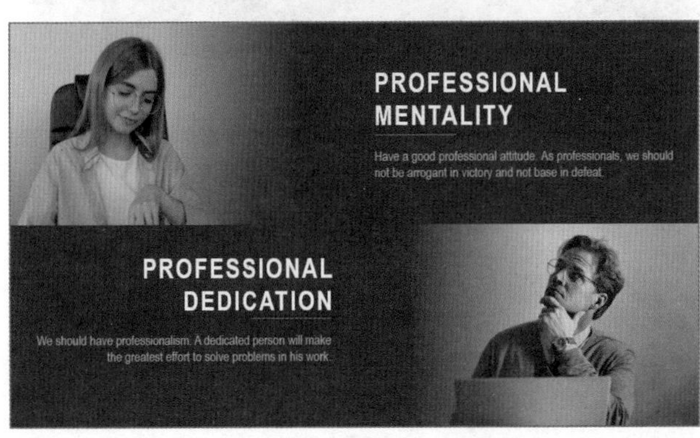

左图中两个人物的视线是相对的，我们的目光会随着人物的视线保留在页面中。

蒙版让图文更好地结合

扫码看视频

让图片满足PPT需求的6种进阶方法

纯色蒙版

蒙版用于遮挡像素，本质就是半透明的色块。在制作PPT的过程中，蒙版的使用比较常见。

在PPT中蒙版主要有以下两个作用。

1. 弱化背景，突出文本；

2. 遮盖分辨率稍低的图片（在“选择高质量图片”中介绍过）。

在PPT中蒙版分为纯色蒙版和渐变蒙版两类。本节主要介绍纯色蒙版，首先看没添加蒙版的效果。

因为图片比较明亮、鲜艳，所以严重影响文本的显示效果。我们也可以调整图片的亮度使其变暗，但是没有使用蒙版自由、方便。

为图片添加蒙版时，可以添加全局的蒙版也可以添加局部的蒙版。全局的蒙版是绘制和图片等大的矩形，再根据实际情况设置纯色填充和透明度。

添加蒙版一定要注意，**设置形状为无轮廓**。

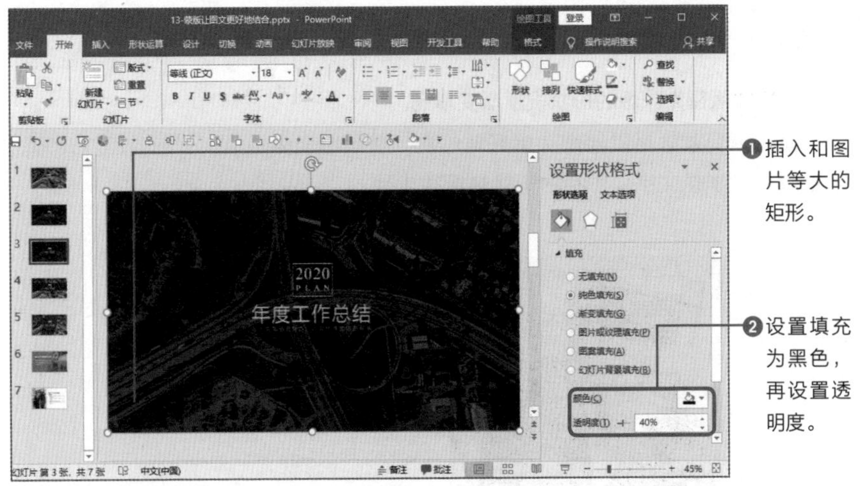

局部蒙版是只为图片的一部分添加蒙版以突出文本内容。添加局部蒙版时，可以使用不同的形状，可以是横向也可以是纵向的。

在图片中添加矩形使其能覆盖住文本，然后设置填充颜色和透明度。

在图片中通过平行四边形制作蒙版，同时添加修饰元素。在使用平行四边形时，注意倾斜的角度要保持一致。通过平行四边形左上角的黄色控制点调整倾斜的角度。

渐变蒙版

渐变蒙版是为蒙版的形状设置渐变填充。

使用渐变蒙版可以使图片更好地过渡，从而图文更融洽。下图的幻灯片中一半是图片一半是文字，图片的边缘过渡很生硬。

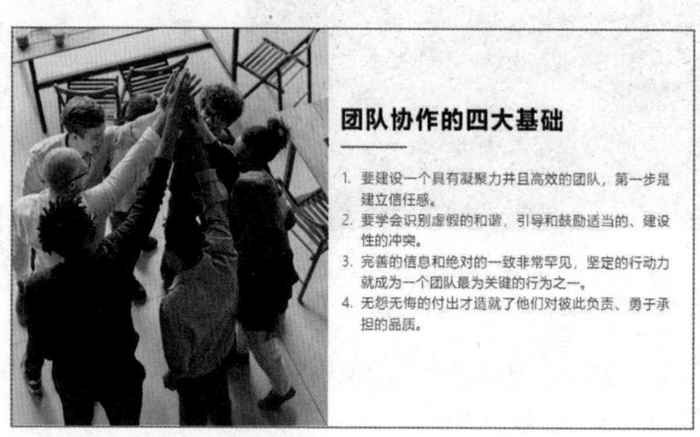

此时，我们可以使用渐变蒙版，使图片边缘过渡自然、和谐，同时还能很好地将文本和图片融合在一起。

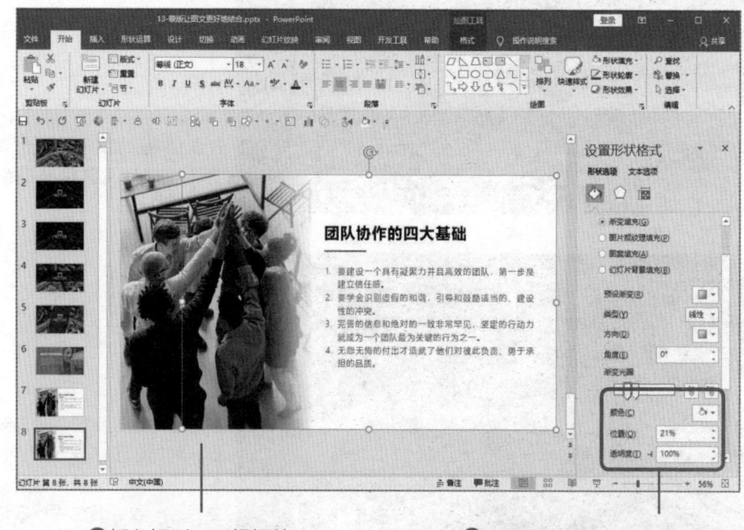

❶插入矩形，可根据效果适当调整大小。

❷设置渐变填充，并设置透明度和滑块的位置。

使用渐变蒙版也可以遮盖复杂背景中的多余部分，使背景更清晰、主体更突出。

左图所示PPT中是出租车的图片，背景比较复杂，左侧为打开的车门内部，右侧为出租车的车身以及标志。因为左侧部分不能突出是出租车，所以文本在左侧。

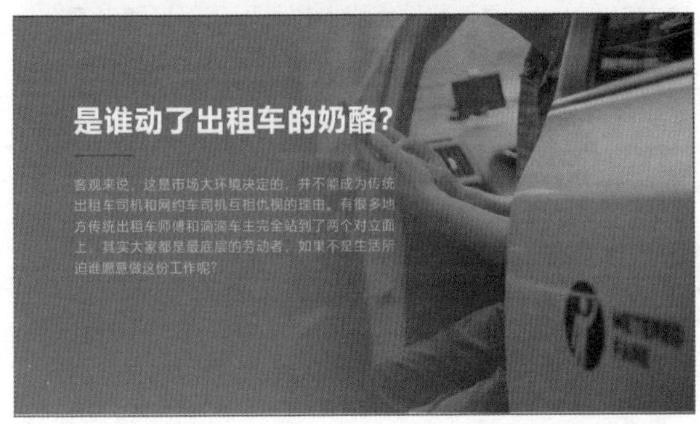

添加和图片等大的矩形，填充和出租车相同的黄色，设置从右内里渐变滑块透明度为100%。调整滑块的位置，遮挡左侧车门，即可使背景主体更加突出。

以上展示全屏渐变蒙版的效果。和纯色蒙版一样，我们还可以制作局部的或者不同形状的渐变蒙版。

让图片满足PPT需求的6种进阶方法

制作不同形状的图片

扫码看视频

通过绘制形状制作不同形状的图片

之前我们学过将图片裁剪为PPT中内置的形状样式，很方便对图片进行美化。那如何制作成其他形状样式的图片呢?

我们可以通过Photoshop和Illustrator两款软件完成操作，可是很多读者不会使用这两款软件，所以还是放弃这种方法。

本节将介绍使用PPT将图片制作成不同的形状。

下面介绍通过形状和图片进行布尔运算来制作人物形状的方法。

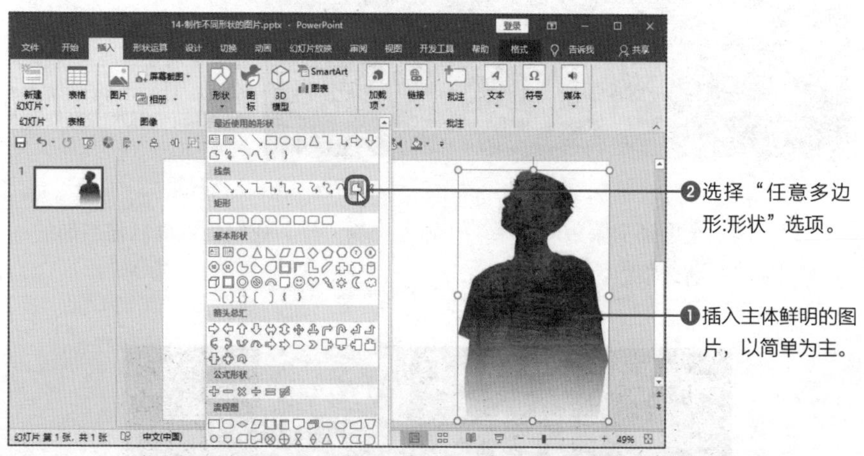

> **这也很重要!**
>
> **使用PPT制作不同形状的图片的思路**
>
> 本例子使用PPT软件制作不同形状的图片，主要思路是绘制形状，然后通过形状和图片之间进行布尔运算得到该形状的图片。如果长期使用该形状，可以将形状和图片占位符结合，然后在需要的时候直接插入图片即可。

❸光标变为十字形状，沿着图片主体人物的边缘绘制形状，要注意边缘细节处的绘制。当起始点和结束点重合时单击即可完成形状的绘制。

我们在绘制形状时，要尽可能沿着主体的边缘绘制。如果有需要修改的地方，右击绘制好的形状，在快捷菜单中选择“编辑顶点”命令，调整控制点的位置和弧度即可。这部分内容将在第5章中介绍。

在页面中插入图片并调整至和页面一样大小，再复制一份图片。调整复制图片和形状的大小，进行布尔运算。

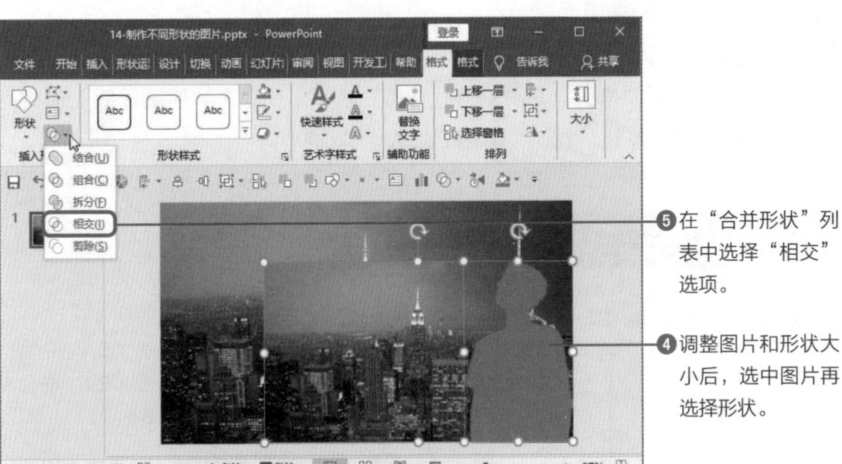

❺在“合并形状”列表中选择“相交”选项。

❹调整图片和形状大小后，选中图片再选择形状。

❻因为人物形状中的图片和背景图片一样，所以需要为背景图片添加蒙版，再适当调整形状的大小和位置。

然后为形状添加白色的边框以突出轮廓，并在左侧添加应景的文本进行说明，一份精美的幻灯片制作完成。

我们也可以通过将幻灯片母版中的图片占位符与形状结合，制作不同形状的图片。下面介绍具体操作方法。

复制之前绘制的人物形状，切换至“视图”选项卡，单击“母版视图”选项组中“幻灯片母版”按钮。在“幻灯片母版”选项卡中单击“编辑母版”选项组中的“插入版式”按钮，我们在新建的版式中继续制作。

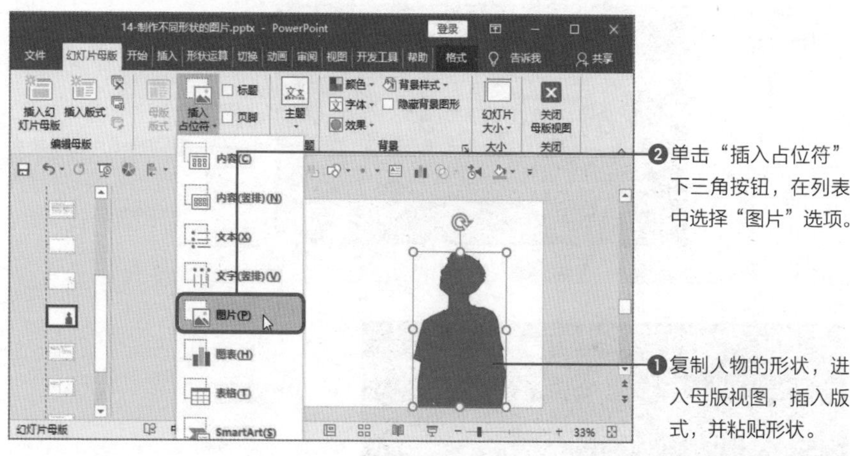

接着，绘制图片占位符，再和形状进行相交运算。然后关闭母版视图，在PPT中插入该版式，单击图片占位符中的图标，选择需要插入的图片。最后根据需要添加相关文本和修饰元素即可。

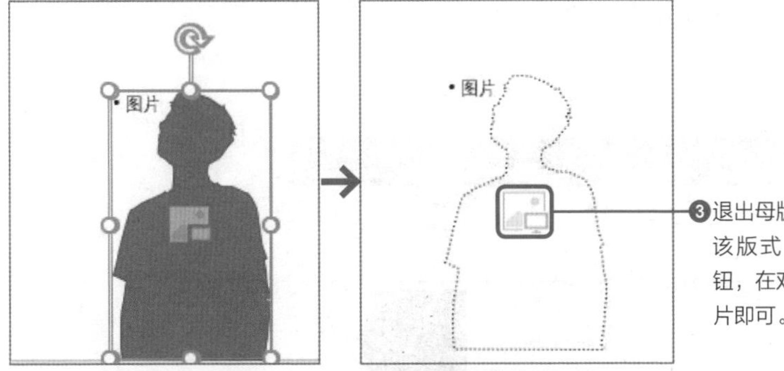

❸退出母版视图，并插入该版式，单击图标按钮，在对话框中选择图片即可。

❹插入的图片就是人物形状的样式。然后添加星空的背景，最后添加相关文本，即可制作出精美的效果。

通过墨迹图片制作墨迹效果的图片

如果说通过绘制形状修饰图片太费时费力了，那么接下来介绍的方法会让你用起来就不会停。

在PPT中使用墨迹效果的图片，打破沉闷的、传统的图文排版，使PPT更有设计感，而且制作方法特别简单。

● 墨迹效果

● 未使用墨迹效果

通过比较可见使用墨迹效果的幻灯片更具有艺术气息，下面介绍具体操作方法。

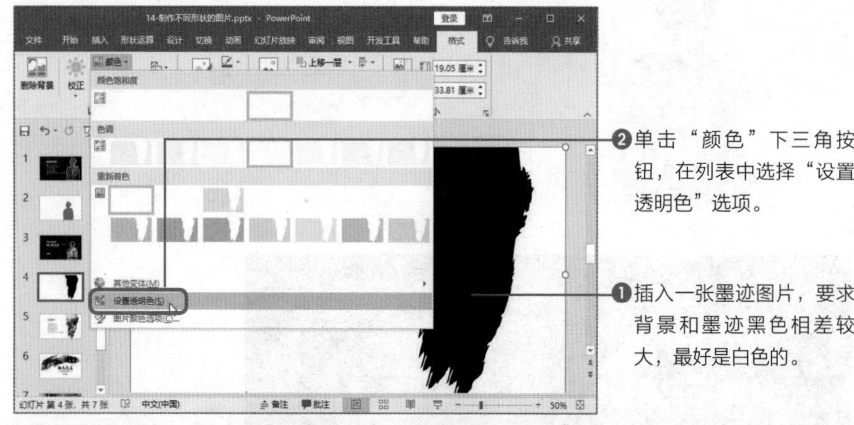

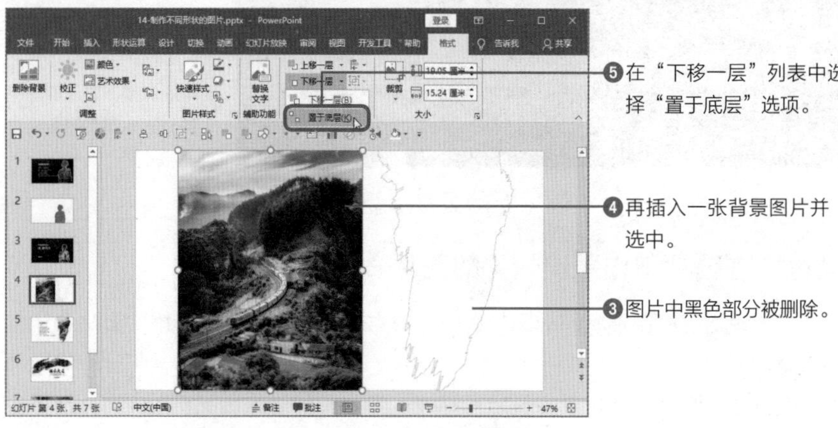

❻将插入的图片移到墨迹的下方并调整位置和大小。最后添加相关文本或修饰性元素即可。

制作图文穿插的效果

扫码看视频

让图片满足PPT需求的6种进阶方法

设置幻灯片的背景

制作**图文穿插效果可以体现空间立体感**。图片是平面图像，但在PPT中可以通过穿插效果增加立体感。

在“选择高质量的图片”小节中展示纵深感的图片就采用了图文穿插效果，下面比较图片和图文穿插效果的不同。

● 图片

● 图文穿插

图片的纵深感已经比较强烈了，但是添加相关文本后，更能体现图片的纵深。文本部分被山峰遮挡，而且由近及远逐渐变小，这些都能使人感到空间感。

在PPT中制作图文穿插效果时，最重要的操作是设置幻灯片的背景，下面介绍具体操作方法。

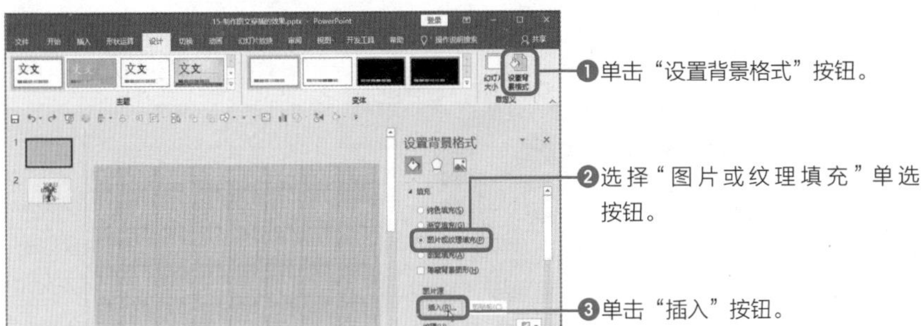

❶单击“设置背景格式”按钮。

❷选择“图片或纹理填充”单选按钮。

❸单击“插入”按钮。

在打开的“插入图片”面板中单击“来自文件”超链接，在打开“插入图片”对话框中选择合适的图片，即可将所选图片作为幻灯片背景插入页面中。最后输入相关的英文字母，可见文本全在背景图片的上方。

绘制形状并设置填充

我们将制作字母O、A、C、P和S与人物的穿插，在制作过程中需要使用“**任意多边形：形状**”工具。

下面以制作人物的右脚从字母O中穿插过去的效果为例介绍具体操作方法，其他部分读者可自行操作。

为了方便操作，首先设置文本填充的透明度，这样可以看清楚背景部分。选择上方文本并右击，在快捷菜单中选择“设置形状格式”命令，在打开的导航窗格中切换至“文本选项”选项卡，在“文本填充”选项区域中设置“透明度”为50%。

此时，我们可以透过文本看到背景图片，然后沿着需要显示在字母O之外的人物部分的边缘绘制形状。最后进行的重要操作就是为所绘制的形状填充幻灯片背景。为了使绘制的形状更加精准，可以放大页面。

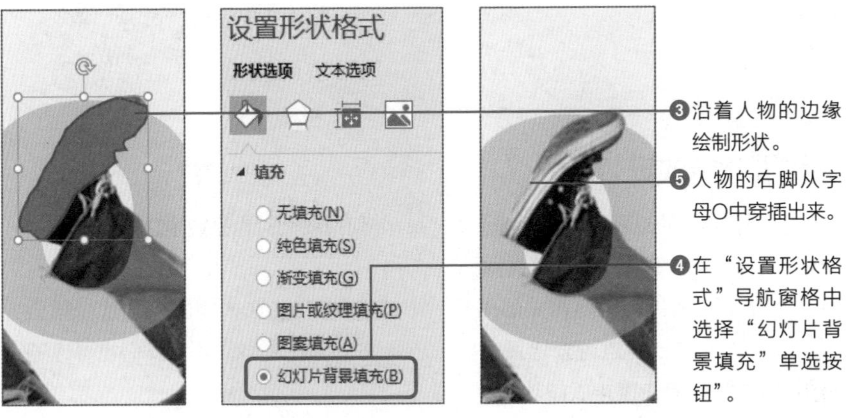

最后，再恢复文本的透明度为100%。读者可以根据相同的方法制作其他部分的穿插效果。

这也很重要!

添加阴影效果

图片中人物是有阴影的，而且光是打左上部分过来的。所以，为使穿插效果更真实，可以适当在穿插部分添加阴影。绘制矩形或圆形，根据光照的方法设置渐变填充，从黑色到白色的渐变，根据实际情况设置透明度。

图片的排版

让图片满足PPT需求的6种进阶方法

通过图片版式进行排版

在制作PPT的过程中，图片选择好后，如何**排版图片也是重中之重**，因为图片分布是否合理直接影响观众的视觉。

在介绍“选择与内容相关的图片”中我们展示过3张人物图片的常规排版方式，需要对人物图片进行按比例裁剪，还要统一设置大小。其实我们也可以通过“**图片版式**”功能快速排版图片。

在幻灯片中插入4张图片，每张图片的大小、纵横比都不统一。通过“图片版式”功能可以快速设置图片为相同的样式，下面介绍具体操作方法。

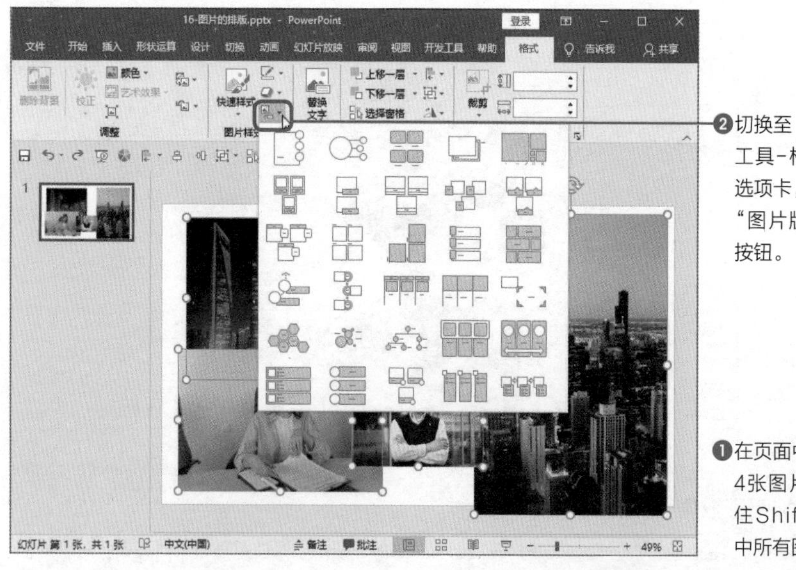

❷切换至“图片工具-格式”选项卡，单击“图片版式”按钮。

❶在页面中插入4张图片，按住Shift键选中所有图片。

在“图片版式”列表中选择需要的版式，可见所有图片为统一大小和纵横比，然后根据需求拖曳角控制点调整大小。例如，应用“蛇形图片题注列表”版式，添加相关文本并设置文本和形状的格式。

在功能区显示“SmartArt工具”选项卡，在“设计”选项卡下的“版式”选项组中可以更改版式。例如更改为“六边形群集”版式。

非常规图片排版

之前介绍的图片排版算是很整齐、规整的，下面将介绍非常规的图片排版。这种图片排版并非随意摆放，而是错乱中带着整齐。

我们进行图片排版时，主要使用裁剪工具和对齐工具，其操作方法很简单，下面只展示排版后的应用效果，不介绍具体操作方法。

1. 不裁剪图片排版

裁剪图片会丢失相关信息。我们可以不统一图片大小，将所有图片铺满页面，并保持相等的间距，其效果依然整齐。

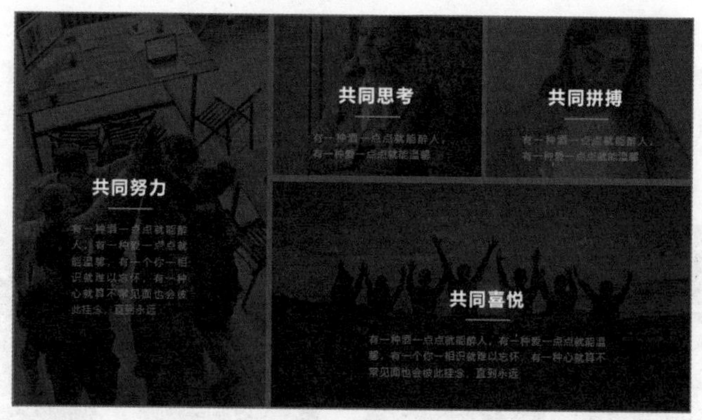

2. 将图片充满页面

我们制作全图型PPT时，经常将一张图片铺满整个页面。当对多张图片进行排版时，也可以尝试铺满页面以得到更加充实的效果。

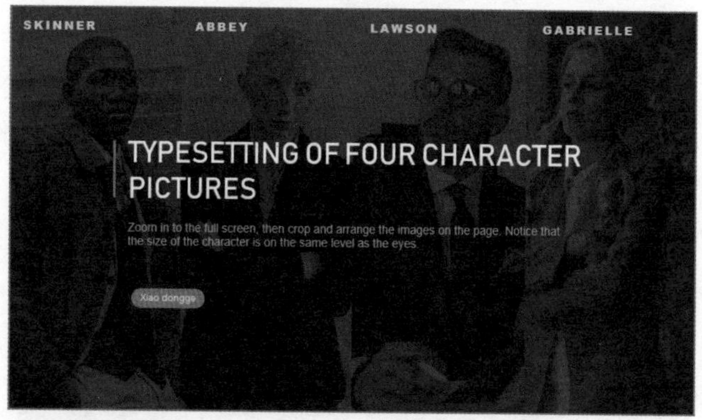

3. 错位排版

错位排版图片主要是让多张图片按照一定的规律进行摆放，产生一种错面不乱的效果。

制作照片墙

当需要插入多张图片时，我们可以考虑制作成照片墙。照片墙排版图片的缺点是图片的展示效果不好，因为图片比较小，不容易看清内容。

制作照片墙，我们可以使用Collagelt软件。使用该软件要先选择合适的模板，再根据需要设置页面等参数，最后导入照片并输出即可。

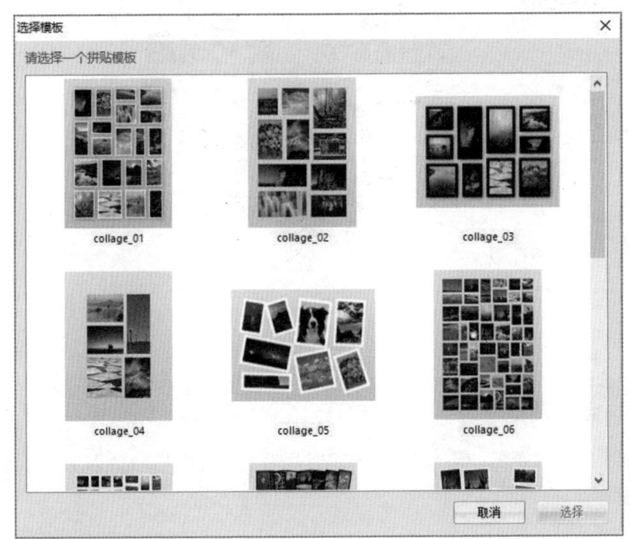

Collagelt软件提供15种照片墙模板，选择一种模板后，单击“选择”按钮，进入下一页面，设置页面、背景和布局等。

从Collagelt软件输出的照片墙是JPG格式，然后导入PPT中作为背景使用。

我们使用PPT也可以制作照片墙的效果，只是排列照片比较费时费力。但是使用PPT可以制作出不同形状的照片墙效果，例如心形。为了能够重复使用照片墙，可以在幻灯片母版中通过图片占位符绘制心形照片墙，退出母版后直接拖曳照片至该幻灯片版式中即可。

这也很重要!

在PPT中排列图片时平衡的尺度

在排版图片时，首先要保证页面的平衡，但并不是说一定要对称保持绝对平衡。如果想制造一种紧迫感，也可以打破平衡。

第5章

用好形状，让PPT更出众

基础知识之
形状的基本操作

选择不同类型的形状

扫码看视频

使用形状前后效果比较

制作PPT时，合理使用形状不逊于图片的展示效果。**形状的可塑性比较高**，通过简单的形状可绘制满足条件的图案，其展示的效果更加直观。

形状可以弥补PPT素材的不足，能够突出内容、使PPT焕然一新。下面展示使用形状前后效果的对比，可见使用形状后PPT内容更加丰富。

● 未使用形状的效果

作业行为控制

根据生产和图纸要求，由工艺员负责设计工装，夹具，钻模等生产辅助工具，增加生产能力，提高生产效率。

生产部按照图纸和工艺流转卡片要求进行顺序生产加工，有工装、夹具、钻模生产工艺要求的必须按使用规定的工装、夹具、钻模进行生产加工。

工艺生产加工过程分为：下料，车，铣，刨，磨，划线，点孔，钻孔，线切割，数控车，数控加工中心，焊接，热处理，部件装配，电器装配，整机装配，油漆，包装，发运等生产过程。每个工艺过程均固定生产人员进行，各负其职，流水作业。

● 使用形状的效果

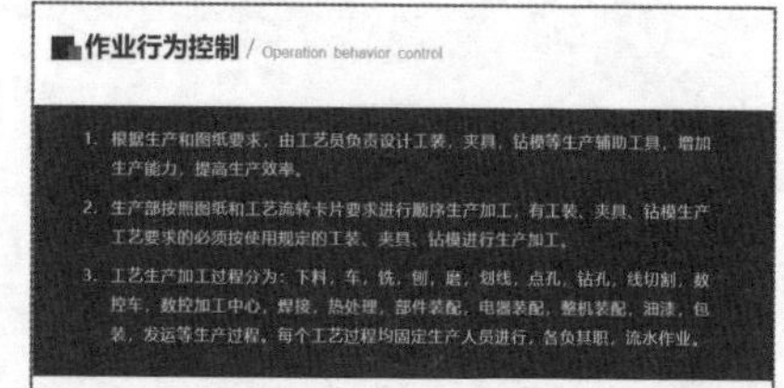

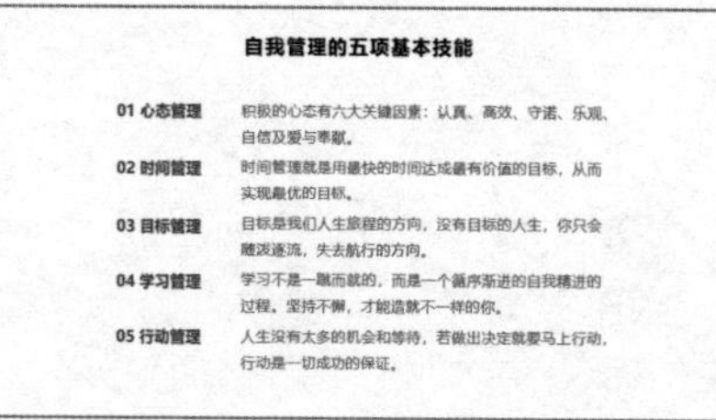

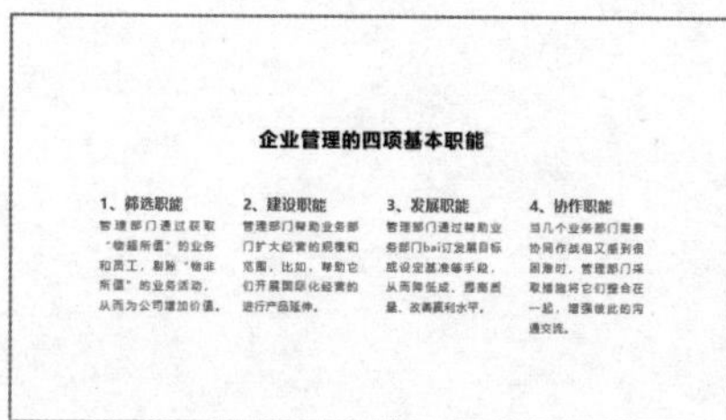

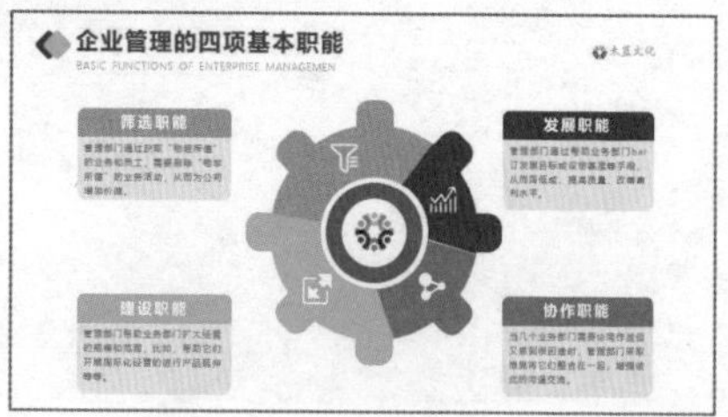

插入形状

PPT中共包含8大类、161种形状，基本涵盖多数绘图软件常用的形状，数量很多，而且绘制方便，直接选择后在页面中按住鼠标左键绘制即可。除此之外，我们还能根据需要修改形状。

切换至“插入”选项卡，单击“插图”选项组中的“形状”下三角按钮，在打开的列表中包含所有形状。

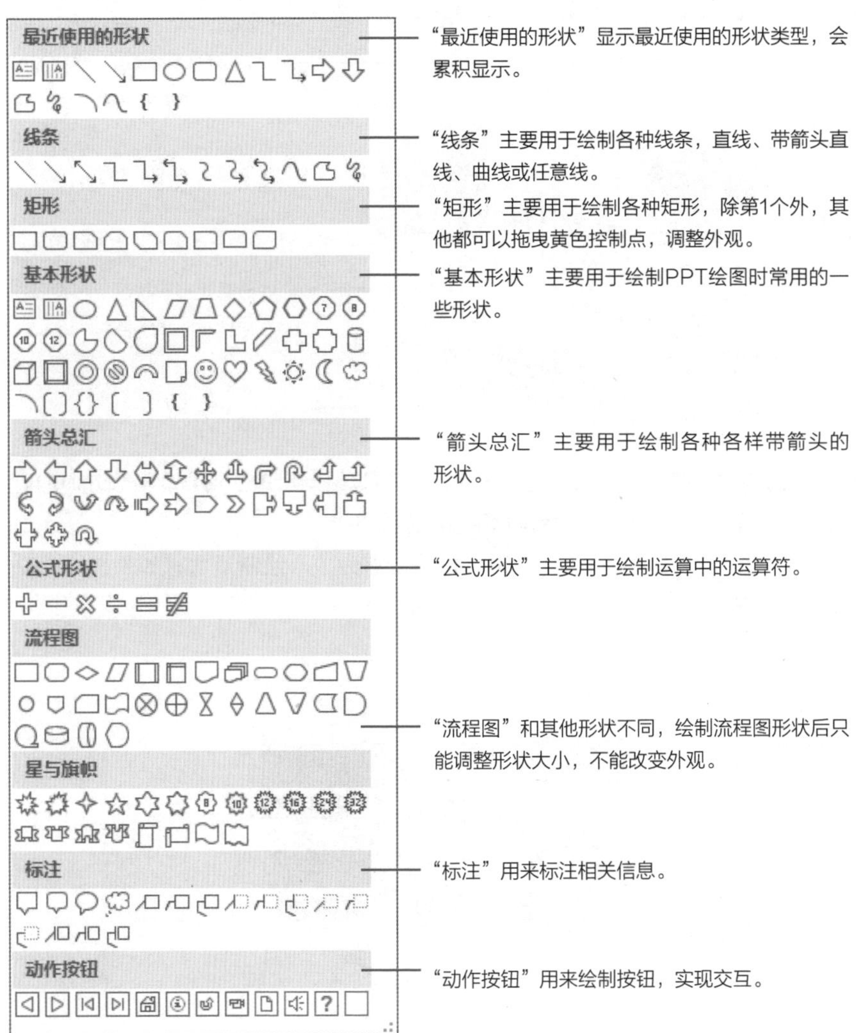

绘制形状

在“形状”列表中选择合适的形状，例如“椭圆”形状后，光标会变为黑色十字形状，在页面中按住鼠标左键拖曳，绘制所需的外观样式后，释放鼠标左键即可。

如果需要绘制正的形状，例如正方形，选择“矩形”形状后，按住Shift键不放在页面中拖曳即可。

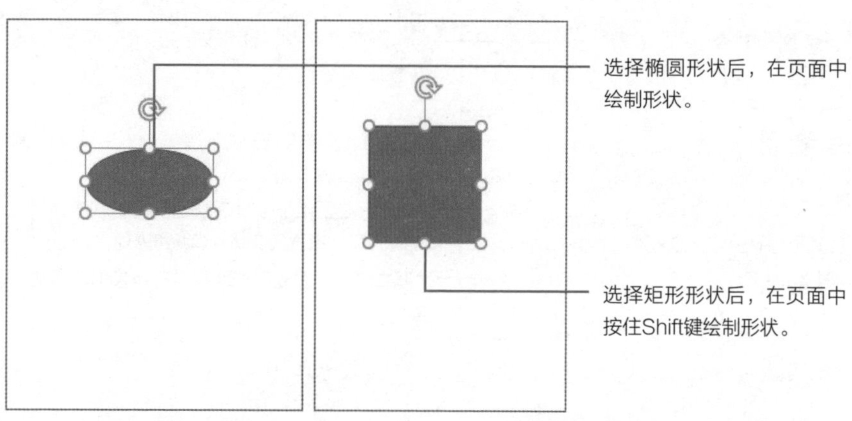

在绘制直线形状时，如果按住Shift键，可以绘制沿单击点45度倍数方向的直线。一般我们会**按住Shift键绘制水平或垂直的直线**。

如果按住Ctrl键绘制形状，则会以单击点为中心绘制形状；如果按住Ctrl+Shift组合键，则会以单击点为中心绘制正的形状。

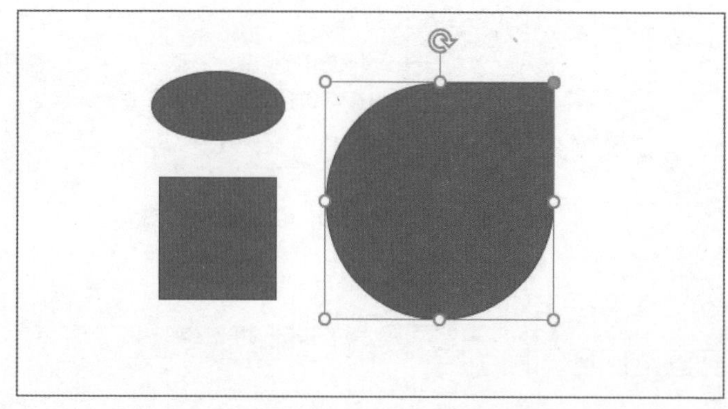

调整形状大小的几种方法

扫码看视频

基础知识之
形状的基本操作

通过控制点调整大小

通过拖曳控制点可以粗略调整形状大小。选中绘制的形状时，在形状的四周会出现8个控制点，将光标移到控制点上，当光标变为双向箭头时，按住鼠标左键并拖曳即可调整形状的大小。我们在拖曳控制点调整形状大小时，可以借助智能参考线或者参考线。

● **拖曳边控制点调整形状大小**

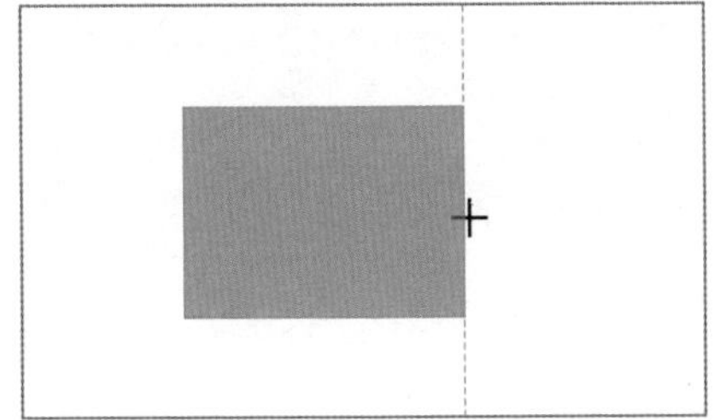

● **拖曳角控制点调整形状大小**

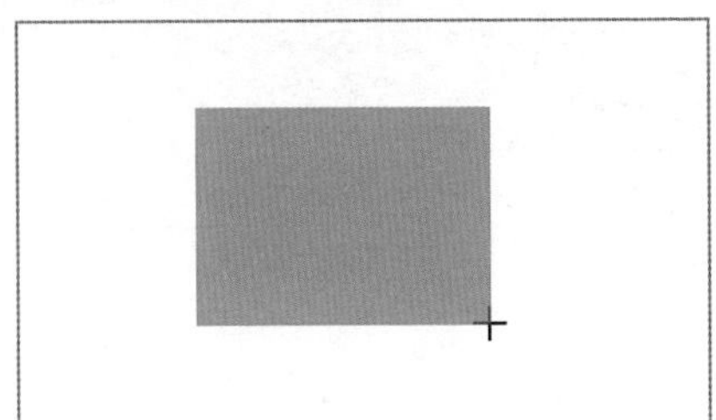

在**拖曳形状角控制点时，有时并不能按原纵横比调整形状大小**，这一点和调整图片大小不同。如果需要按纵横比调整形状大小，可以通过以下两种方法实现。

● **按Shift键拖曳角控制点**

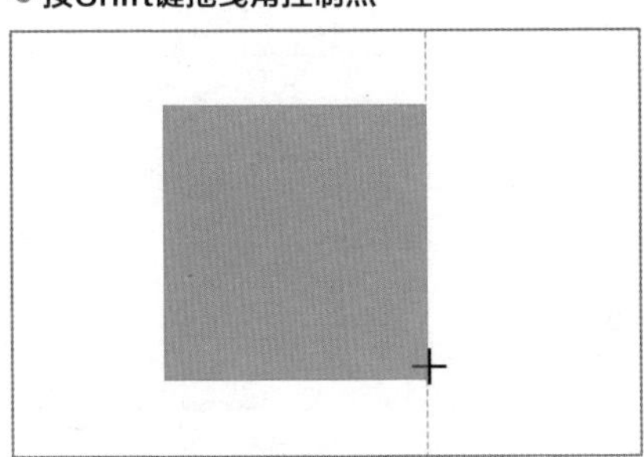

● **锁定纵横比**

第1种方法是拖曳角控制点时按住Shift键；第2种方法是右击形状，在快捷菜单中选择“设置形状格式”命令，在打开的导航窗格的“大小与属性”选项卡中勾选“锁定纵横比”复选框。

我们在拖曳形状的控制点时，若按住Ctrl键会以形状的中心点为基点调整形状的大小；若按住Shift+Ctrl组合键会以形状的中心为基点等比例调整形状的大小。

精确调整形状的大小

如果我们需要精确的形状大小，可以精确设置形状的长宽数据。首先，绘制所需要的形状，然后在“绘图工具-格式”选项卡下“大小”选项组中设置形状的高度和宽度。

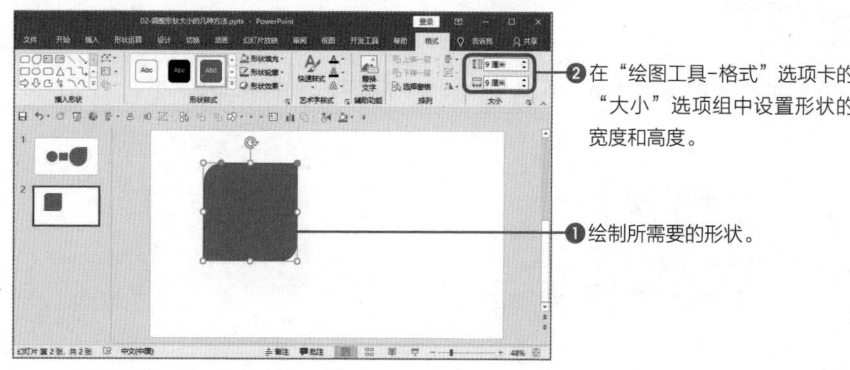

如果想按原纵横比精确调整形状的大小，只需要在“设置形状格式”导航窗格中勾选“锁定纵横比”复选框即可。

按缩放比例调整形状大小

我们除了按实际的高度和宽度调整形状大小外，还可以按高度和宽度的缩放比例调整形状大小。

选择形状，单击“大小”选项组中的对话框启动器按钮，打开“设置形状格式”导航窗格，在“大小”选项区域中除了调整形状的宽和高外，还可以按比例调整“缩放高度”和“缩放宽度”。

基础知识之
形状的基本操作

形状可以随意调整外观

扫码看视频

调整控制点改变形状的外观

在“形状”列表中大部分带有倾斜或弧度的形状都可以通过调整黄色的控制点改变形状外观制作出来。

例如，在页面中绘制圆角矩形，在左上角显示黄色控制点，该控制点只能在顶边进行左右移动。如果将黄色控制点移到最左侧，形状会变为方形；如果将黄色控制点移至最右侧，形状则会变为圆形。

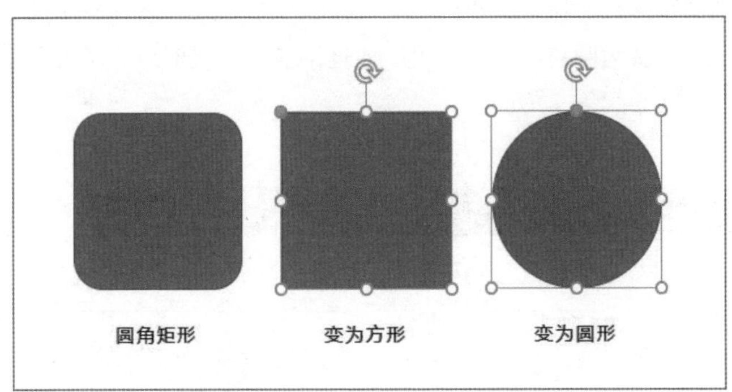

在“形状”列表的“流程图”选项区域中，所有形状都没有黄色的控制点。我们还可以通过“编辑顶点”功能调整形状的外观，“流程图”中的形状也不例外，但是“线条”中的形状是无法编辑顶点的。

制作圆角形状

在PPT中很多形状的拐角都是尖锐的，看起来很呆板，也很不舒服。此时就可以通过圆角形状进行改善。下面我们比较直角和圆角形状带给人的不同感觉。

● **使用直角形状**

● **使用圆角形状**

直角形状给人一种尖锐、扎心的感觉，圆角形状给人一种和谐、舒服的感觉，这就是圆角形状的神奇之处。

将普通形状变为圆角的形状，可以通过调整形状线框的“连接类型”实现。例如将三角形变为圆角三角形。

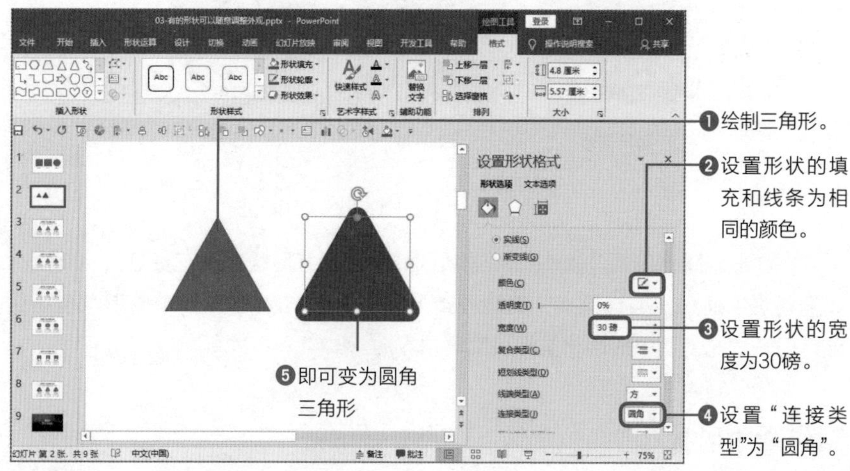

设置完成后，我们可以保留圆角形状作为模版，在需要其他圆角形状时，只需要通过“更改形状”功能即可制作完成，不需要重复设置线条的参数。

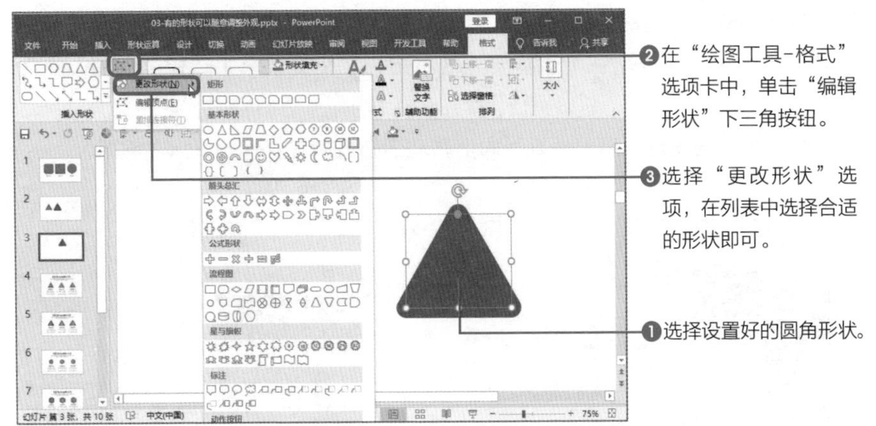

编辑形状的顶点

有时为了让形状更能满足设计的要求，还需要对形状进行二次调整，此时就要使用“编辑顶点”功能。

通过“编辑顶点”功能可以在形状的边上添加顶点，再移动顶点的位置即可更改形状的外观。

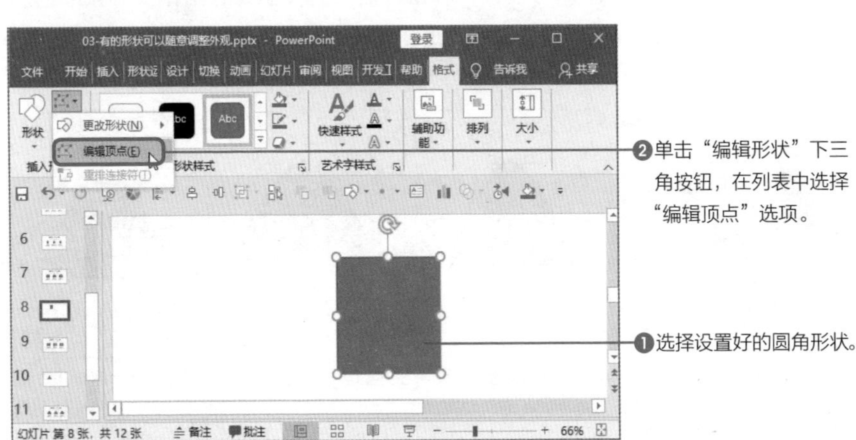

这也很重要!

快捷键编辑顶点

选择形状后，单击鼠标右键，在快捷菜单中选择“编辑顶点”命令。

将光标移到下边框的中间位置，我们可以绘制一条垂直的线条，并设置两个形状为水平居中对齐。在下边框交点处右击，在快捷菜单中选择“添加顶点”命令。

选中添加的顶点，沿着垂直线向上移动到合适的位置释放鼠标左键即可。

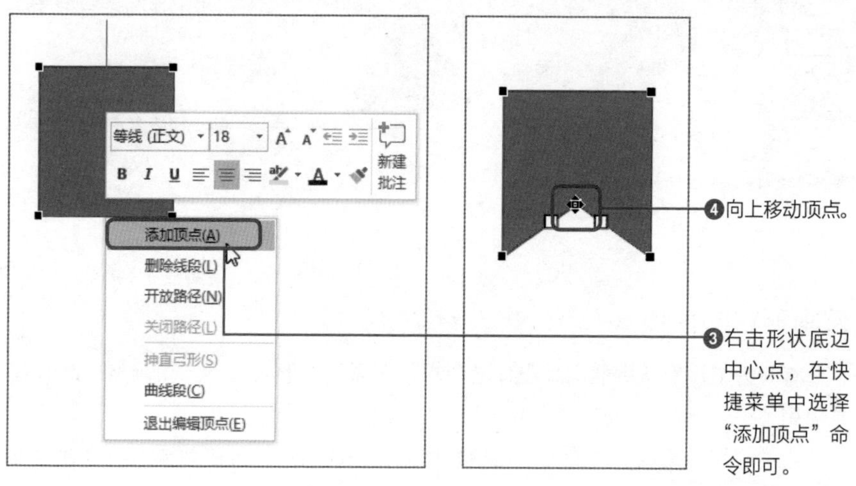

通过“编辑顶点”功能可以调整各角控制点的控制线，制作出有弧度的形状。下面以三角形为例介绍具体操作方法

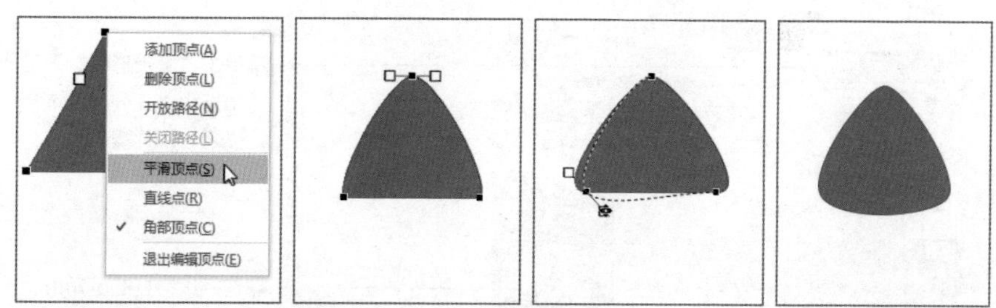

选中三角形状右击，在菜单中选择“编辑顶点”命令。在顶点上右击，在菜单中选择“平滑顶点”命令，该顶点变为平滑的顶点，根据相同的方法设置其他顶点为平滑顶点。然后拖曳控制点的控制线端点调整角的弧度，即可完成操作。

通过“编辑顶点”功能可以制作残缺的形状。例如在PPT中通常会制作文本压在形状边框上的效果，需要将文本下方的边框删除。实现该效果的方法很多，但是最便捷的就是通过“编辑顶点”功能实现。

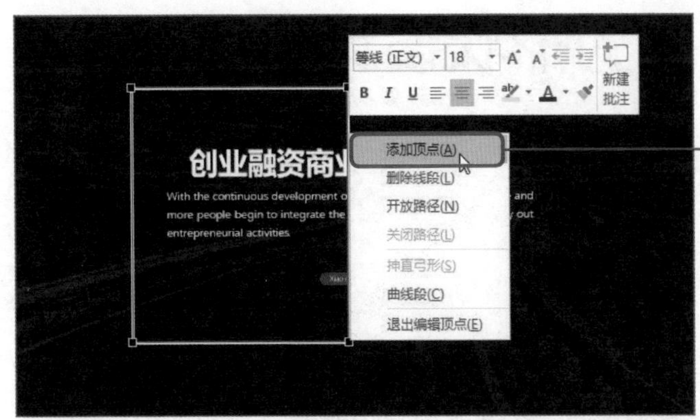

❶选择矩形进入编辑顶点模式。在合适的位置右击，在快捷菜单中选择“添加顶点”命令。
根据相同的方法添加另一个顶点。

❷在需要删除的线段上方右击，在快捷菜单中选择“删除线段”命令。

❸删除线段后，调整变形顶点的位置，使线段垂直即可。
残缺形状制作完成，形状不会影响文本的显示。

我们也可以通过合并形状得到更美观的形状，读者请参照第2章中“形状的合并工具”进行学习。

为形状设置格式

扫码看视频

基础知识之
形状的基本操作

应用形状样式

PPT中内置77种形状样式，每种样式是形状的填充、边框以及形状效果的集合。我们直接为形状应用样式可以快速应用各种格式，起到美化的作用。

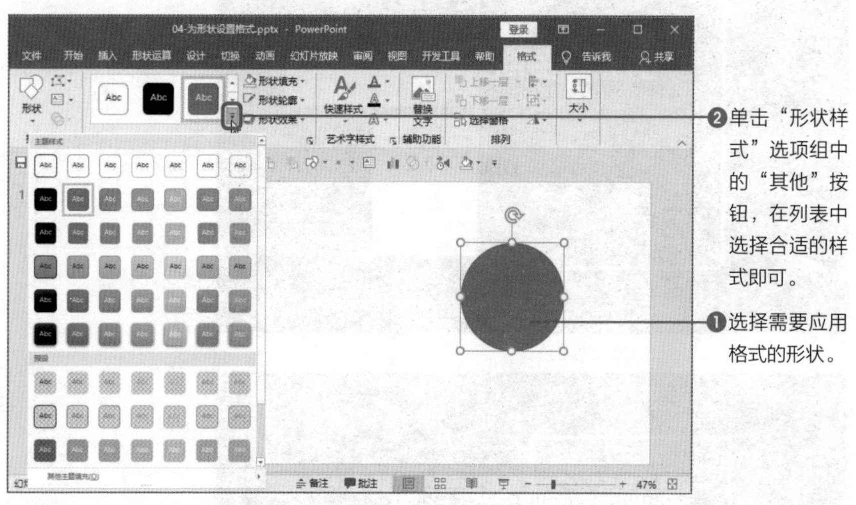

在样式库中预设样式的颜色是随着PPT应用主题的不同而改变的。读者可以参照第1章中“设置演示文稿的主题”内容进行学习。

设置形状的格式

我们也可以根据需要自行设置形状的格式，在“形状样式”选项组中单击“形状填充”下三角按钮，在列表中选择合适的填充颜色，或者通过“取色器”吸取外部颜色填充形状。

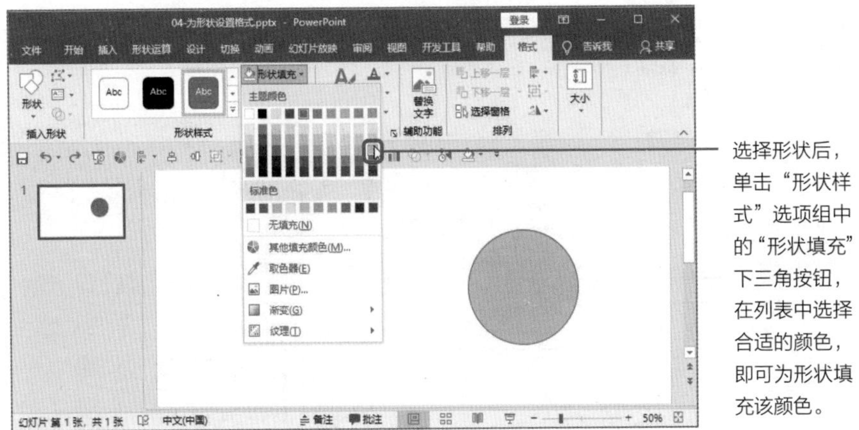

单击“形状样式”选项组中的“形状轮廓”下三角按钮，在列表中**设置形状边框的颜色、宽度、线型**等。

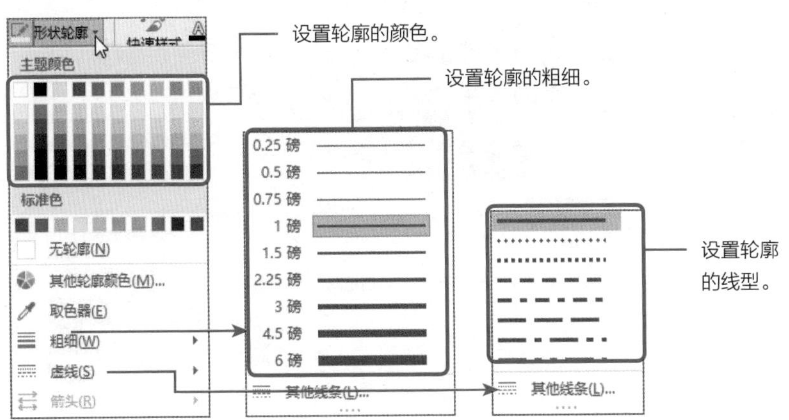

在“粗细”或“虚线”的子列表中选择“其他线条”选项时，会打开“设置形状格式”导航窗格，在“线条”选项区域中可以设置线条的样式。

在“形状样式”选项组中单击“形状效果”下三角按钮，在列表中可以为形状设置“阴影”“映像”“发光”“柔化边缘”“棱台”和“三维旋转”的效果。

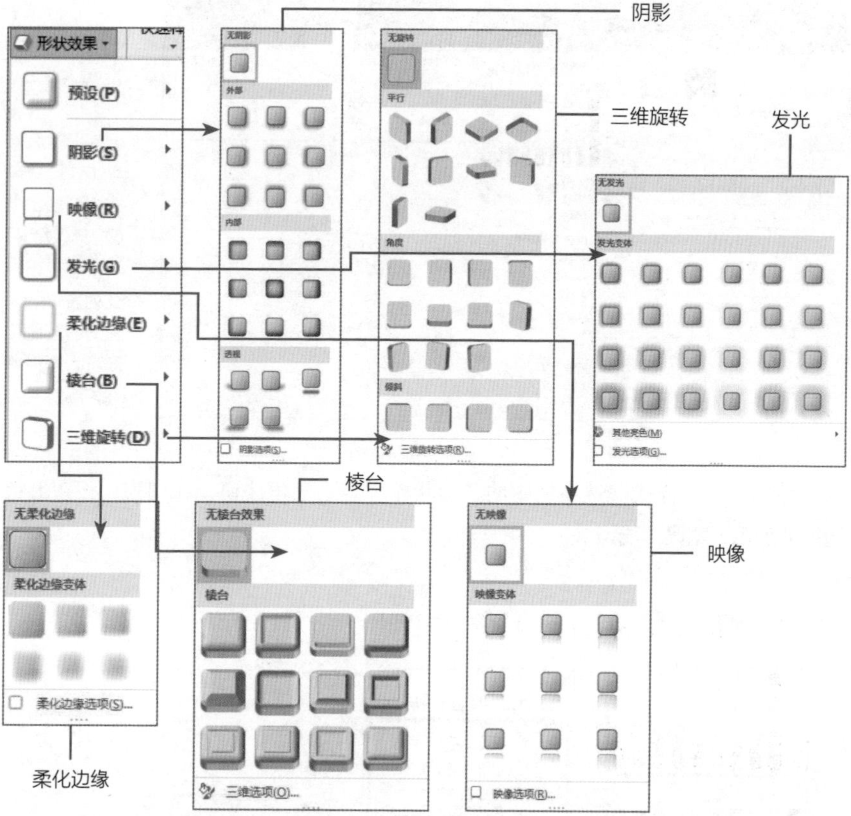

形状效果
预设(P)
阴影(S)
映像(R)
发光(G)
柔化边缘(E)
棱台(B)
三维旋转(D)

阴影
三维旋转
发光
棱台
映像
柔化边缘

在每个效果的子选项中选择最后一个选项，例如在“阴影”子列表中选择“阴影选项”选项，会打开“设置形状格式”导航窗格，同时展开对应的效果区域，可以进一步设置相关参数。下面展示“阴影”“映像”和“棱台”的相关参数。

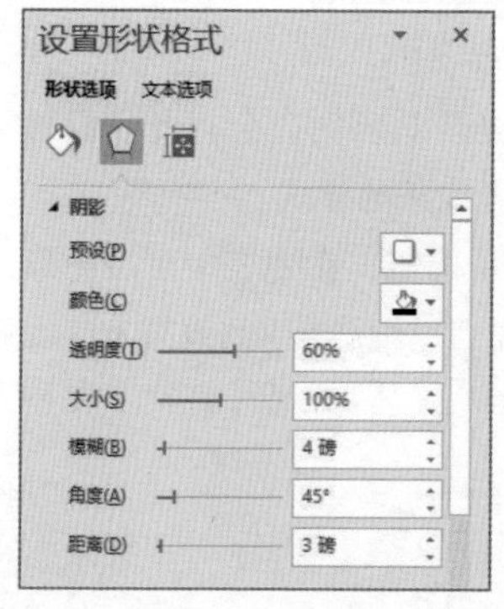

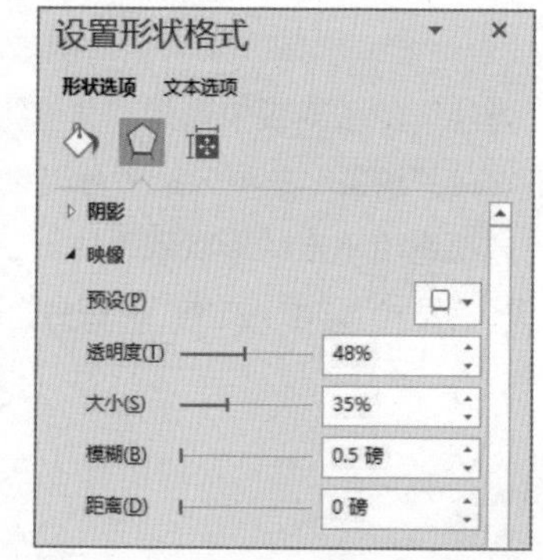

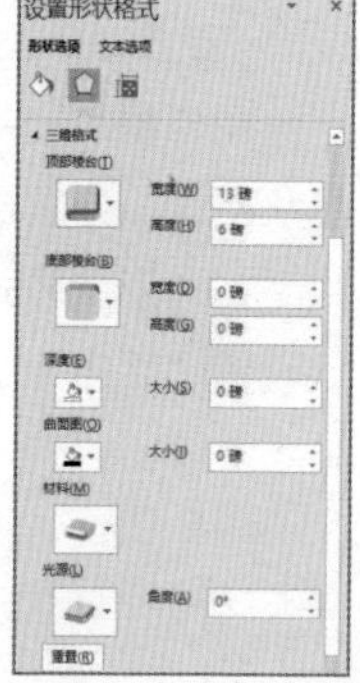

下面通过正圆形形状，展示应用各种样式的效果。

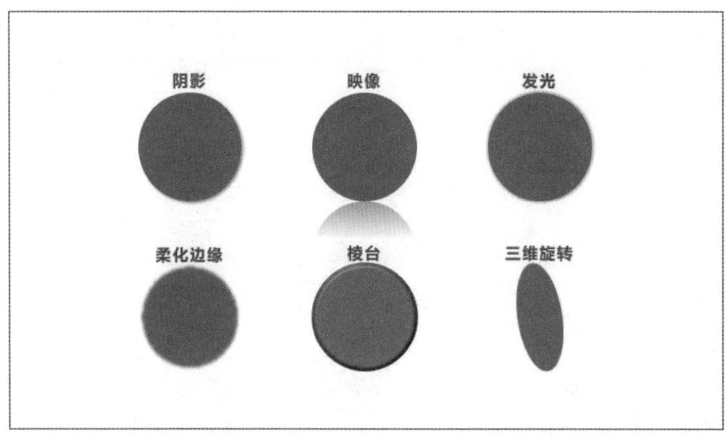

设置为默认形状

在PPT中默认的形状样式是蓝色填充、深蓝色轮廓，我们可以根据需要设置默认的形状。当形状设置为默认的形状后，再次绘制其他形状时就自动应用其填充、轮廓和效果。

例如，绘制圆角矩形，设置从浅灰色到白的渐变填充、无轮廓、应用阴影效果并设置该形状为默认的形状。再绘制其他任意形状时，就会自动应用圆角矩形格式，不需要重复设置格式。

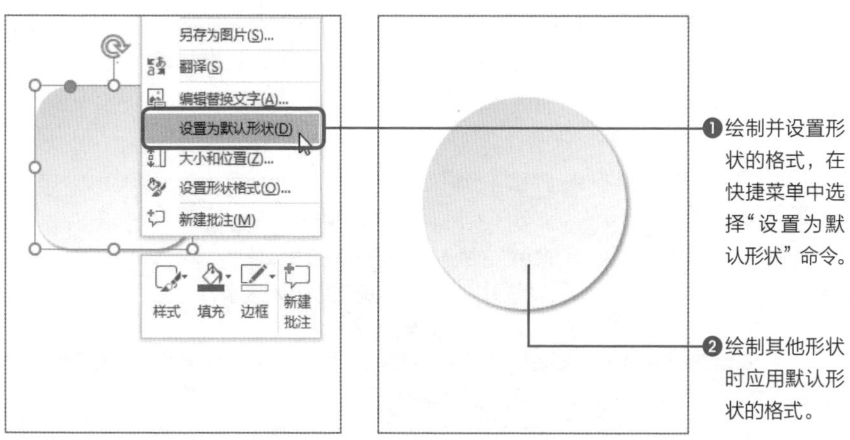

快速应用相同形状的格式，还可以使用第2章中“高效的两把刷子”中的“格式刷”功能。

在上面的例子中设置默认形状的优势并没有很好地体现出来，当我们制作整套PPT，需要使用大量形状时，就会体会到默认形状的便捷。例如制作微粒体的PPT，需要绘制大量的形状，为了风格和配色统一，绝大部分形状需要应用相同的格式。

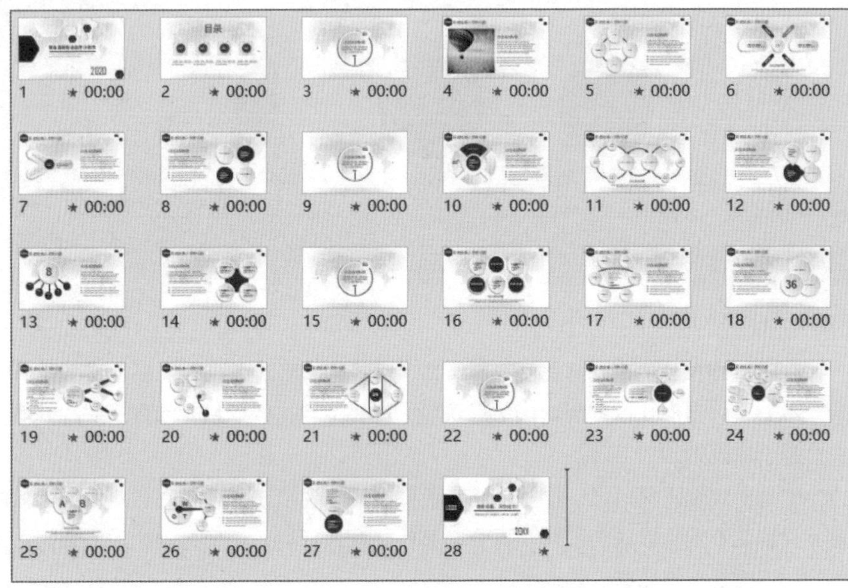

该PPT中每页都有相同的和不同的形状，如果为所有形状都设置渐变填充、应用阴影效果，工作量会很大，而且都是重复的工作。如果使用“设置默认形状”功能，就可以提高工作的效率。

这也很重要!

扁平化PPT

当前扁平化设计是设计领域重要的潮流之一。扁平化的PPT主要使用形状制作而成，但是它放弃了不必要的修饰，例如形状的各种效果。扁平化的PPT不追求过多修饰，可以使观众在浏览时集中精力在PPT的内容上，更多地关注演示的内容。

所以，在PPT中使用形状时要避免过分修饰，可以适当为形状去掉繁杂的效果，只保留最原始的样式。当然在制作不同风格的PPT时，要求也不同，需要根据具体情况而定。

形状的进阶
使用秘诀

通过简单的形状绘制2.5D效果

扫码看视频

会分解才能绘制

2.5D的PPT是比较流行的，但是使用PPT制作2.5D的图形还是比较困难的，而且相当复杂。不过，在PPT中制作2.5D图形可以使用简单的形状拼接而成，原理很简单。首先展示制作2.5D PPT的效果。

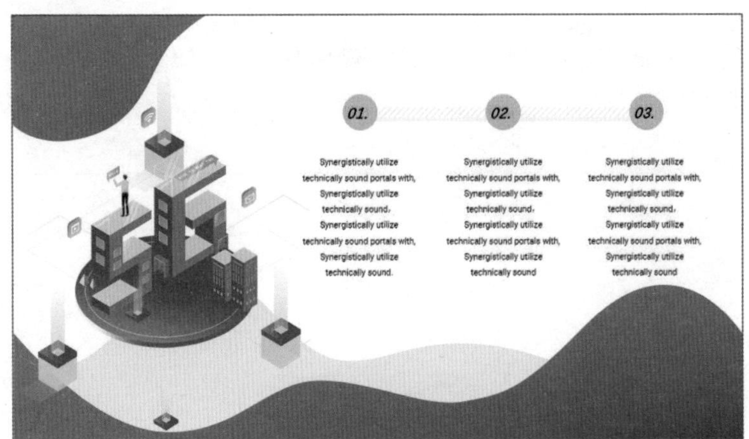

我们接下来将介绍如何制作该页幻灯片中立体正方形的图形。首先，将该图形进行分解，它主要是由平行四边行组成的，通过设置渐变的颜色使其产生明暗对比，营造立体感；然后适当调整部分形状的顶点。

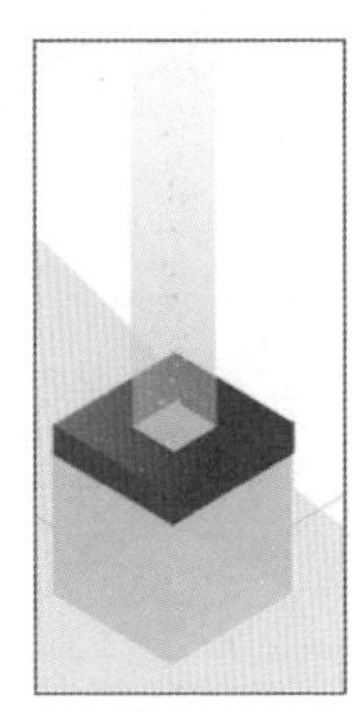

2.5D立方体图形分解如下图所示。

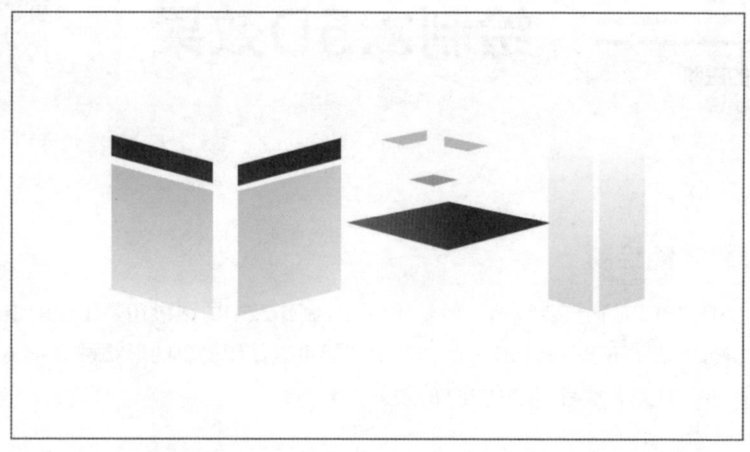

在为形状设置渐变填充时，一定要体现明暗的对比，还要符合逻辑。将绘制的形状组合起来即可。

形状的进阶使用秘诀

形状和图片的进阶应用

扫码看视频

线条叠影的效果

之前的章节中介绍过通过线条引导观众视线的原理，我们也可以**制作类似波纹的线条叠影将视线聚集到中心位置**。当介绍某类产品或突出某部分内容时，可以将其放在波纹的中心位置。

该页幻灯片中通过波纹、倒影和聚光灯将观众视线指引到产品上，即使目光有偏移也会不自觉地移回到中心位置。

在制作线条叠影时，可以先绘制最内侧或最外侧的椭圆形状，并设置为无填充和白色边框。然后设置边框透明度，让人感觉波纹从外到内逐渐清晰。

在调整椭圆形状大小时，可以按Shift键等比例调整。如果要精确调整可以通过设置“缩放高度”和“缩放宽度”的参数进行。

圆角矩形制作拼接的图片效果

首先，我们比较以下两张幻灯片哪张更具有设计感和艺术气息。

左侧幻灯片的设计比较中规中矩，没有亮点；右侧幻灯片同样采取左图右文的方式，但是图片不拘一格，设计感很强。

要制作成右侧幻灯片的效果，需要使用圆角矩形以及形状和图片的运算。下面介绍具体操作方法。

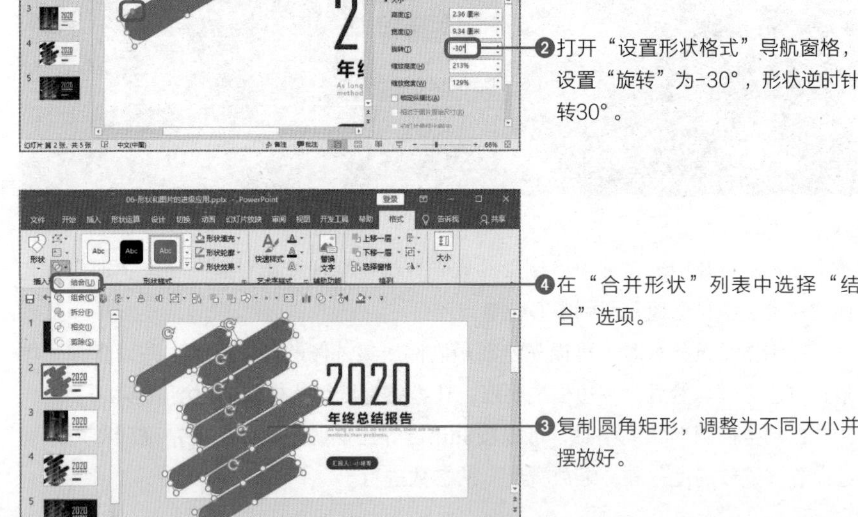

通过形状合并制作全图封面

我们可以将圆角矩形和等页面大小的形状进行“相交”运算，然后将图片放在形状的下一层，并设置形状的填充颜色和透明度。

突出重点内容

形状的5大作用

突出重点数据

第3章中介绍了如何使用色块来突出重点文字，突出重点数据的方法也是如此，**只需要在突出内容下方添加形状**即可。下面比较两张幻灯片中的数据哪个更加突出。

● **未添加形状的效果**

2020年企业主营业务拓展情况

75% 市政公用工程承包
69% 建筑装修装饰工程
49% 城市道路照明工程
82% 建筑机电安装工程

● **添加形状的效果**

2020年企业主营业务拓展情况

75% 市政公用工程承包
69% 建筑装修装饰工程
49% 城市道路照明工程
82% 建筑机电安装工程

在数据文本的下方添加平行四边形的色块，不但为PPT添加了修饰性元素，还很好地突出了数据。

如果为百分比数据添加形状制作圆环图形，不但能够突出数据，还能使数据图形化、直观化。

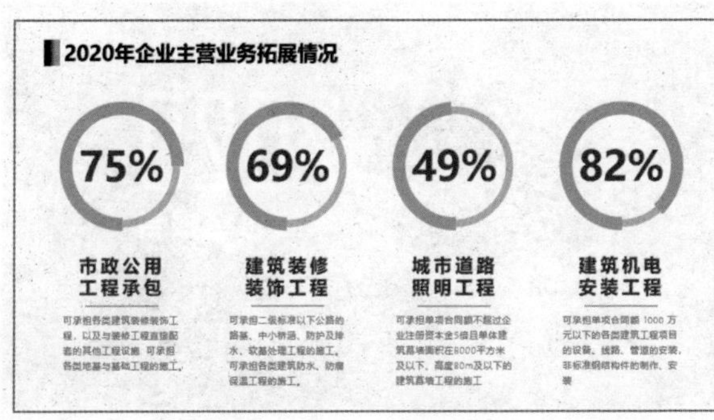

过渡页突出文本的效果

在第3章的“将Word文档一键转换为PPT”小节中，我们使用过该技巧，突出接下来要介绍的内容。

在过渡页突出重点内容一般有两种方法，其一是通过动画强调内容；其二是为重点内容添加颜色，其他内容显示为灰色。其中动画内容将在以后的章节中介绍，下面展示如何使用第2种方法突出文本的效果。

突出部分内容

如果要突出幻灯片中的部分内容，可以采用在过渡页中突出内容的方法，也可以为内容添加底纹形状。

● 添加颜色突出重点并消弱其他文本

● 添加色块突出内容

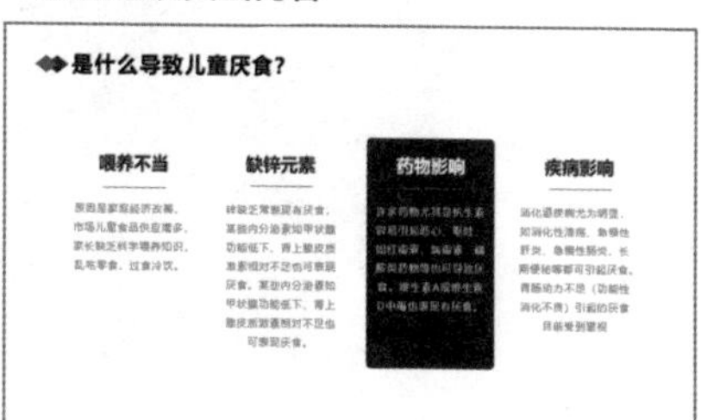

分割页面

扫码看视频

形状的5大作用

规整内容

在PPT中使用形状可以将参差不齐的文本规整为整齐、清晰的效果。例如介绍儿童厌食时，各部分的描述性语句长短不统一，感觉整体版式很乱。为各部分内容添加相同格式的矩形后，版式变得很整齐。

● 未添加矩形前的效果

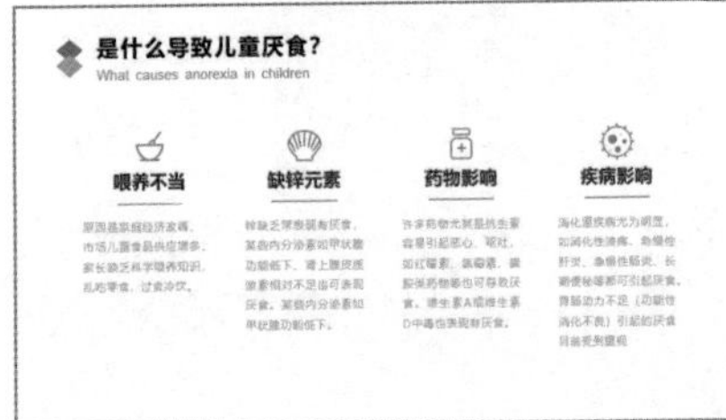

● 添加矩形后的效果

添加形状后，我们可以设置填充为相同的颜色也可以填充为不同的颜色，当填充不同的颜色时，层次和板块更加清晰。

在此案例中，各部分的内容全部放在矩形形状中，页面整体比较单调，而且内容比较多，容易给观众产生阅读的压力。我们可以将标志性的内容（图标）移至矩形形状外，观众通过图标就能理解下方的内容。

以上每部分都是通过矩形、梯形、圆形组合成的。其中梯形是从上到下的渐变填充，上部分颜色为相同色系稍深点的颜色，下部分颜色为相同色系稍浅点的颜色，这样的效果可以产生纵深感。

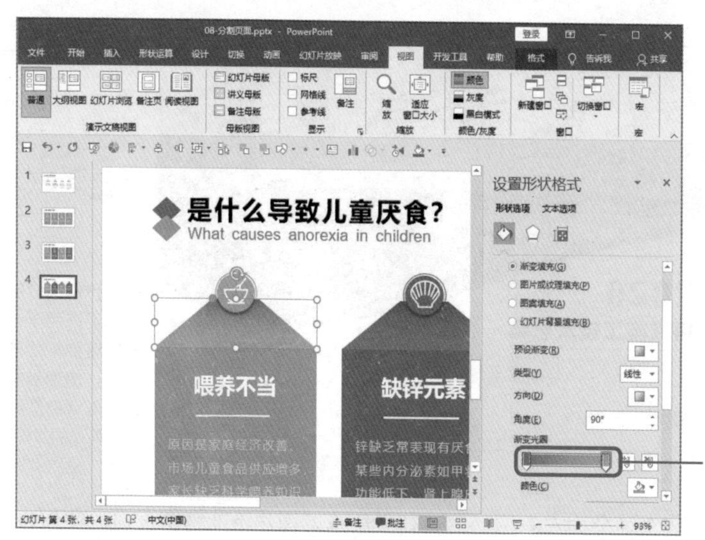

为梯形设置从上到下的渐变，颜色由深到浅，产生一种纵深立体的感觉。

读者还可以为幻灯片添加相关背景以进一步修饰页面。

将页面进行横向或纵向分割

在PPT中进行排版时，可以通过添加形状将页面分割为不同的板块进行排版。一般可分为横向分割和纵向分割。

横向分割页面就是将页面分为上下两部分。主要操作方式是使用形状将页面上方或下方的部分内容进行遮挡，可以保证足够多的留白进行文本描述。

左图中背景是立交桥的图片，在其上方和下方分别添加矩形形状遮挡住多余的部分，将页面分为上、中、下三部分，然后再增加文本设计版面。

在进行横向分割时，不拘泥于像矩形这种常规的形状，使用带曲线的形状会得到更加美观的效果。

纵向分割是将页面分为左右两部分。如果所选的图片不能铺满页面，使用色块填补即可。例如制作目录页时，可以将图片移到页面的最左侧，在右侧使用矩形填补页面，然后在矩形中输入相关文本。

同样，我们使用形状对页面进行左右分割时，也可以使用一些非常规的形状。例如，使用圆角矩形并适当进行旋转，再将形状和图片进行布尔运算；也可以将多种形状合并再和图片进行运算。

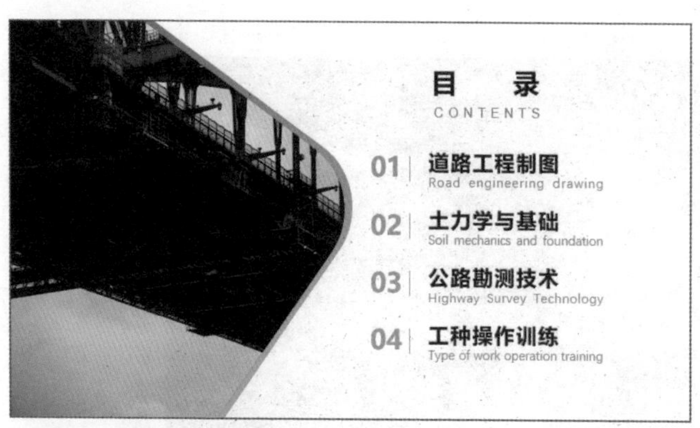

利用形状制作蒙版

形状的5大作用

蒙版的应用

在PPT中蒙版就是介于文本和背景图片之间的半透明形状。当我们不想舍弃背景图片，还想突出文本内容时，就要使用蒙版了。

在第4章的“图片结合蒙版的应用”节中我们详细介绍过蒙版的相关应用，其中包括全图的、半图的、纯色的和渐变色的。本节将展示使用蒙版的进阶效果，其原理都是相通的。

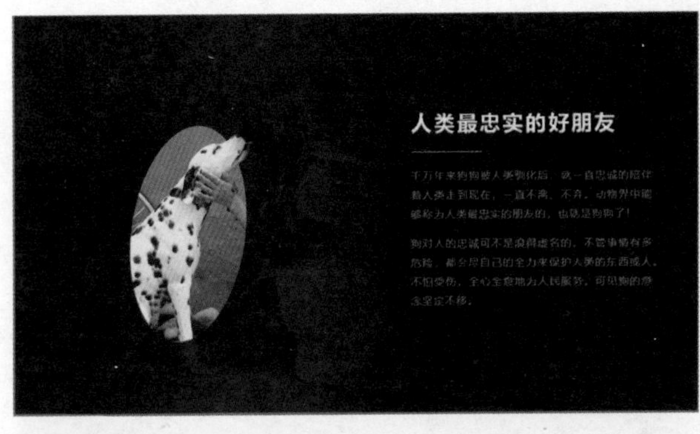

左侧效果是先设置幻灯片背景填充图片，再使用椭圆和矩形形状进行运算，接着使用任意多边形形状沿狗狗嘴巴部分绘制形状，制作出狗狗伸出头的效果。

左侧效果是利用文本和矩形形状制作出的文字镂空的效果。其形状作为背景图片的蒙版并设置渐变的填充。

点缀PPT页面

形状的5大作用

使用线框修饰页面

线条和线框是PPT中比较常见的设计元素之一，在之前展示的效果中通常使用线条连接标题与正文，从而起到修饰页面的作用。

我们在制作PPT的封面时，文本内容比较少，添加线框可以让主次标题成为一个整体，使页面更具有活力。

在背景图片上添加封面的内容，由于封面的文本比较简洁，所以比较单调而且没有生气。

在标题文本的下方添加倒等腰三角形，设置无填充并制作断裂的效果，使封面具有活力。读者可以自己尝试添加其他形状得到不一样的效果。

在使用线框修饰页面时，我们可以结合第4章的“制作图文穿插效果”节中的知识，制作主体穿插线框的效果。使主体撑破线框的约束，可以展示出一种力量感，从而制作出视觉上的立体感。

通过色块修饰页面

我们人类对颜色是比较敏感的，而且很容易被吸引，所以在页面中添加形状并设置填充颜色可以很好地修饰页面。

下面我们比较使用色块修饰页面前后的效果。

● **未添加形状修饰的效果**

● **添加形状修饰的效果**

形状的5大作用

制作视觉化图表

扫码看视频

制作逻辑图表

逻辑图表是采用二维记法对所考察对象的逻辑关系作非线形的同构表现。

在制作PPT时要想将有逻辑关系的文本形象化展示，逻辑图表是最好的选择。使用逻辑图表不仅可以清晰展示文本的逻辑关系，还能丰富页面。

下面4张图是主要使用形状制作的逻辑图表。

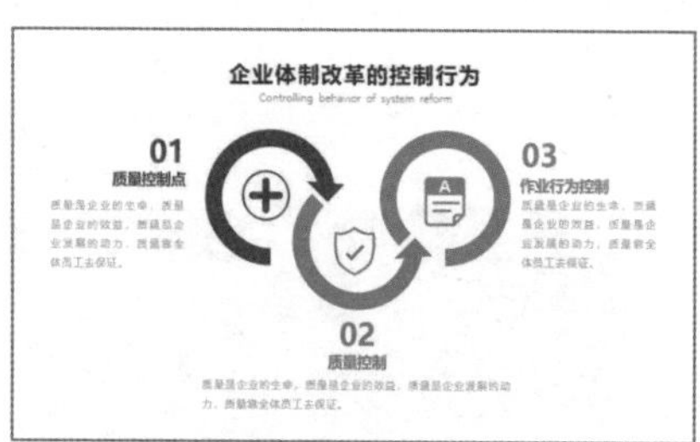

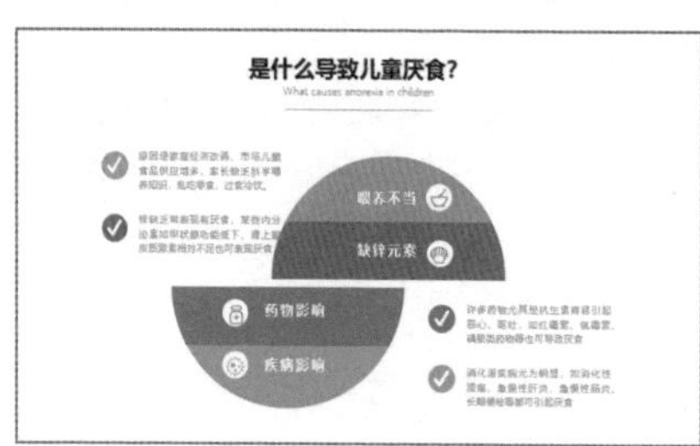

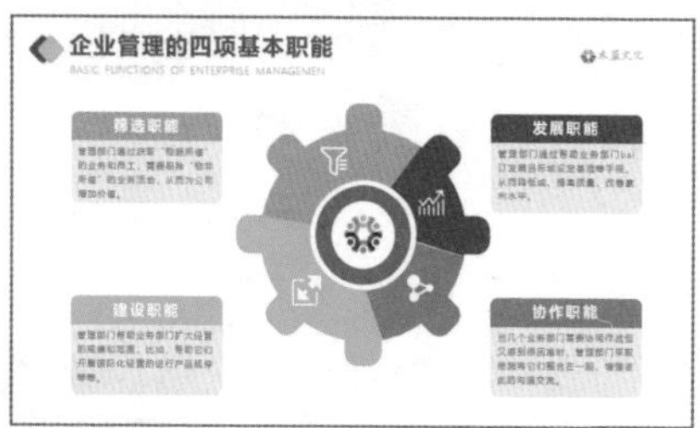

这些逻辑图表，有的可以通过各种形状拼接，再填充不同颜色制作出来；有的不能直接绘制，需要使用形状的布尔运算。

首先介绍左上角的逻辑图表中形状的绘制方法。我们以一个形状为例，对其进行分解，它是由矩形、平行四边形和箭头五边形组成的。为了制作出层次，将平行四边形的填充颜色设为浅色即可。

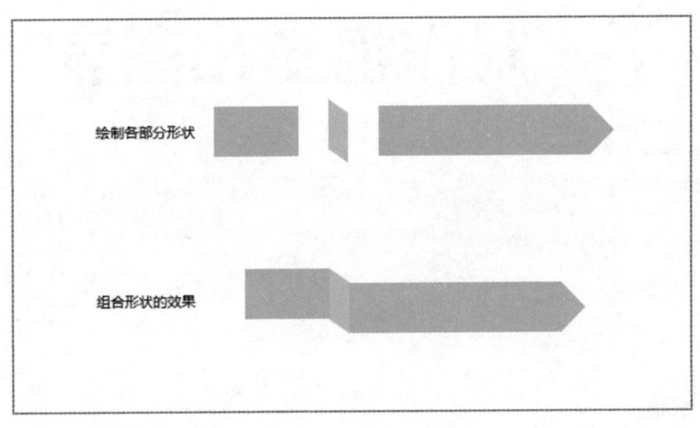

接着介绍左下角将一个圆分为4等分的制作方法。在页面中绘制一个正圆形状，在“大小”选项组中调整直径，使直径的值能平分为4等分。然后再绘制矩形，高度为圆直径的四分之一。接着，复制4个圆和矩形，并将4个圆形中心对齐，再将4个矩形整齐铺满在圆形上方。最后分别将矩形和圆形进行“相交”运算，即可完成将圆平分为4份。

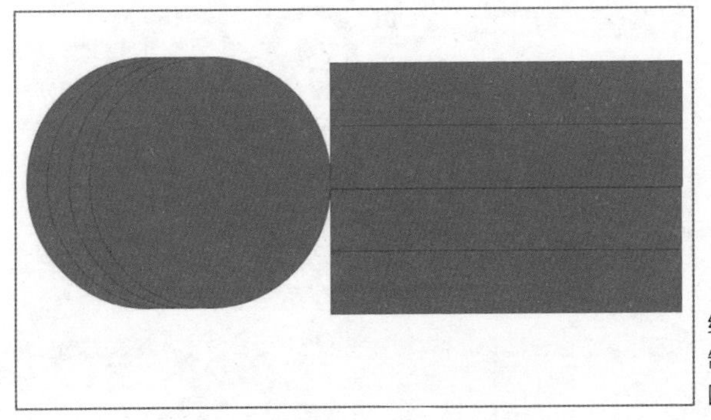

绘制正圆形，根据圆形的直径绘制4个矩形。然后再复制3个圆形。

将圆形中心对齐，再将矩形铺满在圆形上方。分别让矩形和圆形进行“相交”运算，即可将圆形4等分。

制作数据图表

数据图表可以让数据直观地展示，有助于观众记忆。在PPT中可以通过Excel图表来展示数据，这部分将在第6章中介绍，除此之外，还可以使用形状根据数据大小设计出视觉化的图表。

下面4张图是在网上查找的，其中包含柱形图、饼图、圆环图等图表。

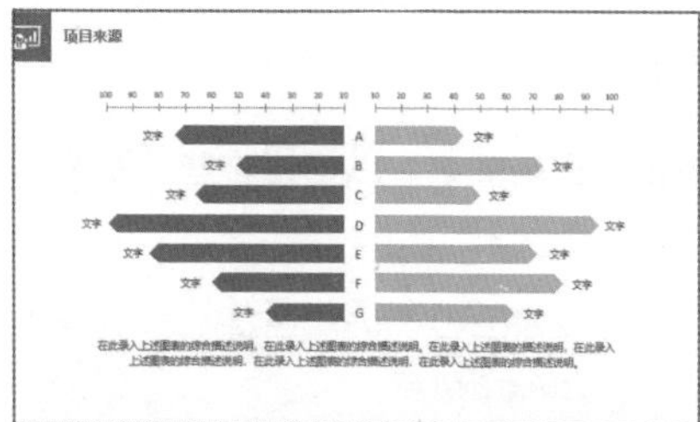

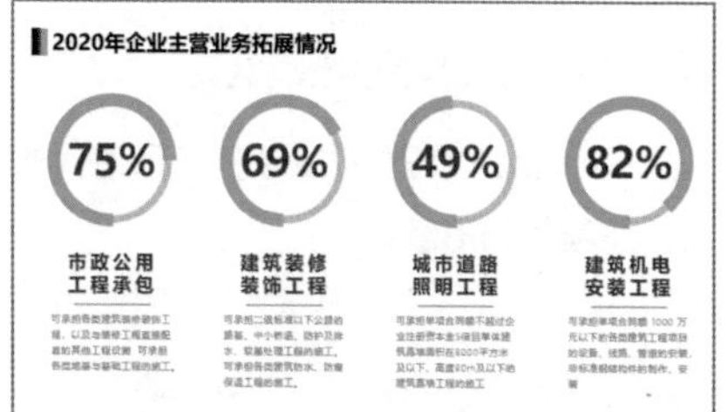

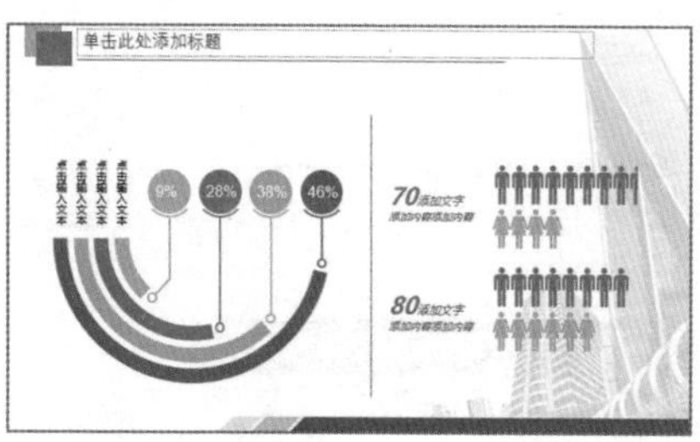

这些视觉化图片是如何制作的呢？在第6章将介绍使用“图表”功能制作这些图表，本节将介绍使用形状绘制图表。以圆环图为例，具体如下。

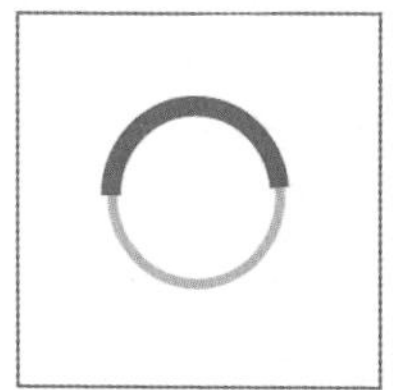

❶绘制正圆形，设置无填充和边框。再绘制空心弧，调整大小和宽度，放在圆形上方。

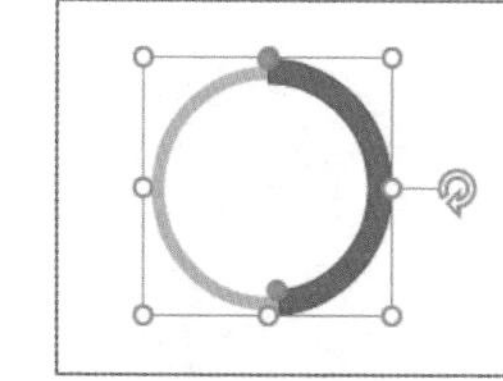

❷选择空心弧形状，在“设置形状格式”导航窗格中设置旋转角度为90度。

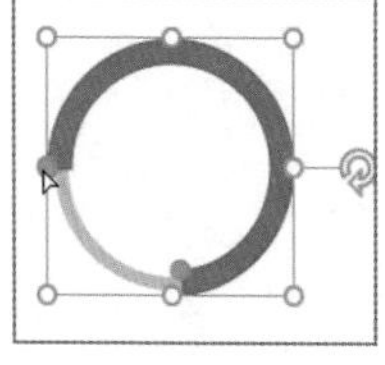

❸拖曳空心弧上方黄色控制点，设置形状大小与对应的百分比，调整大致位置即可。

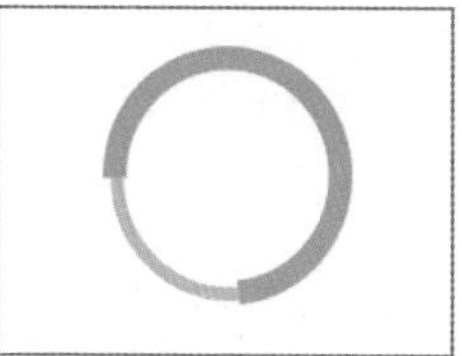

❹设置空心弧形状的格式即可完成圆环图表的制作。

SmartArt图形的设计

使用SmartArt图形制作PPT

扫码看视频

SmartArt图形的成员

SmartArt图形以图形表示各类数理关系、逻辑关系，以便让这些关系可视化、清晰化和形象化。

在“插入”选项卡的“插图”选项组中单击SmartArt按钮，在打开的“选择SmartArt图形”对话框中包括8大类、近200种SmartArt图形。

单击该按钮，打开右侧对话框。

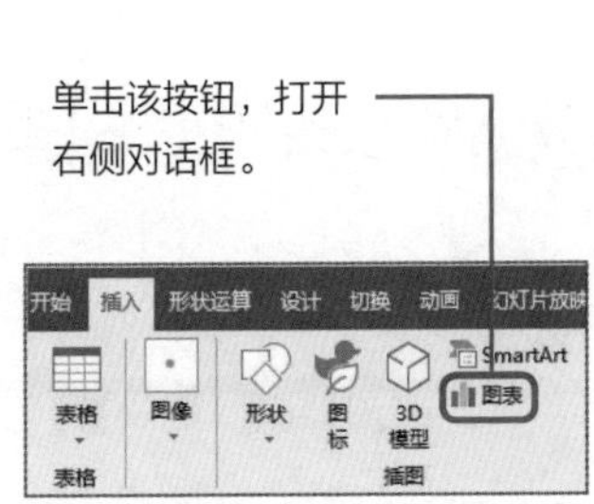

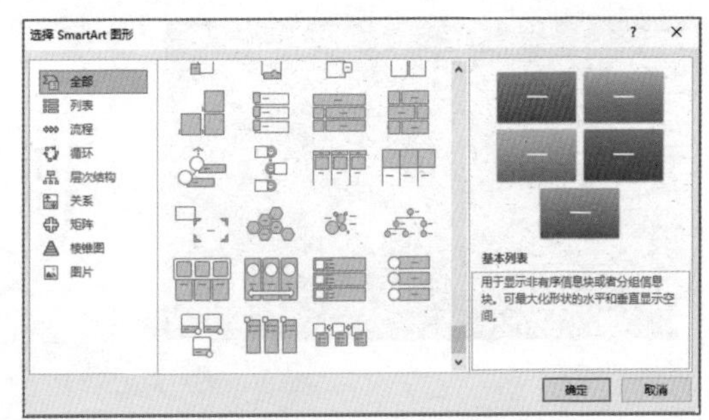

SmartArt图形包括“列表”“流程”“循环”“层次结构”“关系”“矩阵”“棱锥图”和“图片”几大类，每一类中包含不同的图形。

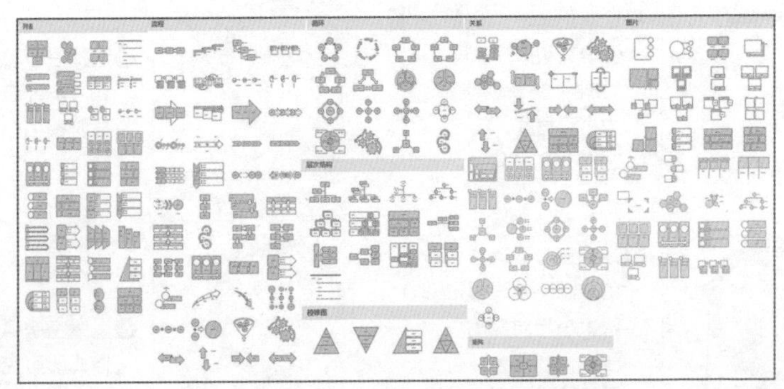

SmartArt图形的应用

第4章介绍过使用图片版式排版图片，其实就是SmartArt图形中的“图片”类型。接下来介绍使用SmartArt图形排版文本。

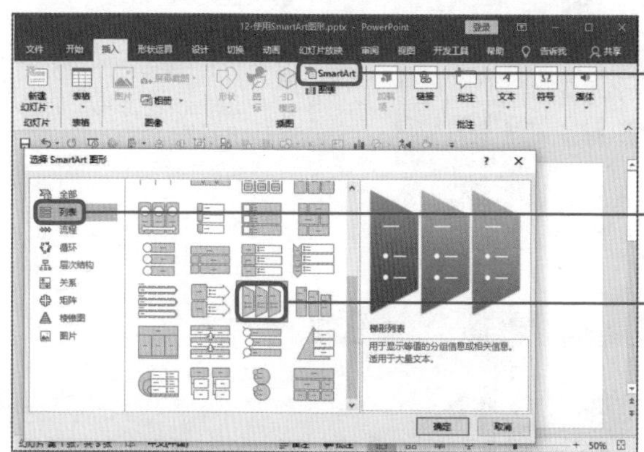

❶在PPT中新建空白页面，单击SmartArt按钮。

❷在打开的对话框中选择“列表”选项。

❸在中间区域选择“梯形列表”图形，单击“确定”按钮。

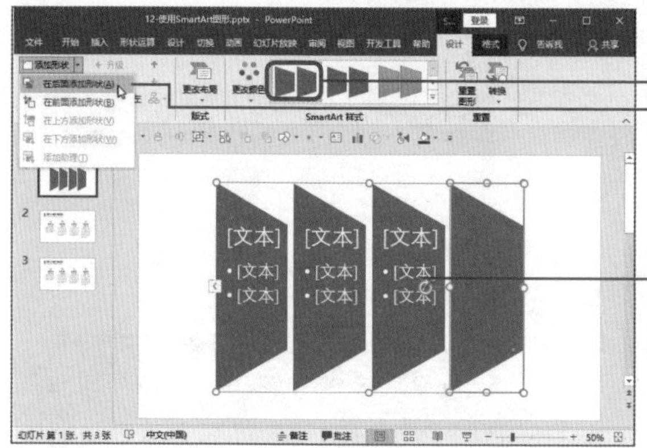

❺在形状的右侧添加一个形状。

❹在“SmartArt工具-设计”选项卡中单击“添加形状”下三角按钮，在列表中选择“在后面添加形状”选项。

❻在图形中单击“文本”字样然后输入文本，添加的形状无法直接添加文本，单击左侧按钮。

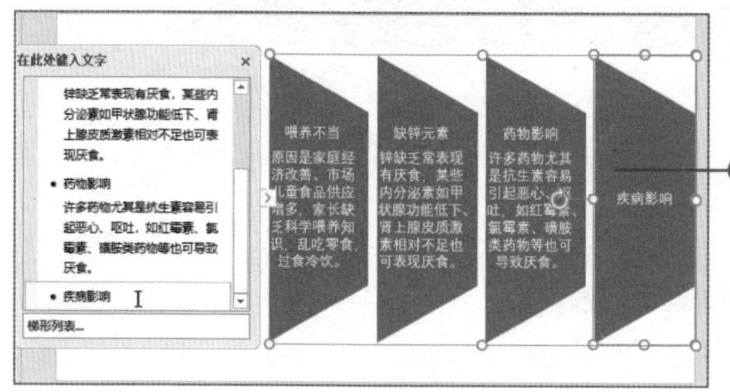

❼在打开的窗格的最上方输入文本。

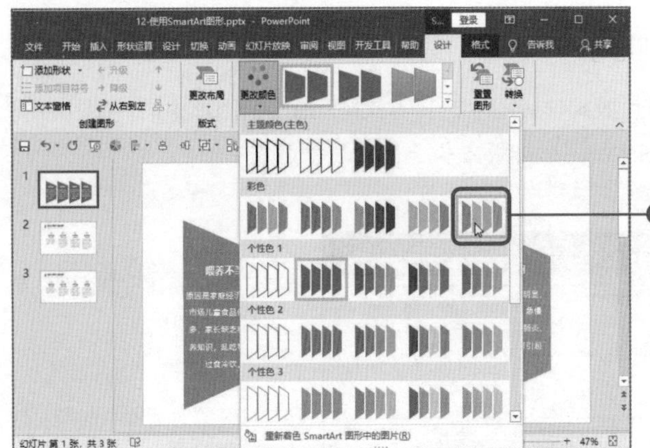

❽设置文本的格式并调整形状的大小，单击“更改颜色”下三角按钮，在列表中选择合适的颜色。

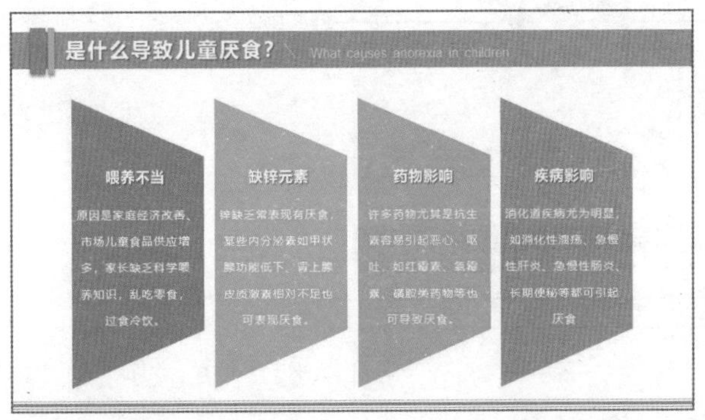

❾然后为页面添加标题文本以及修饰性的元素即可完成该幻灯片的制作。

这也很重要!

将文本转换为SmartArt图形

在PPT中，我们还可以将文本转换为SmartArt图形。选择文本框，在“开始”选项卡下单击“段落”选项组中的“转换为SmartArt”下三角按钮，在列表中选择合适的选项即可。也可以在打开的对话框中选择“其他SmartArt图形”选项。

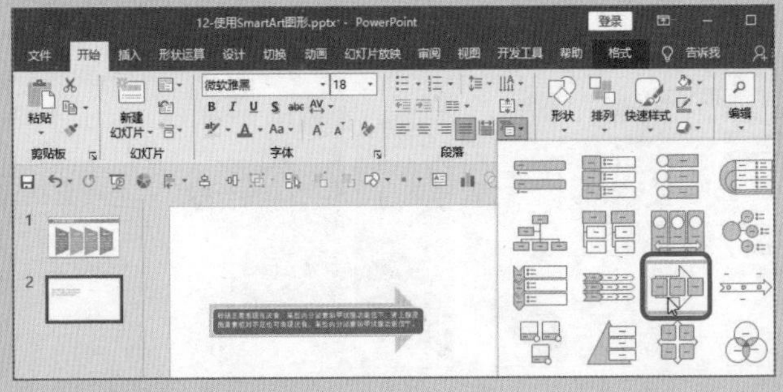

第6章

让数据变身，就用表格或图表

让数据魅力四射

比较数据的几种形式

扫码看视频

首先听两段对话再比较数据的表现形式

以下两段对话，哪个传递的信息更清晰？

领导A：小王，我前两天交代你的工作，现在什么情况了？ 员工A：领导，我过几天才能完成。	领导B：小王，我上周四交代你的工作，现在什么情况了？ 员工B：领导，两个小时之内能完成。

相信我们在沟通时都会使用模糊不清的语句，像左侧的对话就不能准确地表达具体的时间和工作进度；右侧的对话则包含数据，可以让信息准确地传递。

本章主要介绍使用表格和图表展示数据，通过学习本章相信读者都可以准确地表达相关数据，以及突出重点数据。

下面展示几种不同的数据表现形式，分别为语言阐述、用数据描述、表格展示和图表展示。相信读者看过后会明白哪种表现形式才能清楚地传递信息。

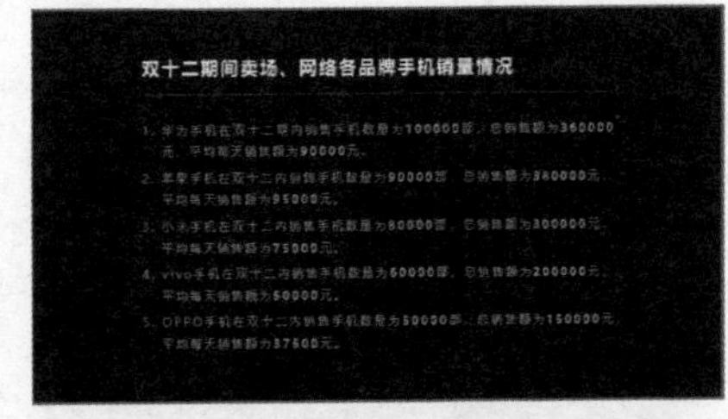

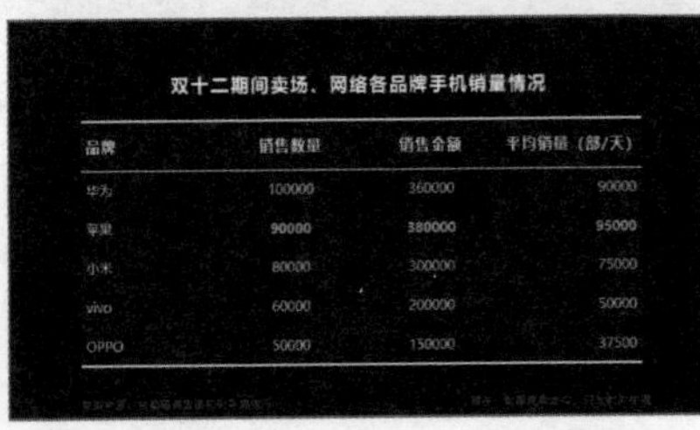

双十二期间卖场、网络各品牌手机销量情况

品牌	销售数量	销售金额	平均销量（部/天）
华为	100000	360000	90000
苹果	90000	380000	95000
小米	80000	300000	75000
vivo	60000	200000	50000
OPPO	50000	150000	37500

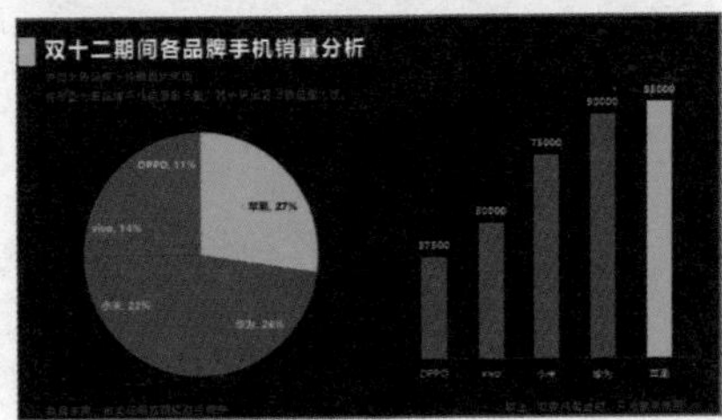

常用的插入表格方法

表格的常规用法

表格的组成部分

我们对表格并不陌生，在使用Excel和Word时经常需要制作表格填写数据。很多人在PPT中不喜欢使用表格来表述内容，即使用表格也只是简单整理数据，其效果也比较丑陋。其实，PPT中表格的用法不仅这些，用好表格可以迅速提升PPT的质量和效率。

通常我们制作的表格包含4部分内容，分别为**表标题、表头、表身和表注**。

- 表标题：通常为一句话标题，用于阐述表格的内容；
- 表头：通过表头可以清晰地说明每列的内容，是必不可少的；
- 表身：主要是表格的主要数据以及框线；
- 表注：对表格进行备注说明，可以省略。

双十二期间卖场、网络各品牌手机销量情况

品牌	销售数量	销售金额	平均销量（部/天）
华为	100000	360000	90000
苹果	**90000**	**380000**	**95000**
小米	80000	300000	75000
vivo	60000	200000	50000
OPPO	50000	150000	37500

数据来源：由卖场销售部和财务提供　　注：数据纯属虚构，只为教学使用

其中表身是由表格的行和列组成的，行和列交叉处是单元格。**单元格是表格的最小组成单位**。我们要想在表格中输入数据，必须将光标定位在对应的单元格中，否则无法输入。

在PPT中插入表格

在PPT中插入表格的方法和在Word中一样，都是在“插入”选项卡下单击“表格”选项组中的“表格”下三角按钮，在列表中选择对应的选项。

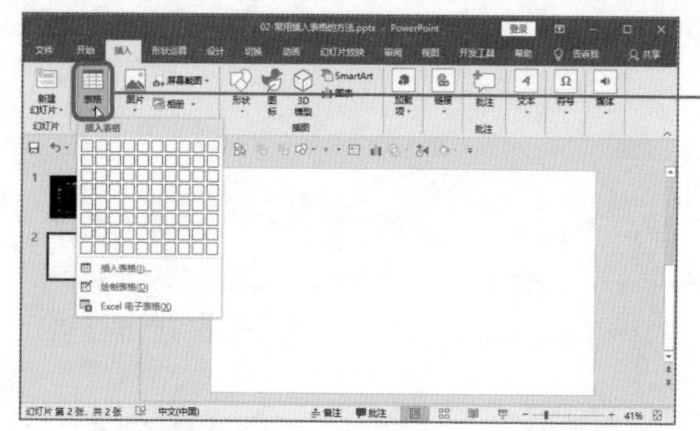

在“插入”选项卡下的“表格”选项组中单击“表格”下三角按钮，在列表中选择“插入表格”选项。

1. 直接插入表格

在“表格”列表中的“插入表格”区域中包含10列8行预设表格。当光标在该区域移动时，从左上角到光标处为创建表格的结构，同时在上方显示“列数×行数 表格”，在页面中显示将要创建的表格，单击即可完成表格的创建。

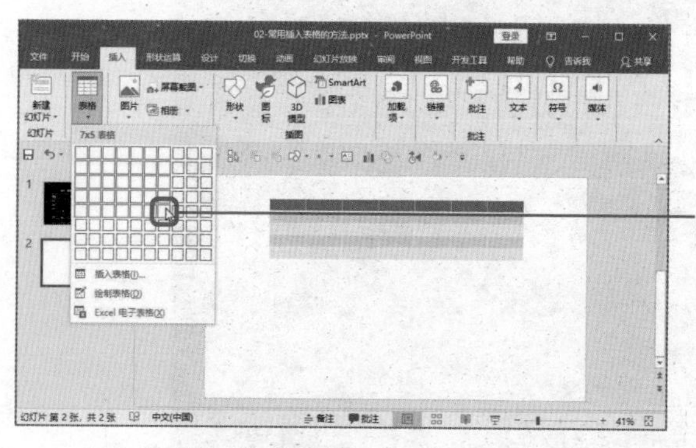

光标在该区域移动，橙色为将要创建的表格结构，单击即可在页面中创建表格。

2. 通过对话框插入表格

我们也可以通过“插入表格”对话框设置列数和行数插入表格。在“表格”列表中选择“插入表格”选项，在打开的对话框中设置参数，单击“确定”按钮即可。

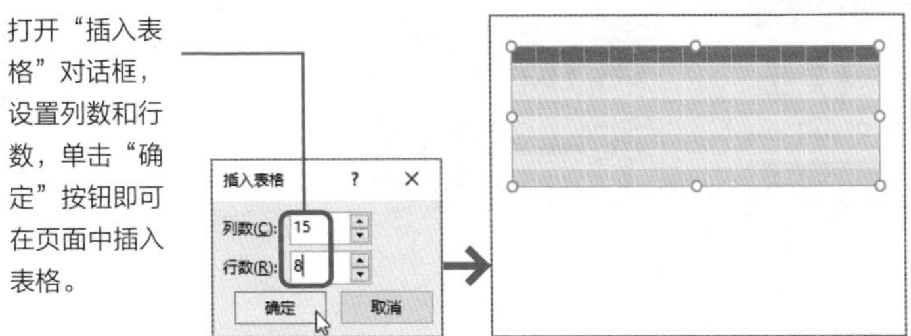

3. 插入Excel电子表格

我们都知道Excel是专业数据处理软件，可以对数据进行计算、管理和分析。在PPT中如果想对数据进行处理可以插入Excel电子表格，利用Excel功能处理数据。

在“表格”列表中选择“Excel电子表格”选项，即可在页面中插入电子表格，同时在功能区中显示Excel的所有功能。

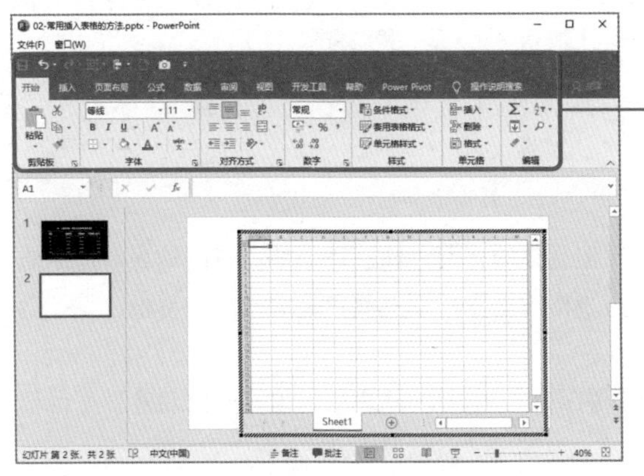

在PPT中插入Excel电子表格后，在功能区中显示Excel功能，我们可以对表格的数据进行计算和处理。在电子表格之外单击即可返回PPT界面。双击电子表格即可进入Excel界面。

这也很重要!

表格的相关功能

在PPT中插入表格后，在功能区中显示“表格工具”选项卡，在“设计”子选项卡下可以美化表格，在“布局”子选项下可以设置表格布局结构。

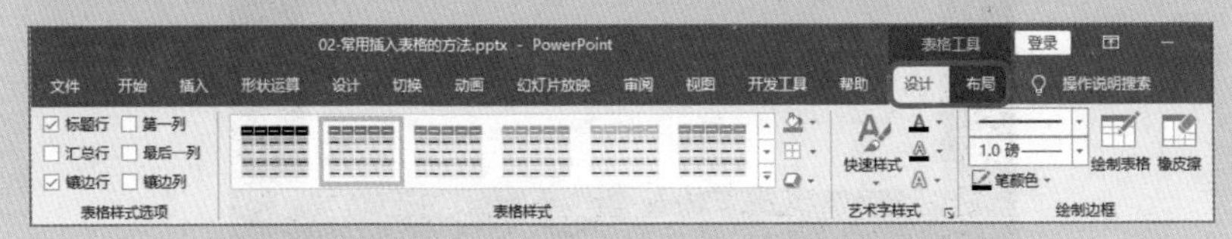

表格的常规用法

表格可以不一样哦

扫码看视频

常见的表格

对于我们来说表格是由纵横的线条组成的，对表格进行美化时，利用PPT中表格样式即可，常见的表格样式如下。

双十二期间某卖场家电销售统计表			
品牌	销售数量	销售金额	平均销量（台/天）
电视	100000	360000	90000
洗衣机	90000	380000	95000
冰箱	80000	300000	75000
燃气灶	60000	200000	50000
净水器	50000	150000	37500

双十二期间某卖场家电销售统计表

品牌	销售数量	销售金额	平均销量（台/天）
电视	100000	360000	90000
洗衣机	90000	380000	95000
冰箱	80000	300000	75000
燃气灶	60000	200000	50000
净水器	50000	150000	37500

上面的两个表格整体还是比较规整的，但是美感还不够。右侧的表格适当添加背景颜色以区分表头，同时为表格数据隔行填充浅色使数据更加清晰，设计的效果算是及格了。

但当将上述表格放在有背景的幻灯片中时，其表格的填充颜色和背景显得很突兀，格格不入。

双十二期间某卖场家电销售统计表

品牌	销售数量	销售金额	平均销量（台/天）
电视	100000	360000	90000
洗衣机	90000	380000	95000
冰箱	80000	300000	75000
燃气灶	60000	200000	50000
净水器	50000	150000	37500

制作三线表

三线表格并不是只有3条线，而是包括主要的三条线：**顶线、栏目线和底线**，我们也可以添加其他的辅助线。

三线表在数据处理和定量分析上具有独特优势，没有了太多横线竖线的束缚，数据也便于调整。主要用于标准的学术论文、医疗报告单，平时制作数据较少的表格也可以采用三线表。

下面介绍三线表的制作方法。

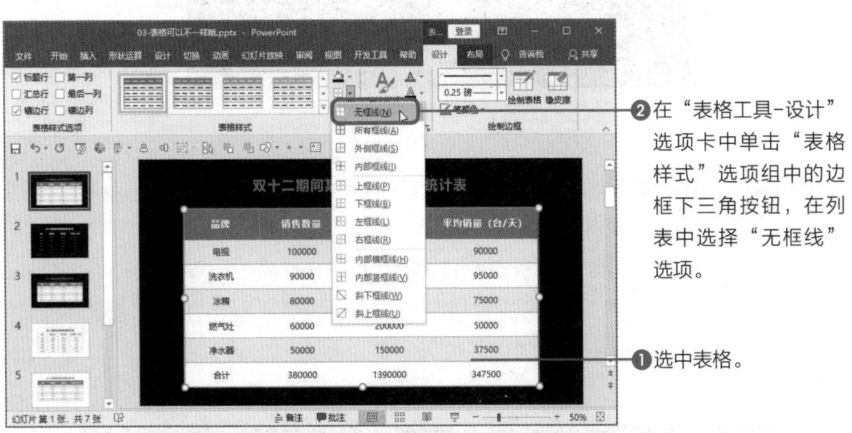

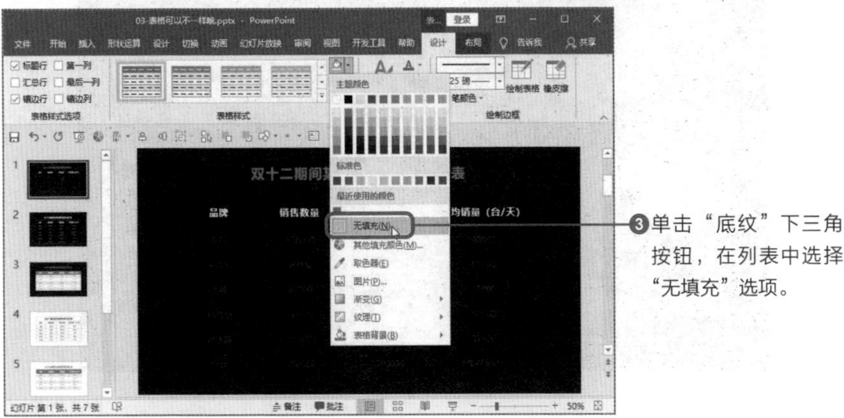

以上两步操作主要是为了去除表格的边框和底纹，在PPT中插入表格后，为了方便设计首先要去除相关格式。

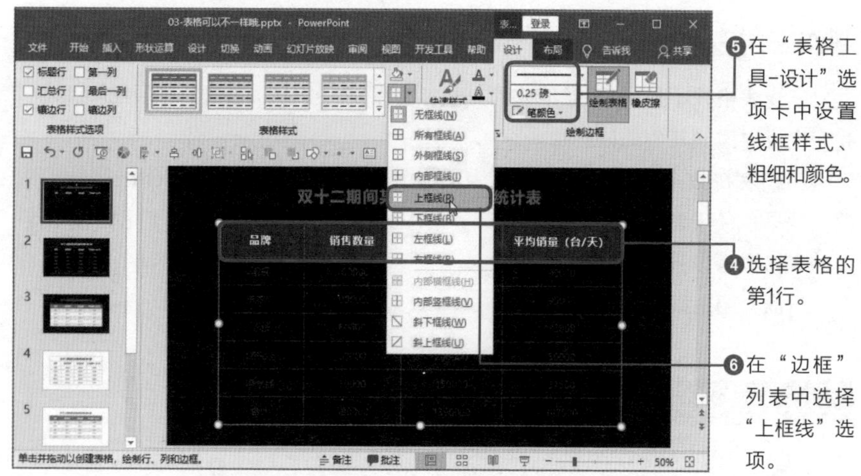

最后根据和上面相同的方法添加第一行的下边线和最后一行的下边线，中间的线要比外框线细。根据需要添加内部的线条，该线条要设置更细，颜色更弱，因为内部线条只是起到分隔数据方便阅读的作用。

如果需要突出显示表格中的数据，可以利用第3章所学知识对重要数据加粗、加大、改变字体颜色或者添加底纹等。

双十二期间某卖场家电销售统计表

品牌	销售数量	销售金额	平均销量（台/天）
电视	100000	360000	90000
洗衣机	90000	380000	95000
冰箱	80000	300000	75000
燃气灶	60000	200000	50000
净水器	50000	150000	37500
合计	**380000**	**1390000**	**347500**

为了更好地突出数据和美化PPT，也可以添加色块。例如在图表中需要突出的数据下方添加色块，同时增大该列数据的字号。下面是纵向突出数据的示例，我们也可以使用相同的方法横向突出数据。

我们也可以添加图片进行修饰，当然需要选择突出主题的图片。下面以人物和风景图片为例介绍全图和半图的效果。

● **全图的效果**

● **半图的效果**

这也很重要!

表格中文本的对齐

在PPT的表格中设置文本的对齐方式也比较重要，设置合理的对齐方式表格才整齐。选中表格，在“表格工具-布局”选项卡的“对齐方式”选项组中设置水平和垂直方向的对齐。当表格中为短文本时一般设置居中对齐，为长文本时一般设置左对齐。

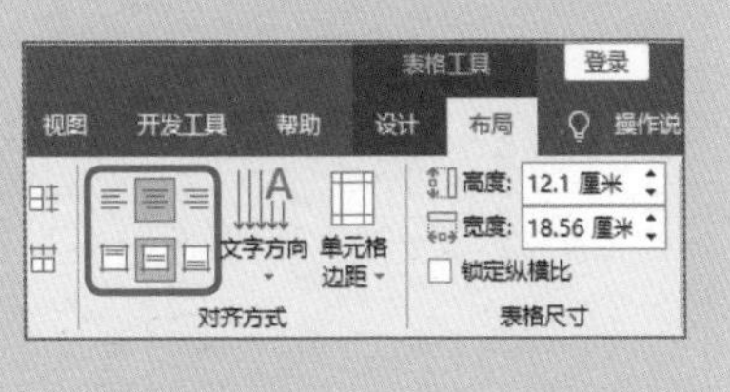

第 6 章

04

PowerPoint

表格的常规用法

将长表格显示在页面中

扫码看视频

遇到长表格该如何调整

表格中包含很多数据，已经超出页面，而且为了放映需要不能缩小表格中文本的字号。

此时我们通过调整行高、列宽，不让文本分行，但是表格始终不能完整地显示在页面中。而且行高缩小到一定程度时，无论如何调整都没有变化。

2020年国贸店自行车销售表

序号	品牌	商品名称	规格型号	销售数量	销售价格	销售总额	备注
001	捷安特	山地车	铝合金 30速 气压	1106	¥3,500.00	¥3,871,000.00	结清
002	捷安特	城市自行车	8速 24寸	1167	¥1,700.00	¥1,983,900.00	结清
003	捷安特	公路车	22速 V刹	1324	¥13,800.00	¥18,271,200.00	结清
004	凤凰	折叠车	高碳钢 24速	1428	¥800.00	¥1,142,400.00	结清
005	永久	城市自行车	26寸	632	¥460.00	¥290,720.00	结清
006	捷安特	山地车	铝合金 30速 碟刹	1232	¥3,200.00	¥3,942,400.00	结清
007	永久	城市自行车	高碳钢 女	1442	¥400.00	¥576,800.00	结清
008	凤凰	城市自行车	复古	834	¥500.00	¥417,000.00	结清
009	永久	城市自行车	防爆	1310	¥850.00	¥1,113,500.00	结清
010	永久	折叠车	铝合金 7速	1129	¥800.00	¥903,200.00	结清
011	凤凰	城市自行车	[illegible]	807	¥420.00	[illegible]	[illegible]
012	捷安特	城市自行车	铝合金 12寸	1170	¥1,400.00	¥1,638,000.00	结清
013	千百力	山地车	高碳钢 碟刹	1157	¥300.00	¥341,100.00	结清
014	凤凰	公路车	铝合金 14速	1326	¥900.00	¥1,193,400.00	结清
015	永久	公路车	27速 双碟	1468	¥830.00	¥1,218,440.00	结清
016	捷安特	公路车	进口 22速	1388	¥14,590.00	¥20,250,920.00	结清
017	永久	山地车	24速 女	893	¥700.00	¥625,100.00	结清
018	凤凰	城市自行车	老上海	914	¥650.00	¥594,100.00	结清

无论如何调整表格都不能将表格完整显示在页面中。

下面介绍具体操作方法。

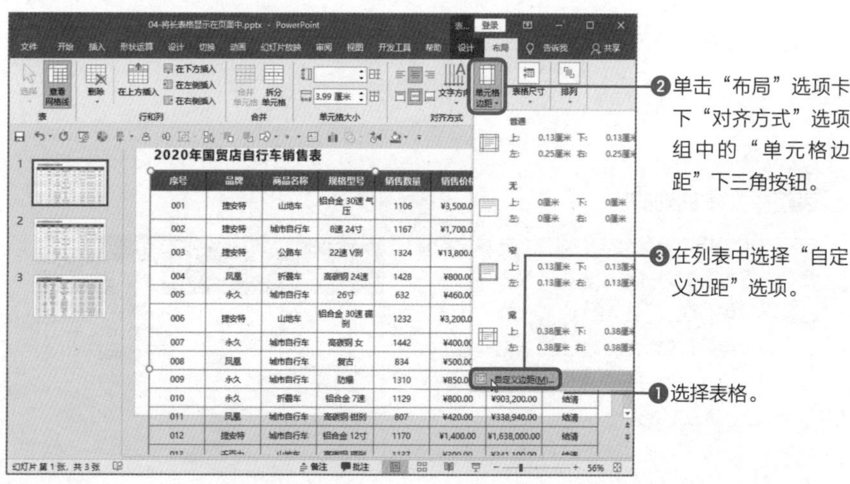

❷单击“布局”选项卡下“对齐方式”选项组中的“单元格边距”下三角按钮。

❸在列表中选择“自定义边距”选项。

❶选择表格。

❹打开“单元格文本布局”对话框，设置“顶部”和“底部”的值为0。

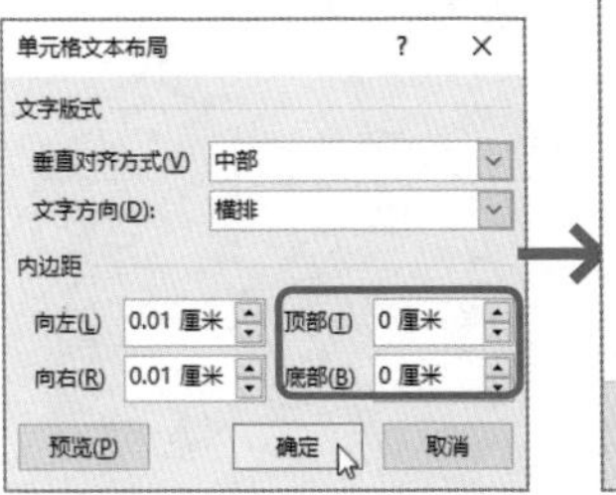

2020年国贸店自行车销售表

序号	品牌	商品名称	规格型号	销售数量	销售价格	销售总额	备注
001	捷安特	山地车	铝合金 30速 气压	1106	¥3,500.00	¥3,871,000.00	结清
002	捷安特	城市自行车	8速 24寸	1167	¥1,700.00	¥1,983,900.00	结清
003	捷安特	公路车	22速 V刹	1324	¥13,800.00	¥18,271,200.00	结清
004	凤凰	折叠车	高碳钢 24速	1428	¥800.00	¥1,142,400.00	结清
005	永久	城市自行车	26寸	632	¥460.00	¥290,720.00	结清
006	捷安特	山地车	铝合金 30速 碟刹	1232	¥3,200.00	¥3,942,400.00	结清
007	永久	城市自行车	高碳钢 女	1442	¥400.00	¥576,800.00	结清
008	凤凰	城市自行车	复古	834	¥500.00	¥417,000.00	结清
009	永久	城市自行车	防爆	1310	¥850.00	¥1,113,500.00	结清
010	永久	折叠车	铝合金 7速	1129	¥800.00	¥903,200.00	结清
011	凤凰	城市自行车	高碳钢 钳刹	807	¥420.00	¥338,940.00	结清
012	捷安特	城市自行车	铝合金 12寸	1170	¥1,400.00	¥1,638,000.00	结清
013	千百力	山地车	高碳钢 碟刹	1137	¥300.00	¥341,100.00	结清
014	凤凰	公路车	铝合金 14速	1326	¥900.00	¥1,193,400.00	结清
015	永久	公路车	27速 双碟	1468	¥830.00	¥1,218,440.00	结清
016	捷安特	公路车	进口 22速	1388	¥14,590.00	¥20,250,920.00	结清
017	永久	山地车	24速 女	893	¥700.00	¥625,100.00	结清
018	凤凰	城市自行车	老上海	914	¥650.00	¥594,100.00	结清

此时，表格已经大部分都在页面之内了。然后调整列宽使单元格中的文本显示在一行里，最后再缩小行高。

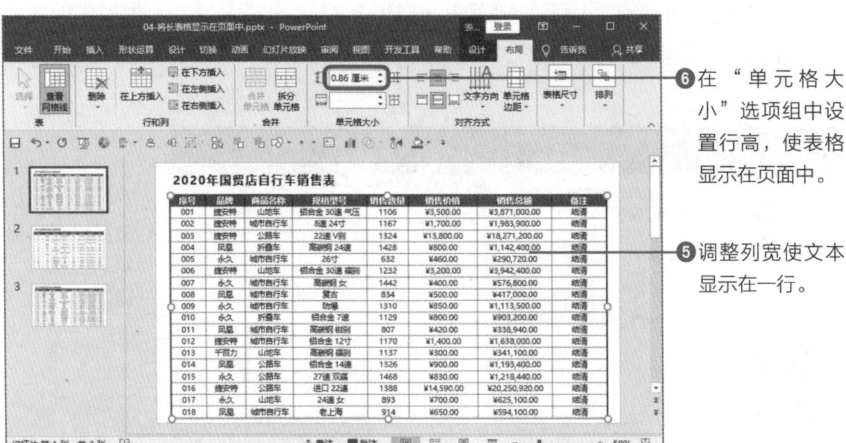

这也很重要!

在导航窗格中设置上下边距

除了使用上述介绍的方法设置文本到边框的距离外，还可以在对应的导航窗格设置。右击表格，在快捷菜单中选择“设置形状格式”命令，打开“设置形状格式”导航窗格，在“大小与属性”选项卡下的“文本框”区域中设置上、下、左、右边距的值即可。

PPT中表格的进阶玩法

使用表格美化PPT的页面

扫码看视频

利用表格的填充设置页面

在PPT中表格中的单元格的填充形式主要有5种，分别为无填充、纯色填充、渐变填充、图片或纹理填充和图案填充。

在进行图片填充时需要注意，是为表格的单元格填充还是表格背景填充。选中表格，在“表格工具-设计”选项卡的“表格样式”选项组“底纹”列表中除了“表格背景”之外所有功能都是设置单元格填充的，“表格背景”子列表中的功能是设置表格背景填充的。

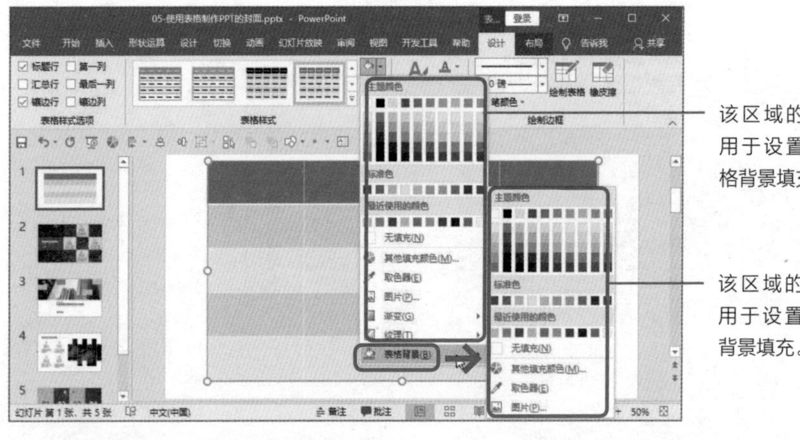

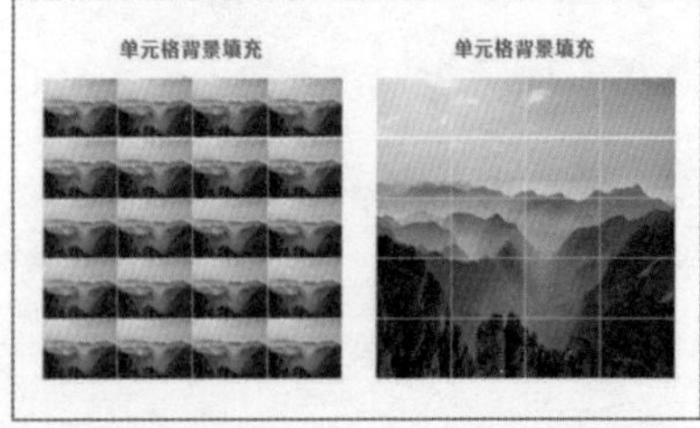

当填充表格背景时，需要将单元格填充设置为无填充才能显示背景图片。因为表格可以叠加填充，我们才可以通过表格美化PPT的页面。

我们也可以将表格铺在页面中设置单元格的填充，并设置透明度美化PPT。

下面展示通过表格美化PPT页面的几种效果。

● 表格美化封面的效果

● 表格美化目录页的效果

● 表格美化内容页的效果

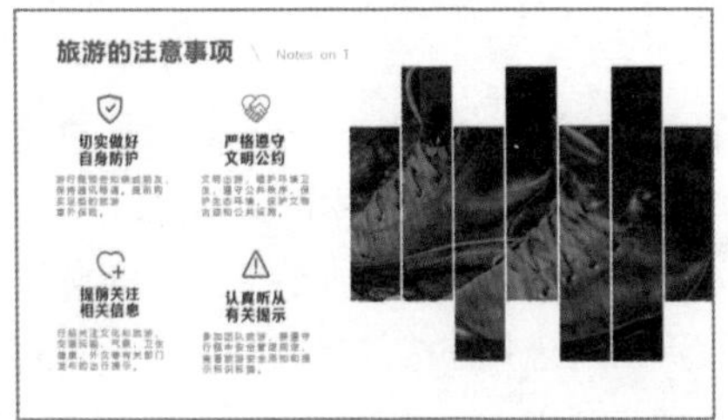

● 表格美化内容页的效果

下面以目录页为例介绍表格结合图片的应用。

❶新建空白页面，插入1行4列的表格，将表格移到页面左上角，拖曳右下角控制点至页面的右下角，使表格充满整个页面。

切换至“表格工具-设计”选项卡，单击“表格样式”选项组中的“底纹”下三角按钮，在列表中选择“表格背景>图片”选项。打开“插入图片”页面，单击“来自文件”链接，在打开的“插入图片”对话框中选择“背景.jpg”图片，单击“打开”按钮。

此时，页面中表格没有发生变化。再次单击“底纹”下三角按钮，在列表中选择“无填充”选项即可。

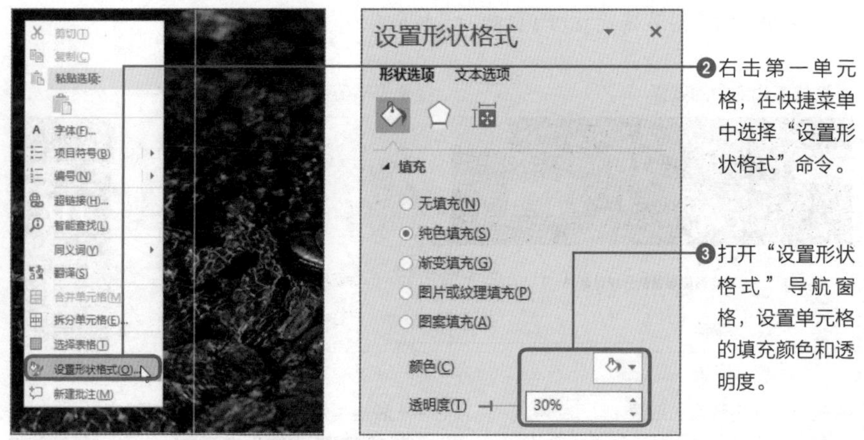

根据相同的方法设置其他几个单元格的填充颜色和透明度，然后在每个单元格中输入目录的内容，最后在上方添加文本框输入“目录”文本以及英文即可。

之前展示的封面和第2张内容页，就是在图片上添加表格，然后设置表格的填充颜色和透明制作而成的。第1张内容页可以通过将连续的单元格填充相同的颜色，或者将连续的单元格进行合并后设置填充制作。

我们也可以为表格填充纹理，并制作PPT。

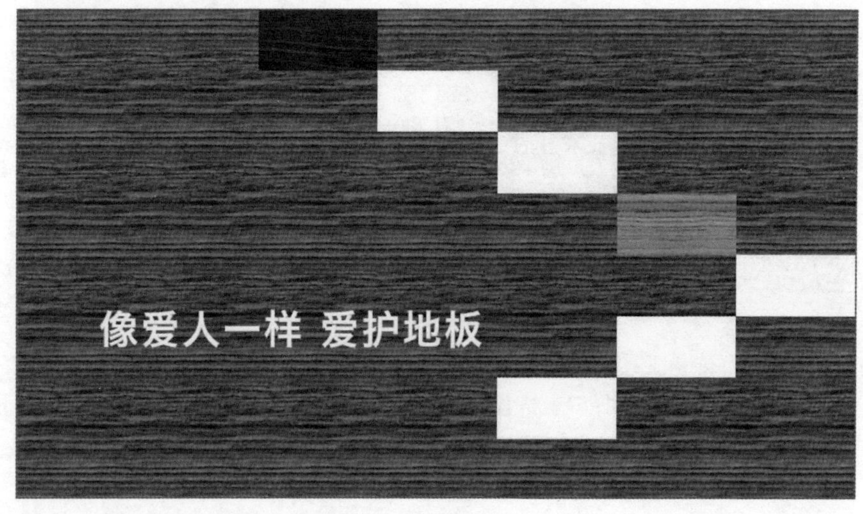

PPT中表格的
进阶玩法

使用表格进行排版

扫码看视频

对文本进行排版

在页面中包含大量文本时，除了通过“对齐”工具整齐排版文本，还可以使用表格进行排版。

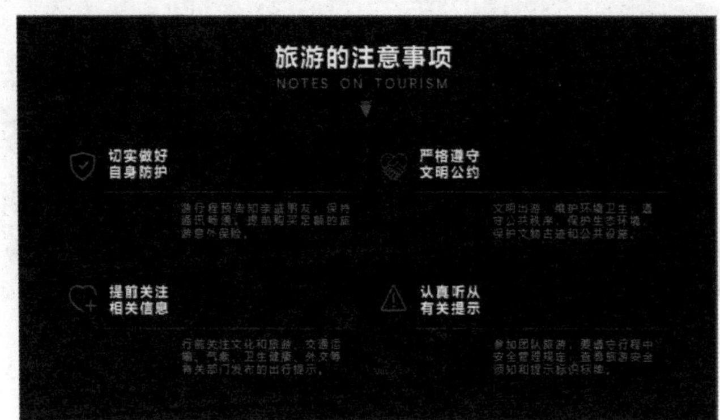

该页幻灯片中文本部分排列整齐，线条粗线长度一致，这些都是使用表格排版的。首先，规划各文本所在的位置，然后绘制表格并调整大小，接着在表格中输入文本并设置格式，最后添加图标和设置对应单元格的边框即可。

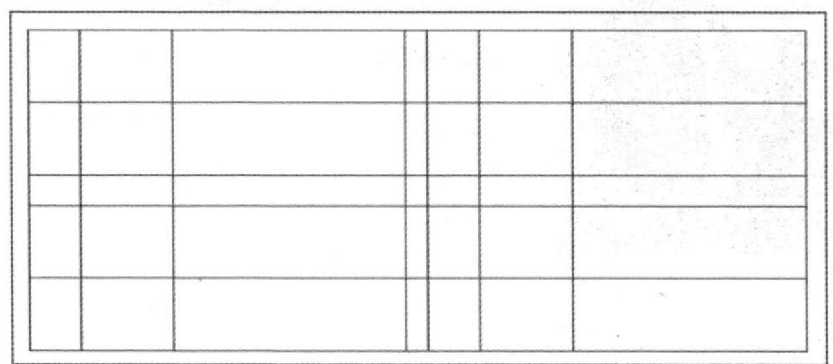

使用表格对图片进行排版

首先要明白一点，**在表格中插入图片，图片的纵横比会自动调整以适应单元格的大小，所以如果纵横比不一致会导致图片变形**。

当我们使用表格对图片进行排版时，要根据图片的纵横比适当调整表格的大小，也可以适当对图片进行裁剪。

我们可以将表格铺满整个页面，然后将图片分别填充在不同的单元格，再适当进行调整。

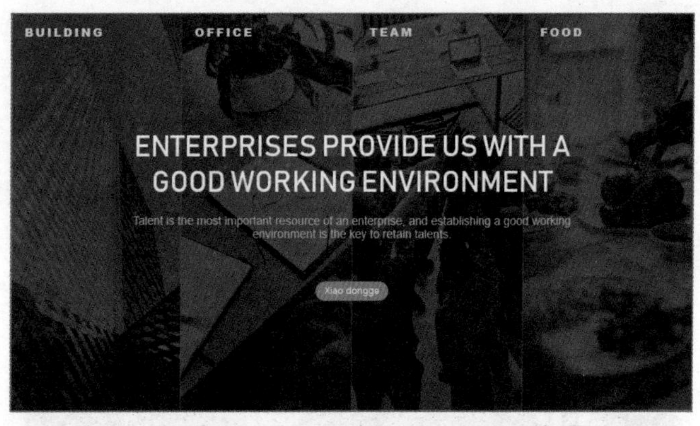

当图片的纵横比不一致时，可以适当合并单元格，然后再填充图片。

下面介绍使用表格排版上图所示效果的方法。

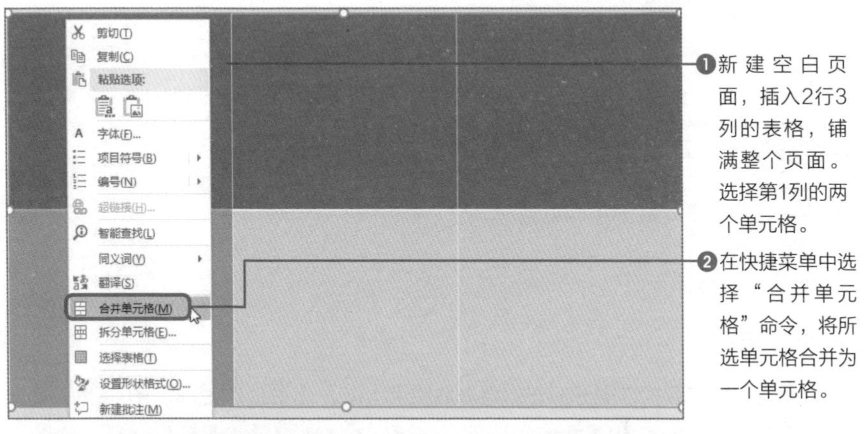

❶新建空白页面，插入2行3列的表格，铺满整个页面。选择第1列的两个单元格。

❷在快捷菜单中选择“合并单元格”命令，将所选单元格合并为一个单元格。

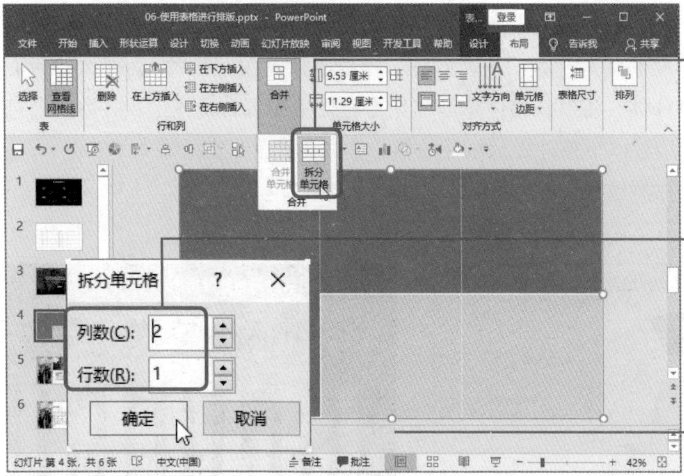

❹单击“合并”选项组中的“拆分单元格”按钮。

❺在打开的对话框中设置拆分的列数和行数。

❸光标定位在第2行第2个单元格中。

❻移动单元格的边界线，合并右下角两个单元格，最后添加图片的文本即可。

表格的华丽变身

用图表展示表格中的数据

简述图表

图表可以将数据以图形的方式直观地展示出来，让受众产生深刻的印象。图表和表格同文字相比，优势在于将数据可视化，减少受众的视觉负担和思考负担。所以在PPT中如果需要比较数据，最理想的形式就是图表。

电子产品的发展和短视频的快速发展，导致阅读沦为“快餐”，那么如何能够抓住读者的眼球呢？将复杂的信息简单化，将抽象的事物具体化，将数据信息形象化即可。图表可以形象地展示事件的相关数据，这就是它的魅力所在。

下面展示各种类型图表的应用。

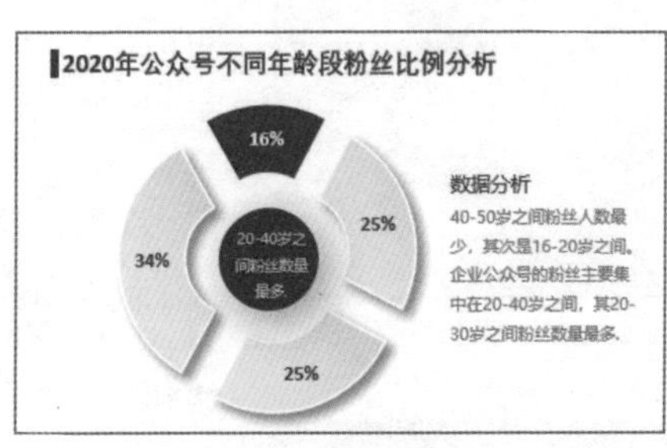

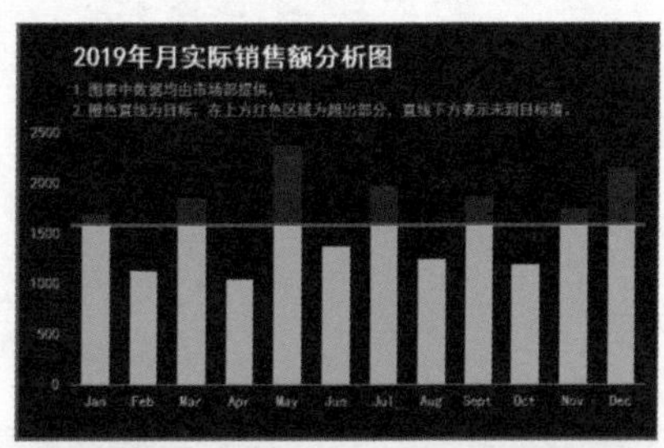

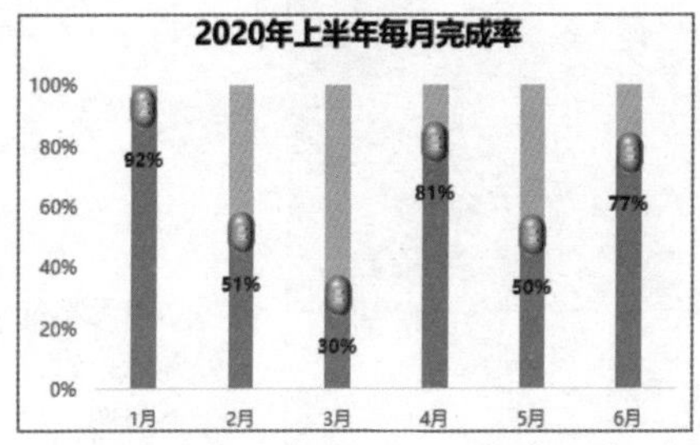

全方面展示表格的数据

图表展示离不开表格，表格离不开数据。在创建图表之前首先要读懂表格中的数据，理解数据的表达含义、重点数据、结构等。

表格可以系统地、清晰地、整齐地将数据排列，我们很难发掘数据之间的各种关系。这就需要我们真正地深入挖掘表格的信息。

下面以各分公司每月的销售金额为例介绍用图表展示数据的方法。

2020年各分公司销售金额统一表

单位：万元

分公司	1月	2月	3月	4月	5月	6月	7月	8月	9月	10月	11月	12月	合计
北京分公司	78	86	80	148	135	82	80	97	128	124	115	74	1227
重庆分公司	109	131	151	157	160	118	165	170	155	203	163	149	1831
上海分公司	164	191	134	121	116	136	140	158	169	144	140	191	1804
南京分公司	85	98	100	98	120	109	135	136	110	141	124	133	1389
合计	436	506	465	524	531	445	520	561	562	612	542	547	6251

数据来源：所有数据纯属虚构，只为教学使用。

首先，从表格的整体来分析，其展示了4大分公司每月的销售金额，我们可以通过柱形图或折线图展示各分公司每月销售金额的关系。

● 柱形图

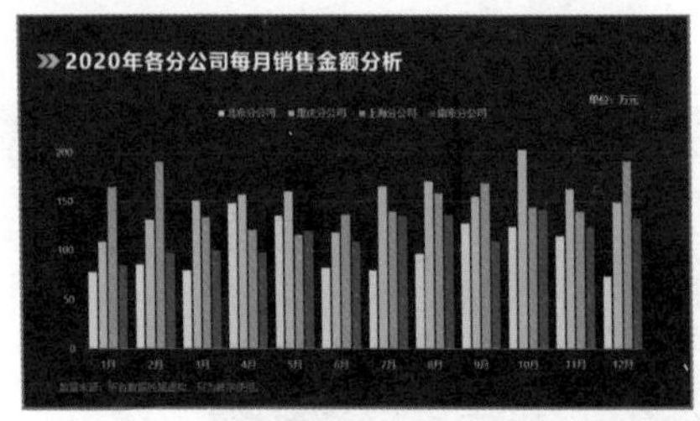

● 折线图

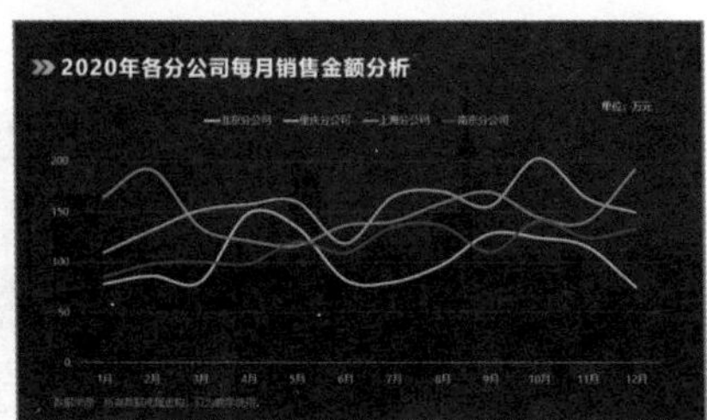

表格中还体现了各分公司的年总销售金额，我们可以通过饼图展示各分公司年销售金额占总金额的百分比，还可以通过柱形图展示数据的大小关系，或者通过饼图或圆环图分别展示各分公司占总销售金额的比例。

● 饼图和柱形图

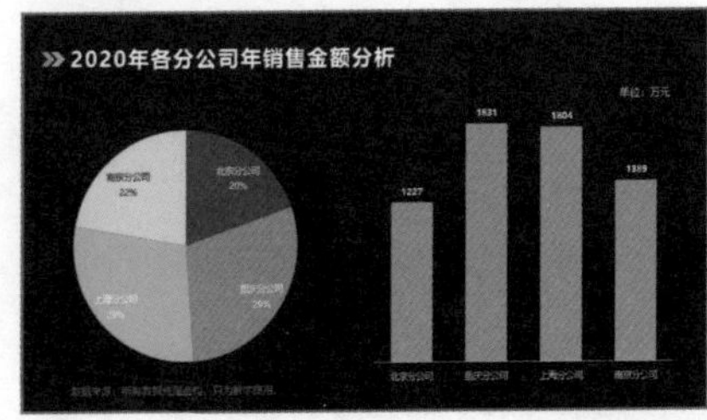

● 圆环图

其次，还可以通过折线图展示总公司2020年每月销售金额的变化趋势。

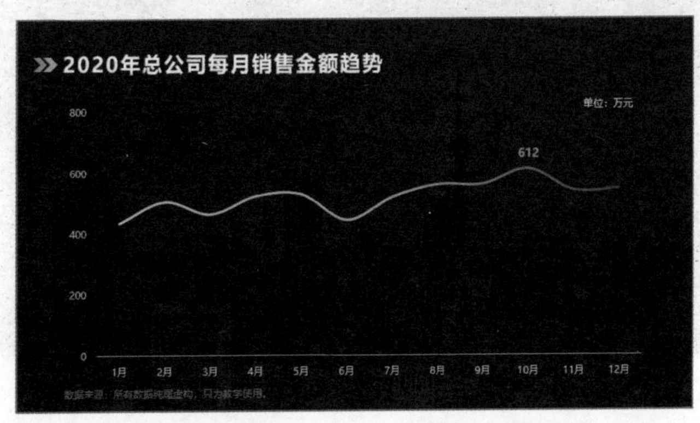

最后再详细分析各分公司的数据。以上图表已经展示过各分公司占总销售额的比例了，我们还可以使用折线图分别展示各分公司销售额的变化趋势。下面以北京分公司为例展示折线图的效果。

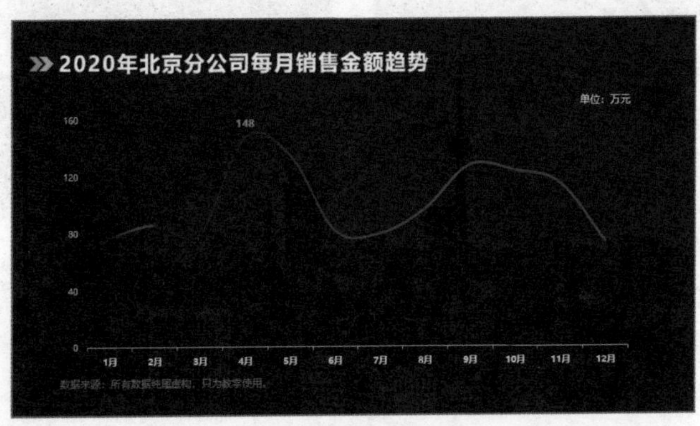

表格的华丽变身

面面俱到的图表是这样的

扫码看视频

图表的组成

图表中包含很多元素，在默认情况下只显示部分元素，如果需要添加其他元素也可以添加，如果不需要某元素也可以将其删除。在制作图表时，用户可以调整各图表元素到合适的位置、更改元素大小或设置格式。

下面以柱形图为例展示各图表元素。

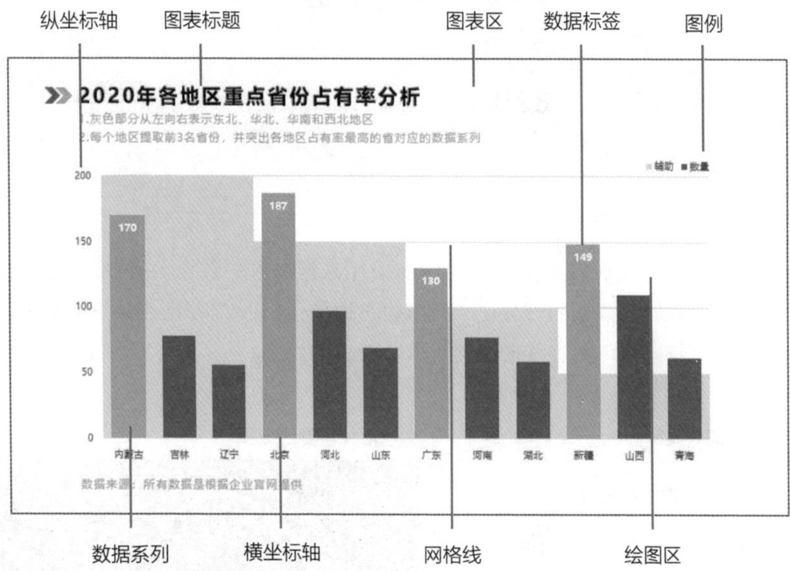

这也很重要!

图表中其他元素

默认的图表只包含部分元素，我们可以在“图表工具-设计”选项卡中，单击“图表布局”选项组中的“添加图表元素”下三角按钮，在列表中选择要添加的元素选项。

适合单一数据的图表

扫码看视频

数据结构决定图表的类型

单一数据的表达

在PPT中呈现单一数据时，可以直接**将数据放大、再放大**，通过夸张的大小对比给观众留下深刻的印象。

除此之外，还可以用更刺激眼球的图片来展示单一数据。第5章介绍过使用形状制作图表展示数据的百分比，我们也可以使用Excel制作图表来展示数据。

下面是使用圆环图、柱形图展示单一数据的效果。

● 圆环图的效果

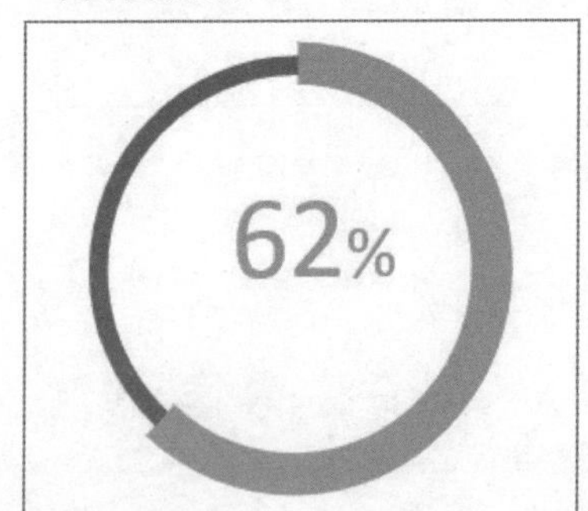

● 柱形和饼图的效果

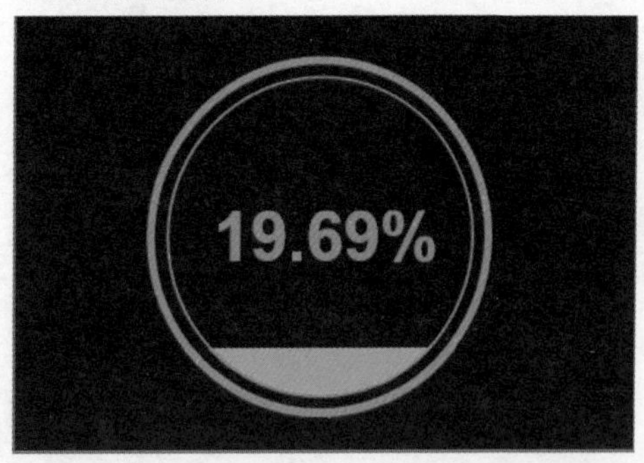

● 圆环图和饼图的效果

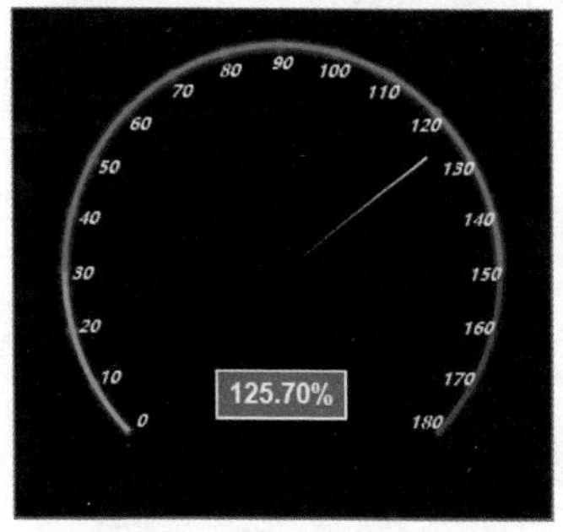

● 圆环图和饼图的效果

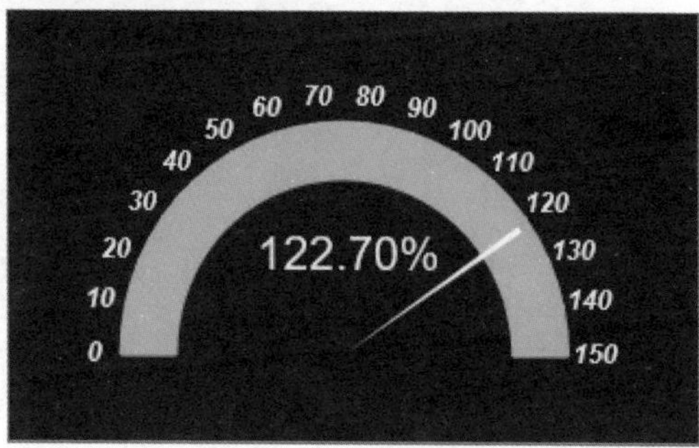

图表的制作方法

以上展示的图表都可以在Excel和PPT中制作出来，读者如果有兴趣可以购买《用图表说话——数据分析与图表效果完美展示全能一本通》，或者关注“未蓝文化”微信公众号交流学习。

下面以之前展示的第一张图表为例介绍具体操作方法。

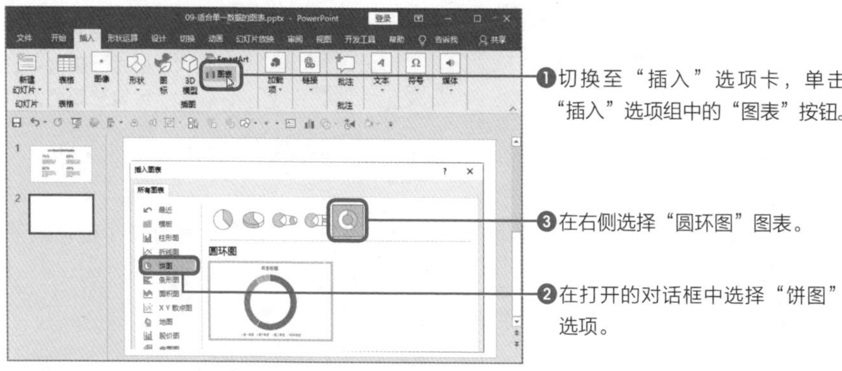

❶切换至“插入”选项卡，单击“插入”选项组中的“图表”按钮。

❸在右侧选择“圆环图”图表。

❷在打开的对话框中选择“饼图”选项。

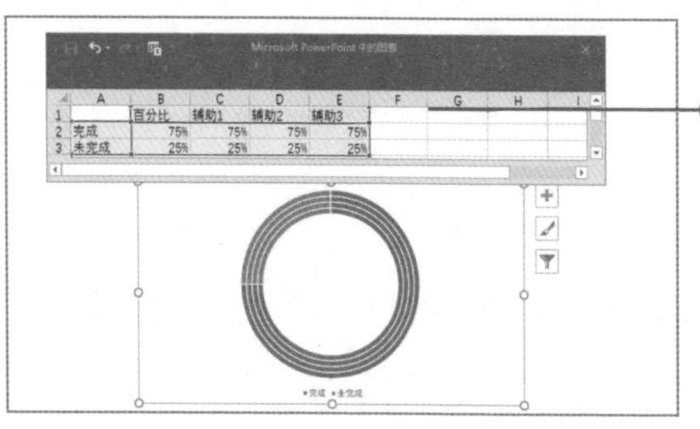

❹在页面中创建圆环图，同时打开Excel工作表。在工作表中输入相关数据，其中包含3个辅助数据，主要用来设计圆环图样式。

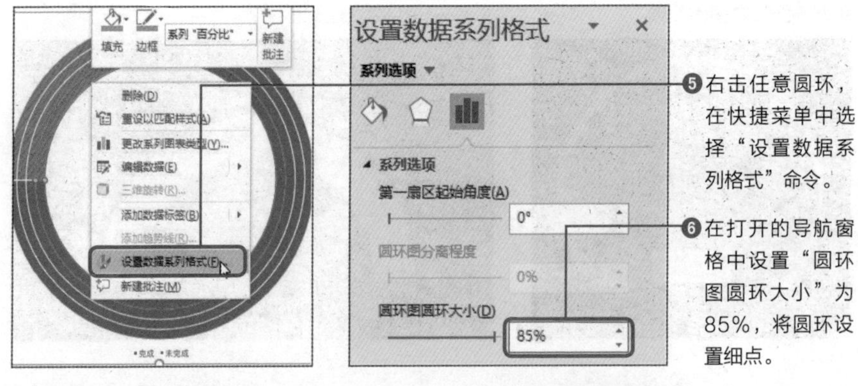

最后将橙色中间的两个圆环填充为绿色，设置为无线条，里外两个橙色圆环设置为无填充、无线条即可。

读者可以根据该方法制作其他形状的圆环图。

这也很重要!

圆环之间细小的缝隙

如果圆环之间存在细小的缝隙，会影响到图表的展示效果，此时只需要为圆环添加与填充颜色相同颜色的边框即可。

数据结构决定图表的类型

适合百分比的图表

扫码看视频

百分比的图表

接触过图表的读者都知道最适合百分比的图表肯定是饼图。**饼图主要用于显示每个值占总值的比例**，各个值可以相加。当仅有一个数据系列且所有值均为正值时，可使用饼图，饼图中的数据点显示为占整个饼的百分比。

饼图上各项内容所占比例是通过扇形的大小来表示的，总和是100。圆环图也是饼图的一种类型，下面展示常见的饼图和圆环图。

● 饼图的效果

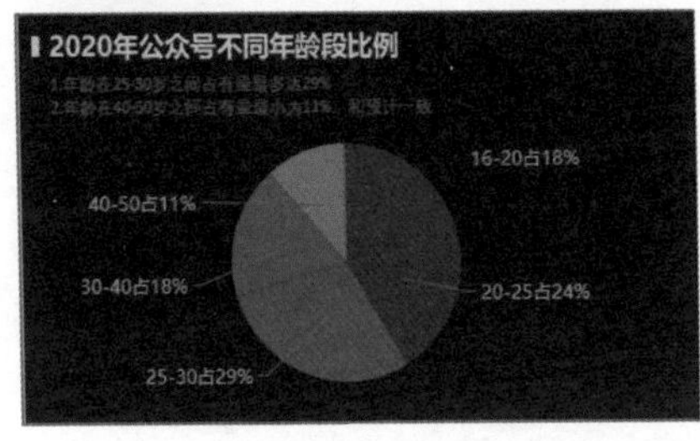

● 圆环图的效果

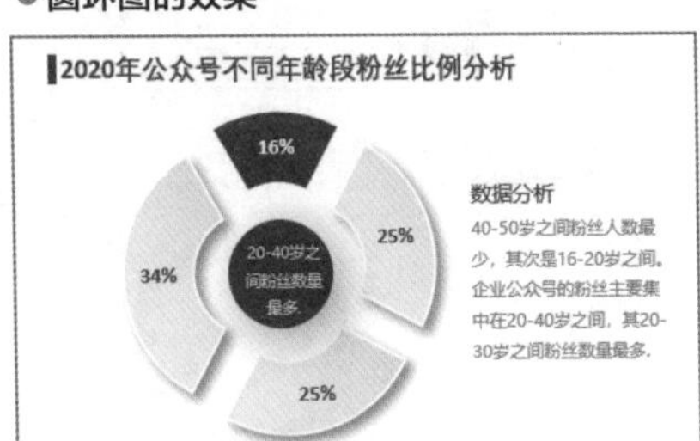

为了使PPT在展示效果上更加炫酷，我们可以在饼图的基础上制作更加美观的图表。例如制作半圆饼图、不规则饼图、双层饼图等，下面展示效果。

● 半圆环图的效果

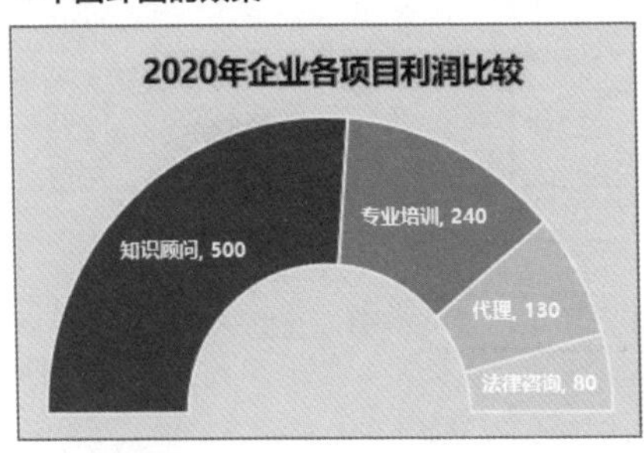

● 不规则饼图和圆环图的效果

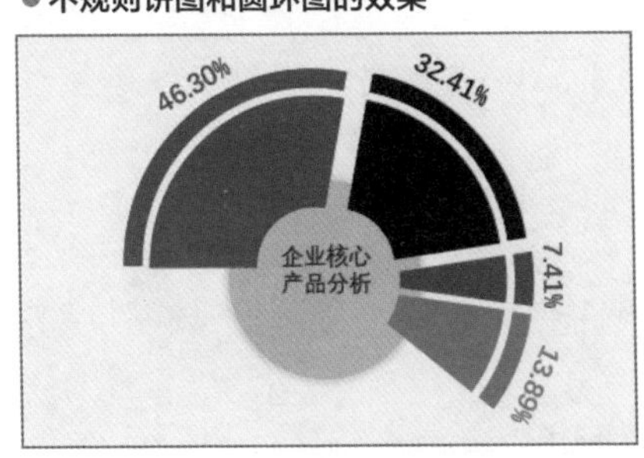

● 残缺圆环图的效果

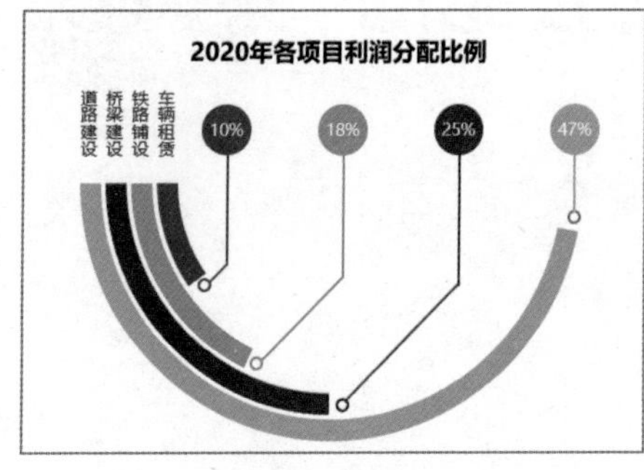

● 双层饼图的效果

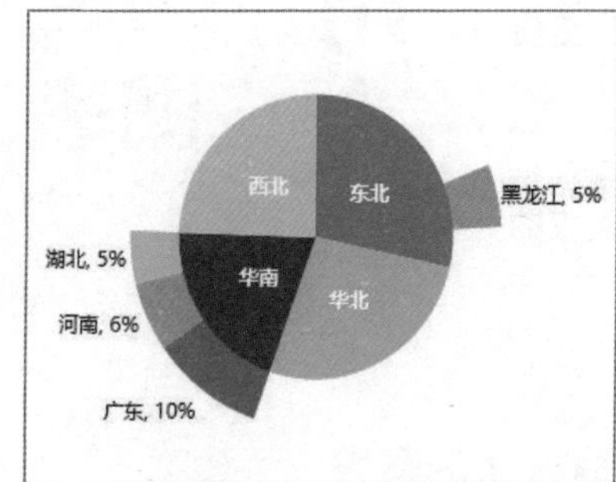

百分比图表的制作方法

下面以半圆环图为例介绍具体操作方法。

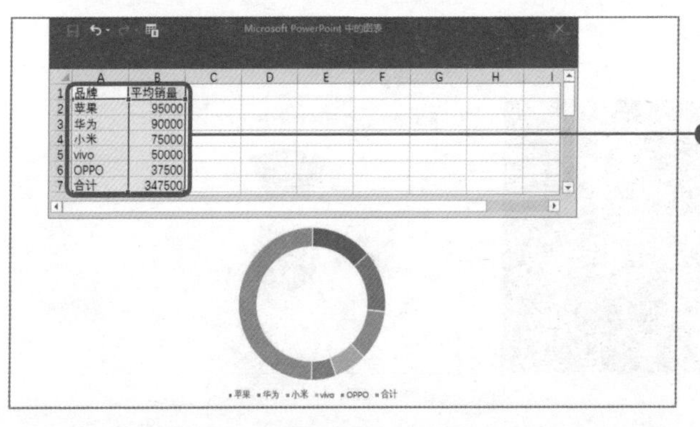

品牌	平均销量
苹果	95000
华为	90000
小米	75000
vivo	50000
OPPO	37500
合计	347500

❶在页面中插入圆环图，在打开的Excel工作表中输入数据，最后一行输入合计的数据，该行数据作为辅助数据。

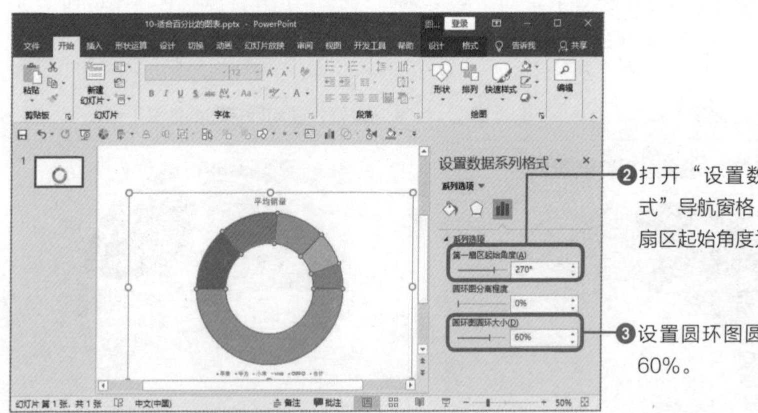

❷打开“设置数据系列格式”导航窗格，设置第一扇区起始角度为270度。

❸设置圆环图圆环大小为60%。

最后，设置圆环为无填充、无线条，适当对图表进行美化即可。

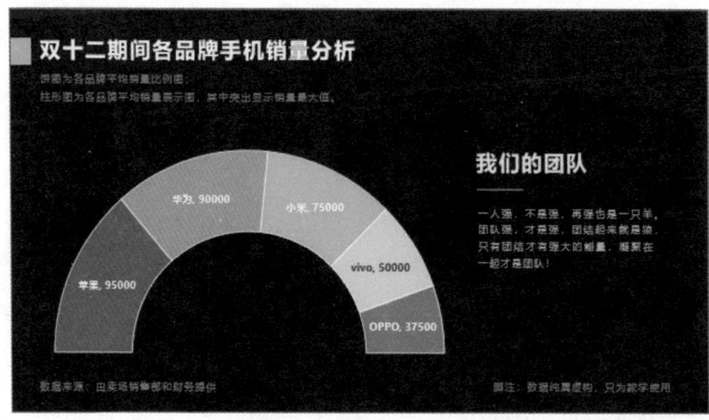

我们学会制作半圆环图后，半圆饼图也就会了，此处不再展示效果。

这也很重要!

如何为半圆环图添加百分比

当需要为这种残缺的饼图或圆环图添加百分比时，是不能通过在“设置数据标签格式”导航窗格中勾选“百分比”复选框获取百分比值的，这是因为我们制作图表时添加了辅助数据。首先，单击“图表工具-设计”选项卡中的“编辑数据”按钮，打开图表对应的Excel工作表计算出百分比的值。打开“设置数据标签格式”导航窗格，勾选“单元格中的值”复选框，打开“数据标签区域”对话框，选择计算百分比所在单元格区域，单击“确定”按钮即可。

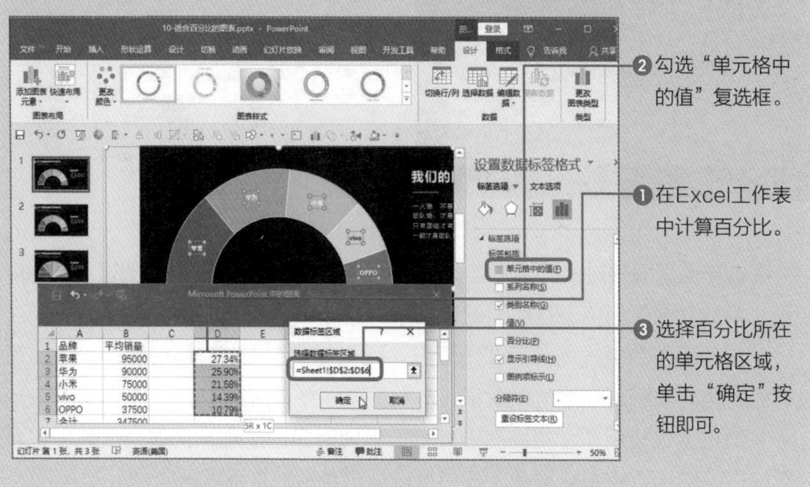

适合数据随时间变化的图表

扫码看视频

数据结构决定图表的类型

随时间变化的图表

有的**图表可以体现数据随时间变化的趋势**，例如柱形图、折线图以及面积图。

柱形图常用来显示一段时间内的数据变化或比较各项数据之间的情况。在柱形图中，通常沿水平轴组织类别，而沿垂直轴组织数值。

折线图常用来分析数据随时间的变化趋势，也可用来分析多组数据随时间变化的相互作用和相互影响。与柱形图相比折线图更加强调数据起伏变化的波动趋势。

面积图是将折线图中折线数据系列下方部分填充颜色的图表，主要用于表示时序数据的大小与推移变化。

之前几个小节中展示过柱形图和折线图的效果，下面展示面积图以及柱形图和折线图的混合效果。

● **面积图的效果**

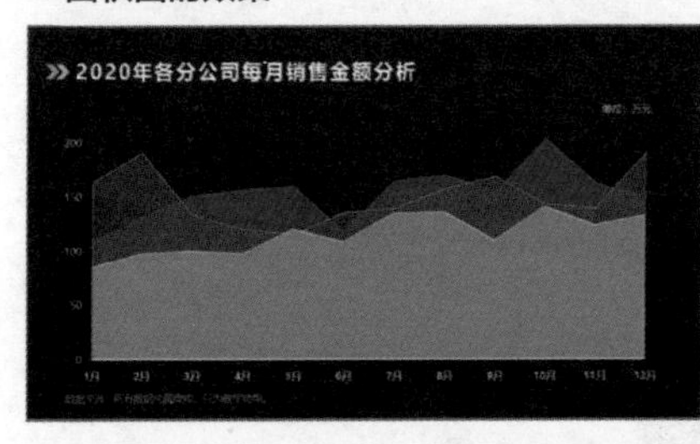

● **柱形图和折线图的效果**

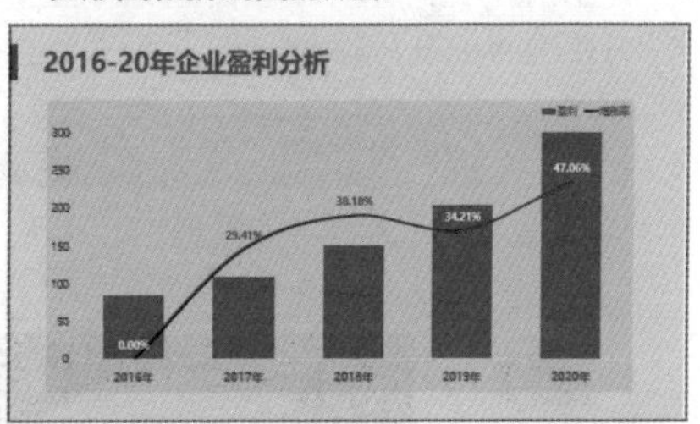

在制作面积图的时候需要注意，为各数据系列填充颜色时一定要设置透明度，否则之后的数据系列值会被前面的数据系列遮挡住。

使用柱形图和折线图的混合图表时，除了展示数据随时间变化的趋势，还可以通过次坐标轴将两列数值差距很大的数据显示在页面中。

我们也可以使用非常规的图表展示数据随时间的变化，例如当图表中包含多列数据时，使用折线图会很乱，我们可以分层显示，也可以纵向显示。

● **分层折线图的效果**

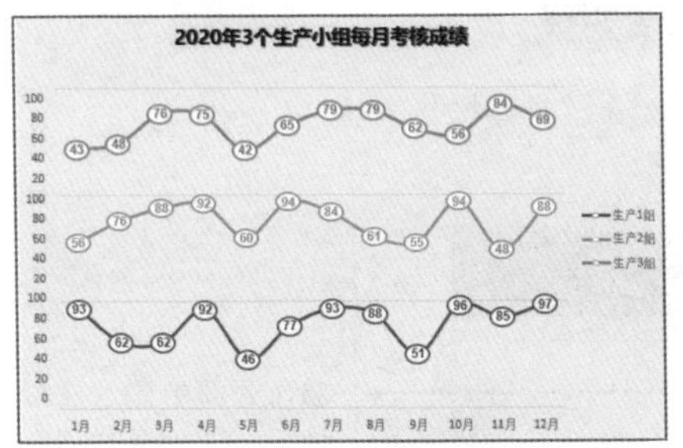

● **散点图和条形图制作纵向折线图的效果**

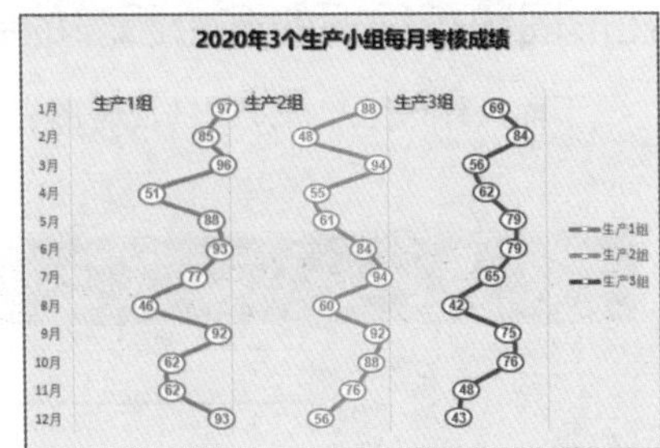

XY散点图可以显示若干数据系列中各数值之间的关系。使用散点图也可以展示数据的变化趋势。

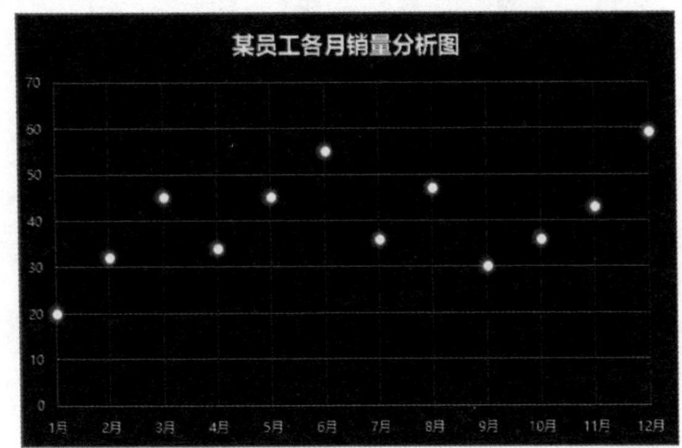

为了使数据的变化更加明显，我们可以设置散点图中的误差线，使相邻的点连接在一起，从而形成阶梯形状。

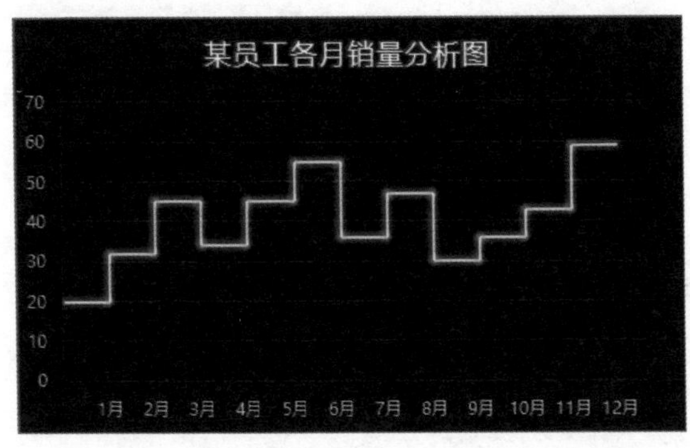

柱形图和折线图的混合图表的制作方法

下面以柱形图和折线图的混合图表为例介绍具体操作方法。

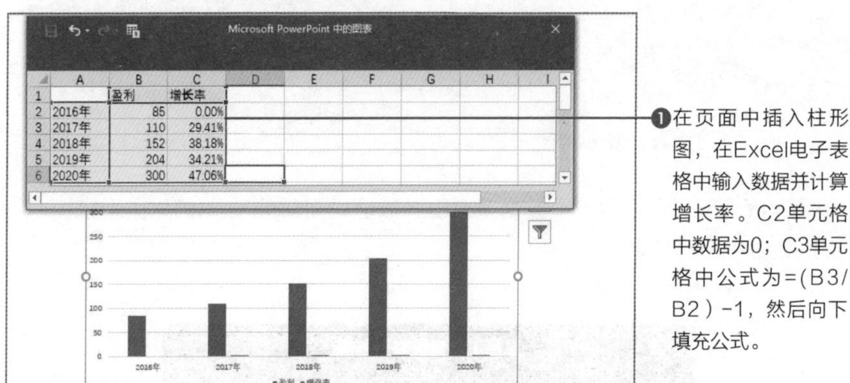

我们可以看到图表中增长率的数据系列无法正常显示，因为该数据比“盈利”数据要小得多，所以，需要通过设置次坐标轴让增长率数据系列正常显示。

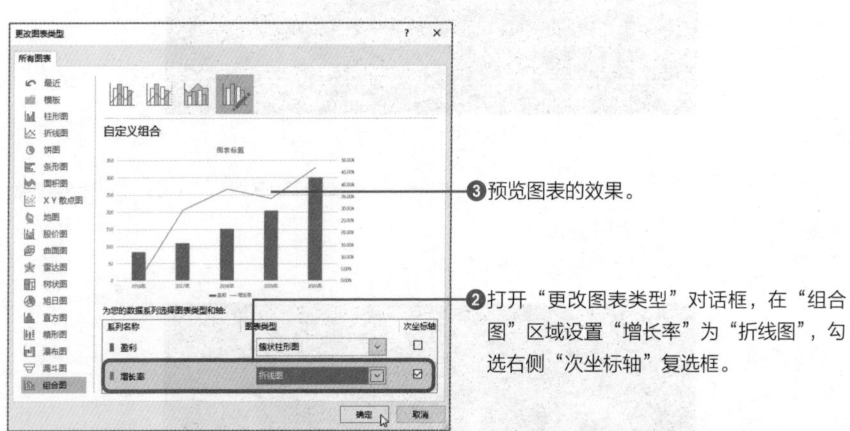

这也很重要!

柱形图和折线图混合图表的注意事项

本案例使用主次坐标轴让折线能正常显示，使用双坐标轴注意以下两点。

- 双坐标轴刻度单位不同，则网格线要对应；
- 双坐标轴刻度单位一样，则刻度要保持一致。

适合比较数据的图表

扫码看视频

数据结构决定图表的类型

比较两组数据的图表

使用柱形图或者条形图可以很好地比较两组数据的大小。适当对图表进行设置数据会更加直观。

● 使用柱形比较数据大小的效果

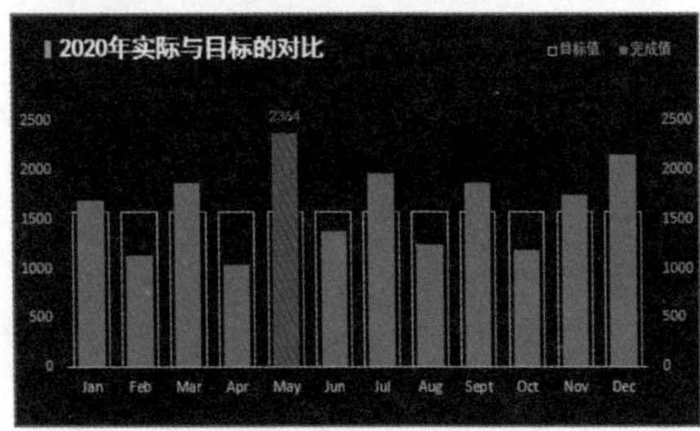

● 使用堆积条形图的效果

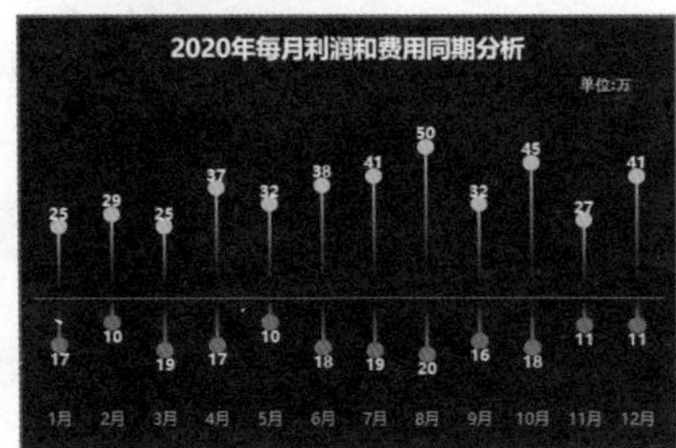

● 使用条形图的效果

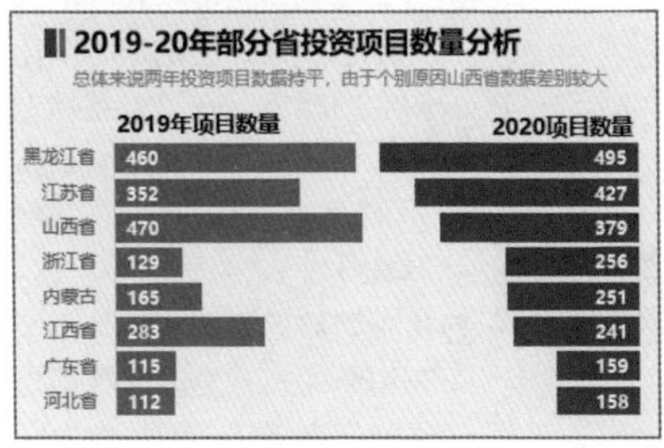

● 使用条形图和散点图的效果

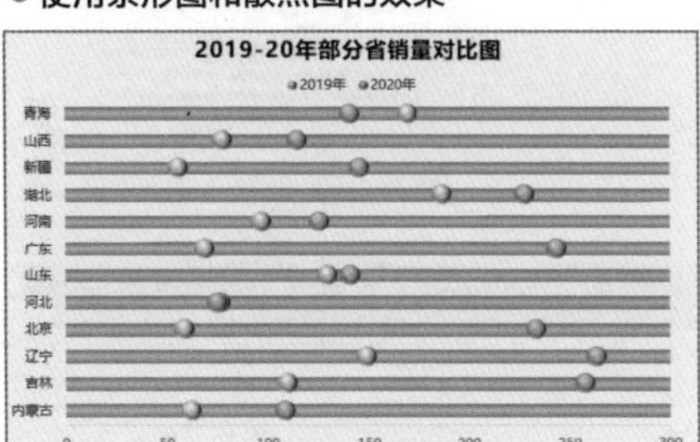

以上图表都是通过常规的柱形图、堆积条形图、散点图等制作出来的，是不是很方便比较数据的大小呢?

使用图表不仅可以直观地比较两组数据之间的大小，还可以显示两组数据之间的差值，结合条形图和堆积条形图即可。

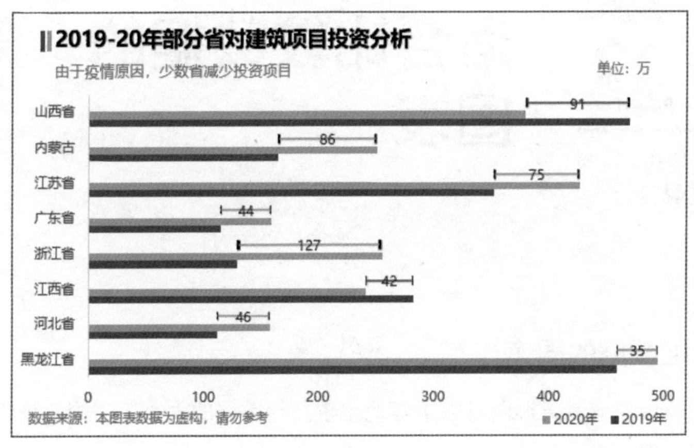

堆积条形图制作旋风图的方法

下面介绍使用堆积条形图制作旋风图的方法。

省	2019年	中间位置	2020年
河北省	-112	200	158
广东省	-115	200	159
江西省	-283	200	241
内蒙古	-165	200	251
浙江省	-129	200	256
山西省	-470	200	379
江苏省	-352	200	427
黑龙江	-460	200	495

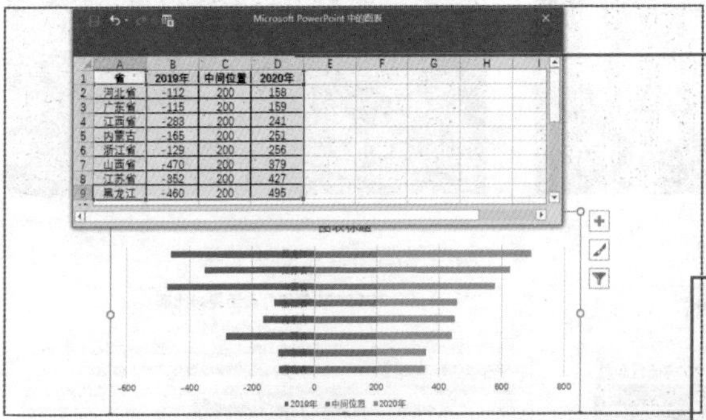

❶在PPT中新建空白页面，插入堆积条形图。在2019年数据前添加负号，“中间位置”列中的数据用于显示省份名称，数值是经过尝试得到的。

❺设置其他两个数据系列的填充颜色，为对比明显，使用对立的颜色。在“设置数据系列格式”导航窗格中设置“间隙宽度”为50%，加粗数据系列。

❹将中间数据系列设置为无填充和无轮廓，再设置数据标签的文本格式，即可作为图表的纵坐标轴。

❸在中间数据系列中显示省份名称，然后删除多余的元素。

❷为中间数据系列添加数据标签并设置只显示类别名称。

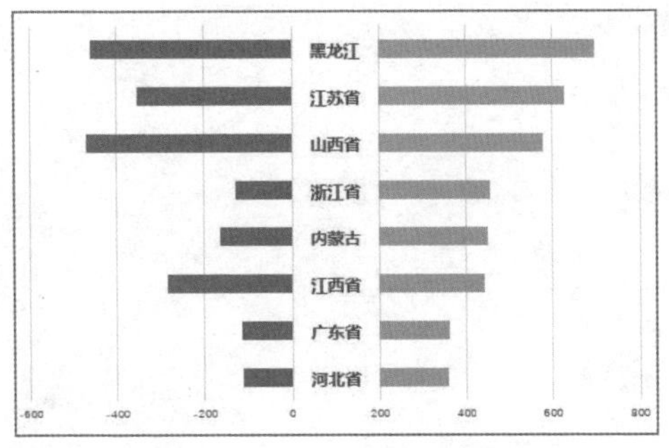

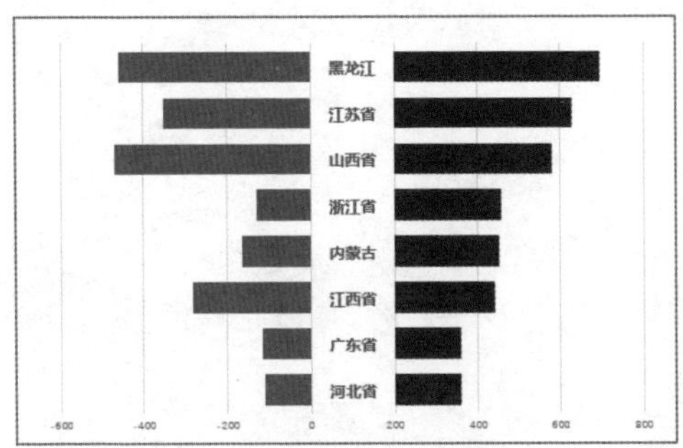

读者还可以根据实际需要对图表进行设计，例如添加数据标签，其中2019年的数据标签通过“单元格中的值”功能获取。

这也很重要!

本章中图表说明

读者如果对本章介绍的图表感兴趣可以购买《用图表说话——数据分析与图表效果完美展示全能一本通》这本书。

PPT

第7章

大幅提高效率的快捷键技巧

必学内容之
严选快捷键

快捷键是工作人员必须掌握的技能

扫码看视频

掌握快捷键，大幅提高工作效率

PowerPoint为我们提供了大量能提高工作效率的结构，其中特别重要的就是**“快捷键”**。熟练使用快捷键，可以省去用鼠标在软件中不停地单击，从而可以提高我们的作业速度。

所谓的快捷键就是，**将平常使用鼠标来进行的操作通过键盘上特定的按键来完成**的结构。我们平时经常使用的快捷键有Ctrl+C、Ctrl+V和Ctrl+S等。

PPT中所有的功能都可以通过快捷键调用。我们也不用掌握所有的快捷键，**只需要掌握频繁使用的快捷键**即可。熟练使用本章介绍的快捷键，可以快速提高我们制作PPT的速度。

据说，PPT高手在制作幻灯片时，左手都会保留一个手势，现在我们就开始学习使用快捷键的手势吧！

左手的小手指放在Ctrl键上，无名指放在Shift键上，中指放在Z键上，食指时刻控制着C和V键。学习本章之后我们就会明白各个按键的功能了。

下面根据提示先使用打开右键快捷菜单的组合键吧！然后想想我们以前是如何打开快捷菜单的。

● 表格美化封面的效果

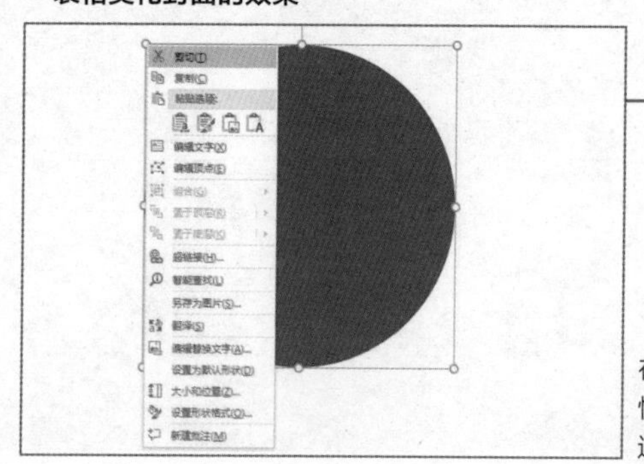

按Shift+F10组合键打开快捷菜单。

在PPT中选择任意元素后，单击鼠标右键打开快捷菜单。也可以按Shift+F10组合键打开，通过方向键选择命令，按Enter键执行命令。

使用快捷键可以减少错误

使用快捷键最大的优势就是提高效率，从而减少制作演示文稿的时间，确保我们有充足的时间去检查和确认制作的内容，最终确保演示文稿的零错误。

使用快捷键对演示文稿中各元素进行操作，要比使用鼠标单击准确得多。无论什么软件，相似的功能都是紧紧地挨在一起的，移动鼠标时稍不留神就会出错。我们看一下PPT中设置文本对齐的功能，在“开始”选项卡的“段落”选项组中紧挨着5种对齐方式。

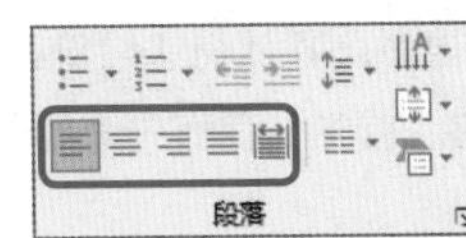

如果想设置文本为居中对齐，使用鼠标的操作是：选中文本框，单击“开始”选项卡，单击“居中”按钮（保证不会单击错误）。如果使用快捷键就简单得多，选中文本框按Ctrl+E组合键即可，也不用确认单击的是否为“居中”按钮。

● **使用Ctrl+E组合键居中对齐**

原文本框

所谓的快捷键就是，将平常使用鼠标来进行的操作通过键盘上特定的按键来完成的结构。
神奇的快捷键！

居中对齐的文本框

所谓的快捷键就是，将平常使用鼠标来进行的操作通过键盘上特定的按键来完成的结构。
神奇的快捷键！

按Ctrl+E组合键使文本居中对齐。

这也很重要!

双手配合使用快捷键

使用电脑时，通常是左手按快捷键，右手操控鼠标。当快捷键在键盘上相隔太远时，可以双手配合使用。例如按Ctrl+M组合键时，可以左手按Ctrl键，右手按M键。

最强功能键Alt键

扫码看视频

必学内容之严选快捷键

Alt的组合键

在使用Office软件时，相信很多读者认识快捷键都是从Ctrl键开始的，其实还有一个**功能很强大的按键——Alt键**。首先，我们先介绍与Alt键结合使用的组合键。

1. Alt+F2组合键

制作PPT时，我们经常对其进行保存，**按Ctrl+S组合键**即可，那么要是另存为PPT呢？

使用鼠标操作是单击“文件”标签，选择“另存为”选项，单击“浏览”超链接，打开“另存为”对话框，选择路径并保存，比较麻烦。使用Alt+F2组合键可以快速打开“另存为”对话框，然后选择路径保存即可。

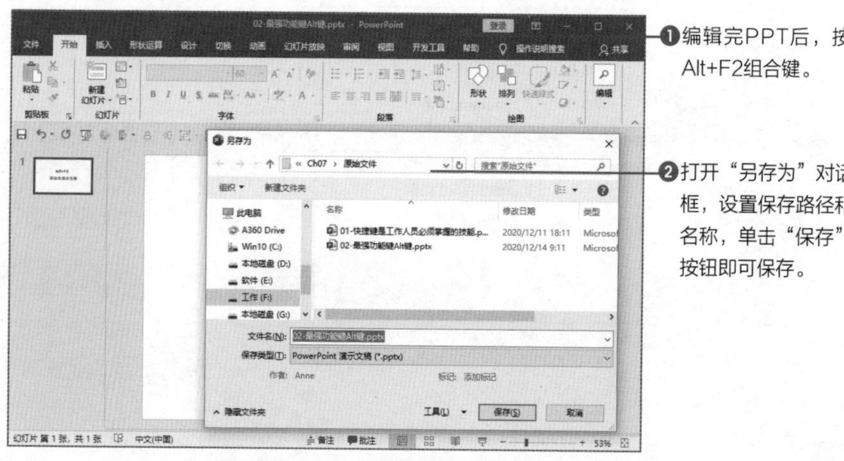

2. Alt+F4组合键

当我们需要关闭演示文稿时，除了单击右上角的“关闭”按钮外，还可以按Alt+F4组合键。当文稿事先未保存时，会弹出提示对话框询问是否保存。

3. Alt+F5组合键

当演讲者面对简单的PPT页面而滔滔不绝时，有可能他在看备注的内容。我们制作演示文稿时，可以**将大段的文本放在备注中**，只在页面中放置主要的关键字，只要在放映时进入演讲者视图即可查看备注内容，而且观众是看不到的。

打开演示文稿，按**Alt+F5组合键进入演讲者视图**，演讲者视图包含当前展示的页面、当前页面的备注内容、下一页面的内容。

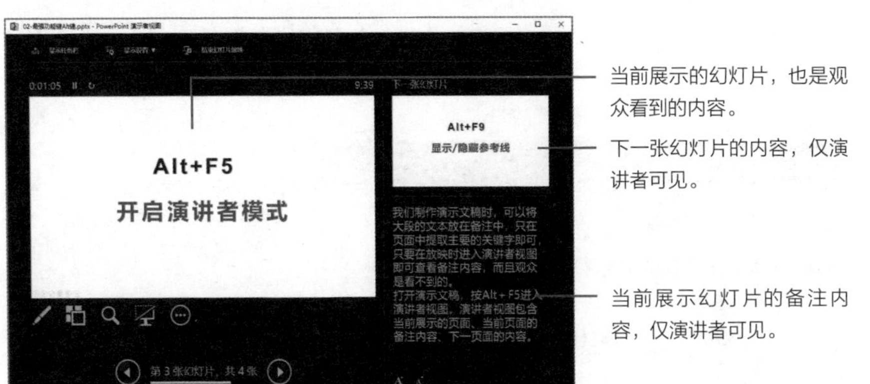

这也很重要!

放映过程中进入演讲者视图

如果在放映过程中需要进入演讲者模式，右击屏幕，在快捷菜单中选择“显示演讲者视图”命令即可。

4. Alt+F9组合键

在制作PPT时经常需要对元素进行对齐操作，有时会使用参考线作为辅助工具，此时我们可以**按Alt+F9组合键快速开启参考线**。如果不需要参考线，再次按Alt+F9组合键即可隐藏参考线。

5. Alt+F10组合键

第2章的“高手必备的常用工具”中介绍过“选择”窗格的重要性，为了方便使用该窗格，PPT提供了Alt+F10组合键。

当**按Alt+F10组合键时直接打开“选择”窗格**，再次按该组合键即可隐藏窗格，要比使用鼠标单击便捷得多。

Alt键实现所有功能的快捷

使用Alt键的特点是可以**从功能区中调出所有要执行的功能**。我们都有这样的经历，就是制作PPT时无意按到Alt键，在选项卡名称的下方显示了字母。当按对应的字母时，该选项卡下的功能按钮旁也出现了对应的字母，其实这就是**使用Alt键开启所有功能的快捷键**。

在这种模式下使用的快捷键和之前介绍的快捷键不同，这里需要逐个按下功能所对应的字母，不能同时按组合键。下面以设置选中元素为居中对齐为例介绍Alt键的使用方法。

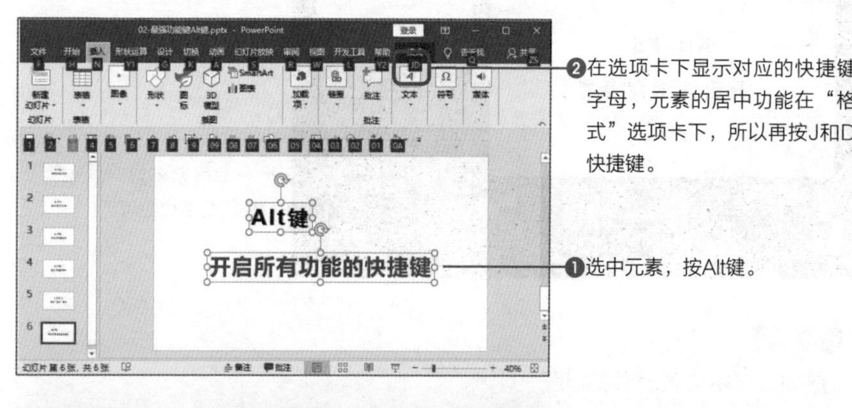

❸接着再按两次A键，即可打开“对齐”下拉列表。

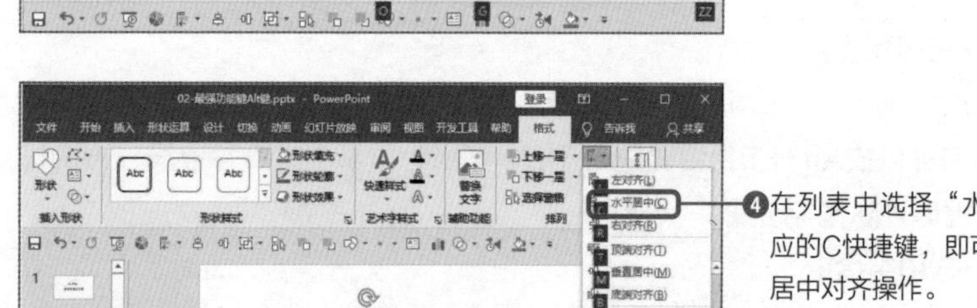

❹在列表中选择“水平居中”对应的C快捷键，即可实现元素的居中对齐操作。

由以上操作可知，**使用Alt键实现所有功能便捷操作是不需要记忆快捷键**的，只需要按Alt键，然后根据提示逐个按对应的按键即可。如果使用熟练了，就可以快速应用，不需要逐个确认按键了。

当按Alt键时，在快速访问工具栏中功能按钮对应的是数字，也就是说使用这些功能只需要两步即可完成。快速访问工具栏的应用在第2章中详细介绍了，我们应当明白为什么叫快速访问工具栏了。

下面还是以设置元素水平居中对齐为例，介绍Alt键结合快速访问工具栏的方法。

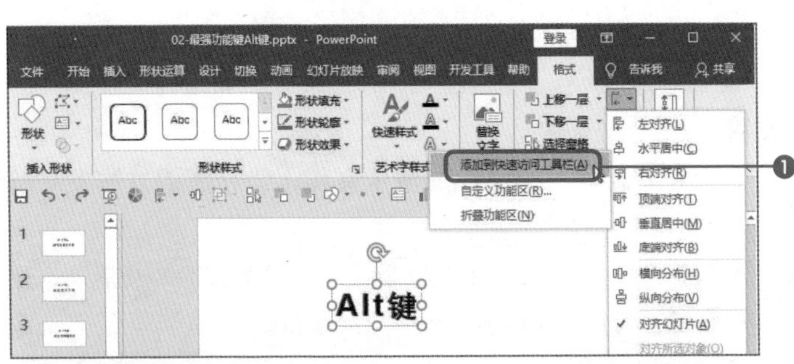

❶在“对齐”列表中右击“水平居中”选项，在快捷菜单中选择“添加到快速访问工具栏”命令。

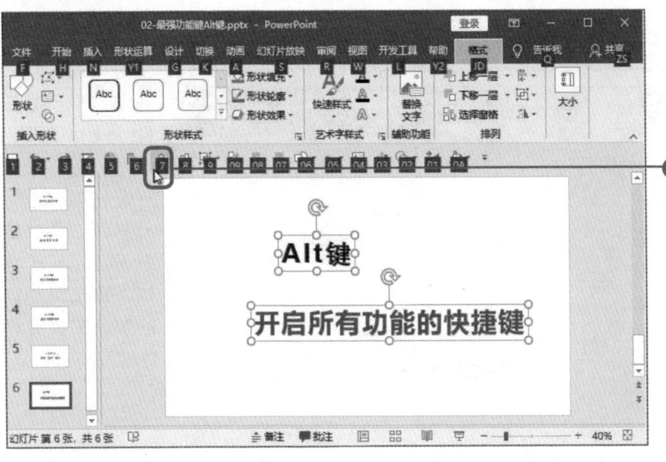

❷快速访问工具栏中“水平居中”对应的是数字7，按下7按键即可实现居中对齐。

这也很重要!

Word和Excel中Alt键的应用

Office的3大组件Word、Excel和PPT，它们都有很多相同的功能，我们了解PPT的应用，对Word和Excel也就不陌生了，例如Alt键的使用方法就是相同的。

方方面面的快捷键

方便操作PPT或幻灯片的快捷键

扫码看视频

关于编辑演示文稿的快捷键

编辑演示文稿的操作主要是新建、保存和关闭演示文稿，下面将介绍相关的快捷键。

1. 新建演示文稿

使用PPT时，如果需要新建一个空白的演示文稿，最便捷的方法就是按Ctrl+N组合键。

如果要创建一份和原PPT一样的演示文稿，除了使用“另存为”功能外，还可以按Ctrl+Shift+N组合键，而且文稿的名称也会自动编辑好。

上方为原文档，在该文档中按Ctrl+Shift+N组合键，即可创建一模一样的文档。此时两个文档的名称也是一样的，直接将创建的演示文稿另存为即可。

2. 保存演示文稿

保存演示文稿是我们制作过程中经常进行的操作，用于保存的快捷键也是我们最熟悉的快捷键，按Ctrl+S组合键可快速保存演示文稿。

本章介绍使用Alt+F2组合键另存为演示文稿，我们还可以按Ctrl+Shift+S组合键打开“另存为”对话框。

3. 关闭演示文稿

当需要关闭演示文稿时，可以采用之前介绍的Alt+F4组合键，也可以使用Ctrl+W或者Ctrl+F4组合键。如果是未保存的演示文稿，会弹出提示对话框询问是否保存。

关于幻灯片的快捷键

本节主要介绍幻灯片常用的快捷键，即新建幻灯片和选择幻灯片，下面以表格的形式介绍各种快捷键。

序号	组合键	功能和说明
1	Ctrl+M	新建幻灯片。按Ctrl+M组合键在当前幻灯片的下方创建空白幻灯片
2	Enter	新建幻灯片。按Enter键在当前幻灯片的下方创建空白幻灯片
3	Ctrl	选择幻灯片。按住Ctrl键可以选择多张幻灯片
4	Ctrl+A	全选幻灯片。在缩略图中按Ctrl+A组合键可选择所有幻灯片
5	Ctrl+C	复制幻灯片。选中幻灯片按Ctrl+C组合键复制该幻灯片
6	Ctrl+V	粘贴幻灯片。按Ctrl+V组合键粘贴复制的幻灯片

在左侧的窗格中，按住Ctrl键即可选择多张连续或者不连续的幻灯片缩略图。

方方面面的
快捷键

影响PPT中文本的6种快捷键

调整字号大小

在PPT中编辑文本时，经常需要调整字号大小。我们可以通过“开始”选项卡下“字体”选项组中的“字号”“增大字号”或“减小字号”功能进行调整，也可以通过快捷键快速调整。使用快捷键增大或减小字号和“增大字号”“减小字号”功能是相同的，每次只能调整一个字号大小。

按Ctrl+】或者Ctrl+Shift+>组合键增大字号，按Ctrl+【或者Ctrl+Shift+<组合键减小字号。

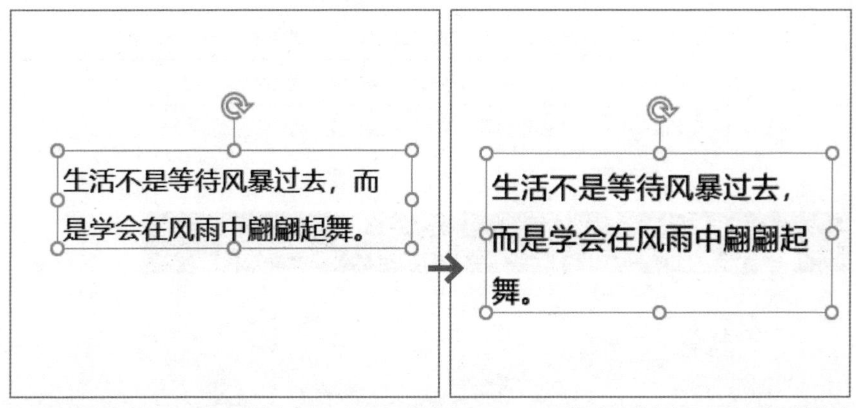

在幻灯片中选中需要调整字号的文本框，按Ctrl+】或者Ctrl+Shift+>组合键增大字号。减小字号快捷键的应用也相同，此处不再介绍。

这也很重要!

设置文本的字体

如果要设置文本的字体，可以按Ctrl+Shift+P组合键打开“字体”对话框，然后设置字体等参数。

加粗文本

当需要加粗或者取消加粗文本时，可以**按Ctrl+B组合键**进行切换。

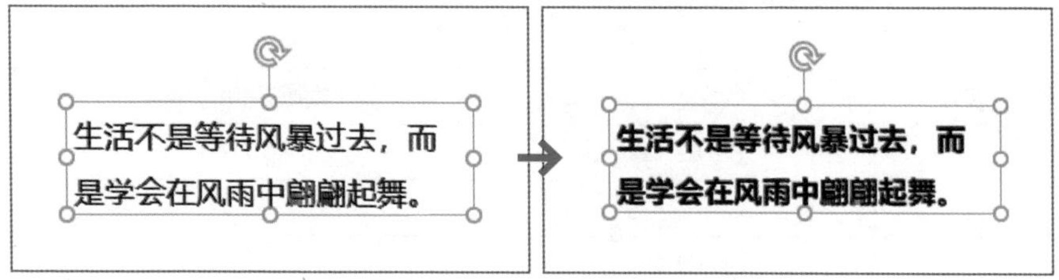

选中文本框，按Ctrl+B组合键即可加粗文本，再次按Ctrl+B组合键即可取消加粗。

倾斜文本

按Ctrl+I组合键可以倾斜或取消倾斜文本。

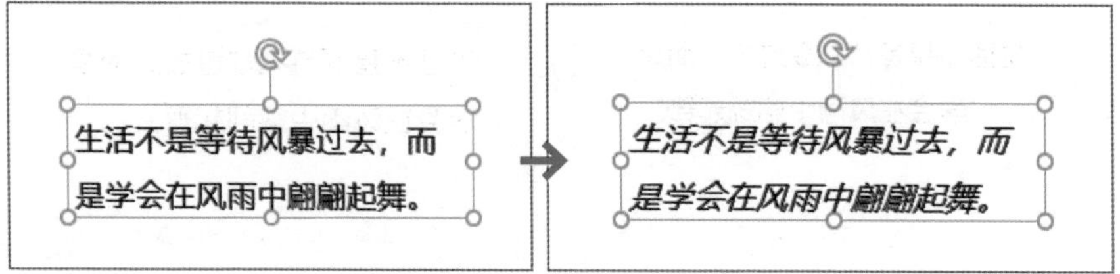

选中文本框，按Ctrl+I组合键即可倾斜文本，再次按Ctrl+I组合键即可取消倾斜。

切换英文大小写

输入英文时，默认第1个单词的第1个字母是大写的，有时会根据设计要求全部小写或者全部大写。我们可以通过**Shift+F3组合键在小写、第1个字母大写、大写3种之间切换。**

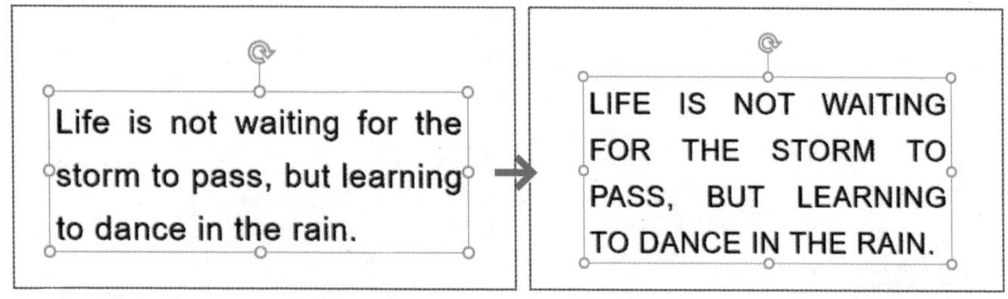

按一次Shift+F3组合键，所有字母全部大写；再按一次所有字母全部小写；再按一次第1个字母大写。

设置文本的对齐

在PPT中可以通过快捷键快速对文本进行对齐操作，例如左对齐、居中对齐、右对齐和两端对齐。

序号	组合键	功能和说明
1	Ctrl+E	文本居中对齐
2	Ctrl+L	文本左对齐
3	Ctrl+R	文本右对齐
4	Ctrl+J	文本两端对齐

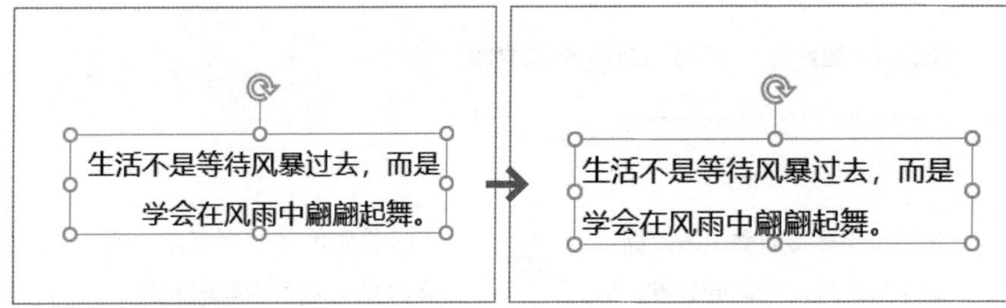

文本对齐的4个快捷键的用法都相同，例如设置文本左对齐，选中文本框，按Ctrl+ L 组合键即可。

复制文本的格式

在PPT中快速使用其他文本的格式，可以使用之前介绍的“格式刷”功能，也可以使用快捷键复制文本的格式。其使用方法和格式刷类似，选中需要复制格式的文本，**按Ctrl+Shift+C组合键即可复制格式**，然后选择其他文本，**按Ctrl+Shift+V组合键即可粘贴文本的格式。**

这也很重要!

调整英文的大小写

在PPT中调整英文大小写，除了本节介绍的快捷键外，还可以通过“更改大小写”功能多方面调整英文文本。选中文本框，单击“开始”选项卡下“字体”选项组中的“更改大小写”下三角按钮，在列表中选择合适的选项即可。

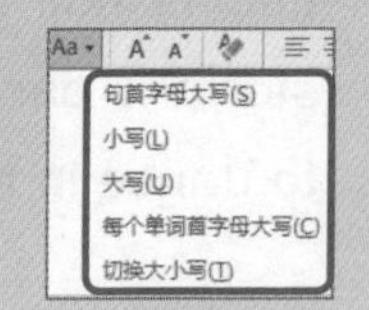

方方面面的快捷键

调整编辑对象的5种快捷键

扫码看视频

绘图的快捷键

在PPT中绘制形状时，纵横比不同绘制的效果也不一样。在绘制形状时如果**按住Shift键可以绘制1:1的正形状**，例如绘制正方形。

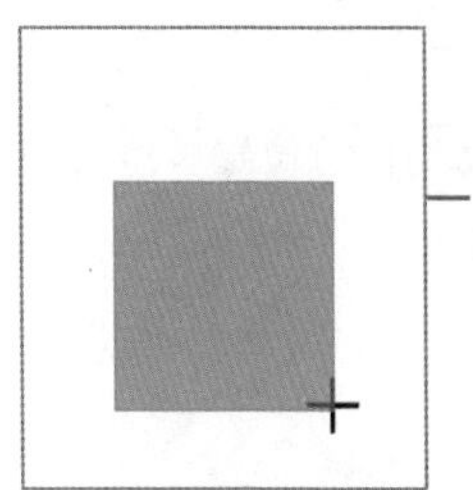

在“形状”列表中选择“矩形”形状，按住Shift键绘制正方形。

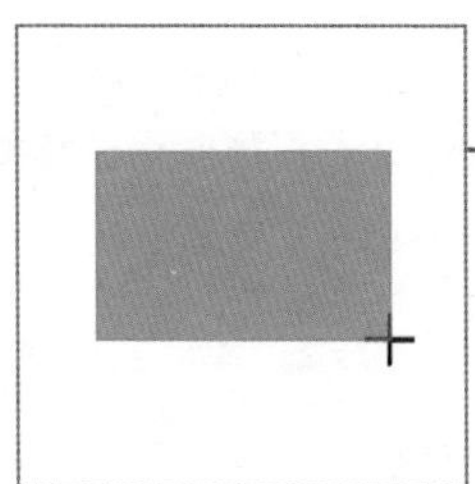

在“形状”列表中选择“矩形”形状，拖曳鼠标绘制形状。

调整形状的快捷键

在PPT中绘制形状后，还需要根据要求进一步调整大小。如果使用鼠标拖曳调整形状大小，可以借助相关快捷键，例如Shift键、Ctrl键。

序号	快捷键	功能和说明
1	Shift+鼠标拖曳	调整形状的角控制点时，可以按原纵横比调整形状的大小
2	Shift+方向键	选择形状，按住Shift键，按向上、向下方向键等比增加、减少形状的高度；按向右、向左方向键等比增加、减少形状的宽度
3	Ctrl	以对象的中心点为基准对称调整形状的大小
4	Ctrl+Shift	以对象的中心点为基准等比调整形状的大小

当按住Ctrl键调整形状的边控制点时，效果和按住Shift键按方向键一样。按Ctrl键调整形状的大小，只是以中心点为基准进行对称调整，和按Ctrl+Shift组合键是有区别的，特别是调整角控制点时。

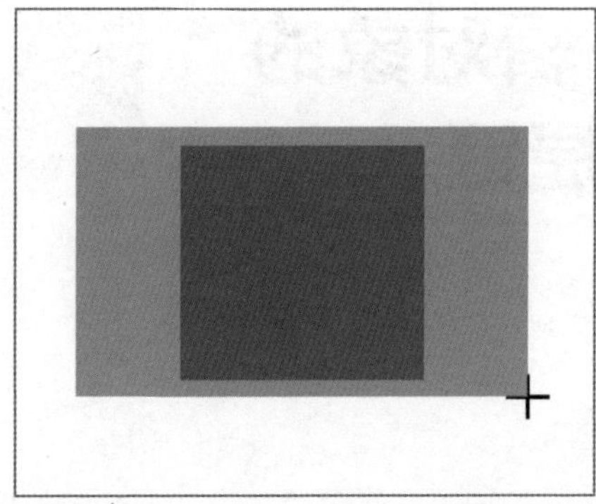

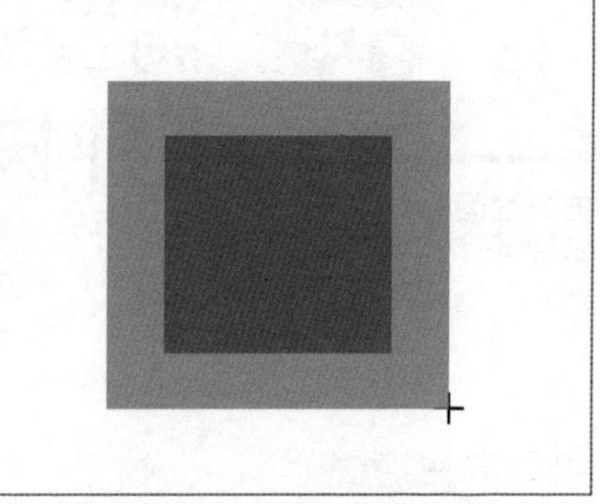

上左图是按住Ctrl键调节右下角控制点进行对称调整，上右图是按住Ctrl+Shift组合键调节右下角控制点进行等比调整。

移动对象的快捷键

在PPT中移动对象，直接使用鼠标按住对象就可以移动到任意位置。有时为了使对象能够准确地在水平或垂直的方向上移动，可以按住Shift键拖动对象。

旋转对象的快捷键

在PPT中旋转对象的方法为，选中对象后，将光标移到旋转的箭头上方，当光标变为旋转箭头形状时按住鼠标左键并拖动，即以对象的中心点为基准进行任意角度的旋转。

当我们旋转对象时，**按住Shift键，对象会以15度的幅度进行旋转**。选中对象后，**按住Alt键再按向左或向右的方向键也会以15度的幅度进行旋转**。

如果需要设置精确的旋转角度，打开对应的导航窗格，在“大小”选项区域中设置“旋转”的角度值即可。

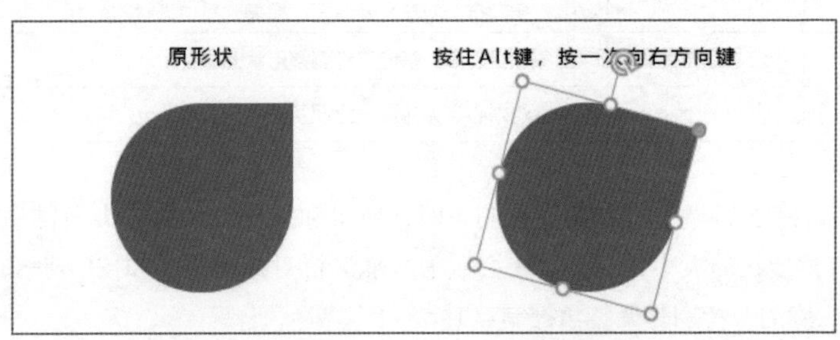

复制对象的快捷键

当需要复制对象时，我们总是想到Ctrl+C和Ctrl+V组合键，这当然没错。下面再介绍一个更智能的快捷键——**Ctrl+D**。

当我们选中对象后第一次按Ctrl+D组合键和按Ctrl+C组合键效果是相同的，其智能是在之后的操作中体现的。如果将复制的形状移到合适的位置，再次按Ctrl+D组合键时，会在两个形状方向的延伸处等距离复制形状。

下面以绘制圆形为例介绍Ctrl+D组合键的应用。

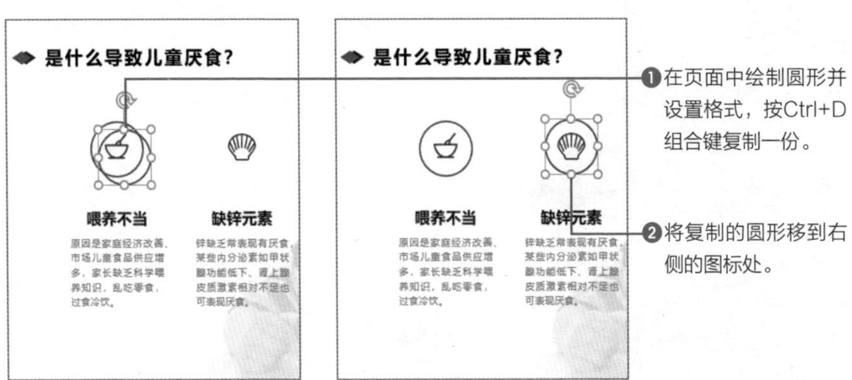

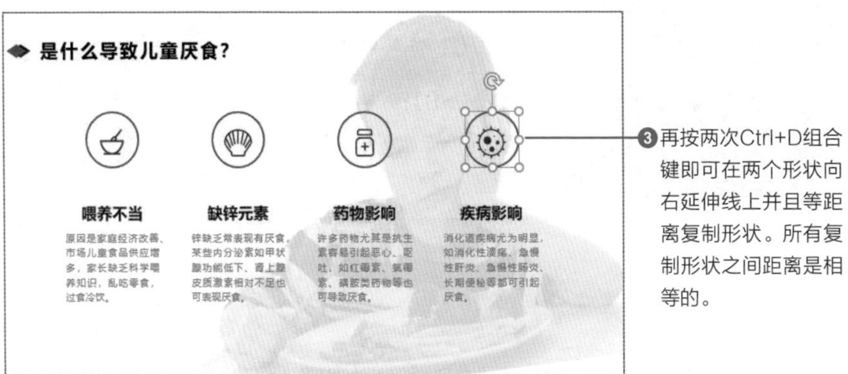

这也很重要!

F4功能键的应用

Ctrl+D组合键的应用，使用F4功能键也可以实现。复制一份对象并调整好位置，然后按一次F4功能键就可以在延伸线上等距离复制一份。F4功能键具体的应用在下一节详细介绍。

使用Ctrl+D组合键还可以实现在倾斜方向上等距离复制对象，使对象在某种倾斜方向上更加整齐。

下面以制作倾斜目录为例，介绍具体应用。

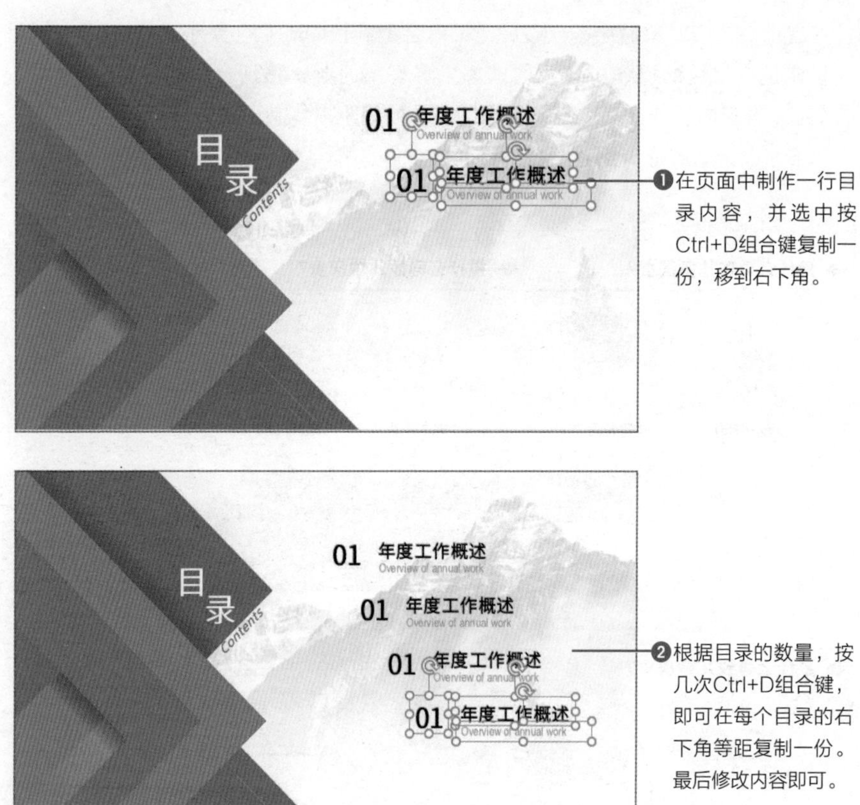

组合对象的快捷键

在制作PPT时，经常将同一部分的多个元素进行组合，防止误操作修改元素。只需要框选元素，**按Ctrl+G组合键即可快速将多个元素组合在一起。**

组合元素后，可以批量处理所有组合的元素，当要分开处理时，可以取消元素的组合。选择组合的元素，按Ctrl+Shift+G组合键即可快速取消组合。

方方面面的快捷键

让效率暴走的F系列功能键

扫码看视频

F1功能键

在我们键盘最上方的是F1—F12功能键，相信很多读者都没有尝试过使用它们，它们都有各自的作用。下面具体介绍各功能键的作用。

按F1功能键可以打开“帮助”导航窗格，在搜索框中输入问题内容，单击搜索的图标⌕，PPT会根据输入的问题显示相应的解决方案。

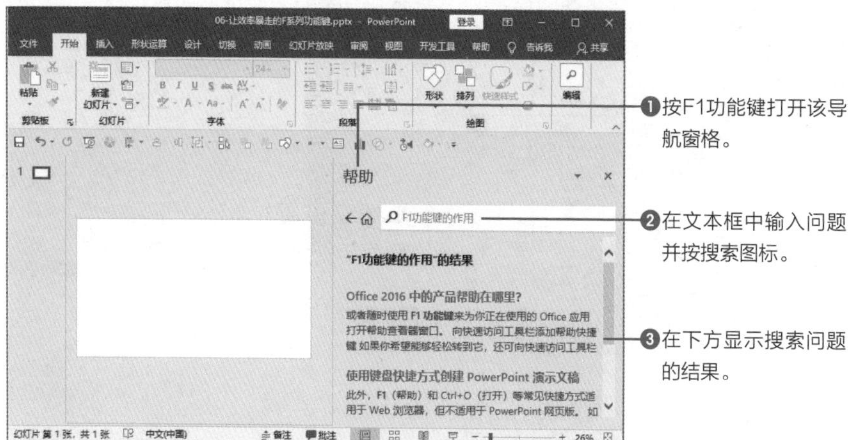

F2功能键

在PPT中绘制形状后，如果要输入文本，需要右击形状，在快捷菜单中选择“编辑文本”命令，或者双击形状。当选中形状后，**按F2功能键可以将光标定位在形状中，即可输入文本**。

除此之外，**按Alt+F2组合键可以打开“另存为”对话框**，将演示文稿进行保存。

F3功能键

在文本的快捷键中，F3功能键结合Shift键使用可以调整英文文本的大小写。

F4功能键

F4功能键在PPT中的用处比较多，例如**等距离复制**（和Ctrl+D组合键类似）、**复制文本的格式**。**F4功能键的主要作用是重复上一次操作**。

1. 等距离复制对象

等距离复制对象的功能和Ctrl+D组合键一样。在PPT中按住Ctrl键复制一份对象，按F4功能键会重复执行复制对象的操作。

2. 客串格式刷功能

当为某对象设置某一格式后，选中其他对象，按F4功能键即可设置相同的格式，此时F4功能键类似格式刷的功能。此处需要注意只能执行最近一次的操作，例如为文本设置加粗和颜色，选中其他文本按F4功能键只能执行设置颜色的操作。

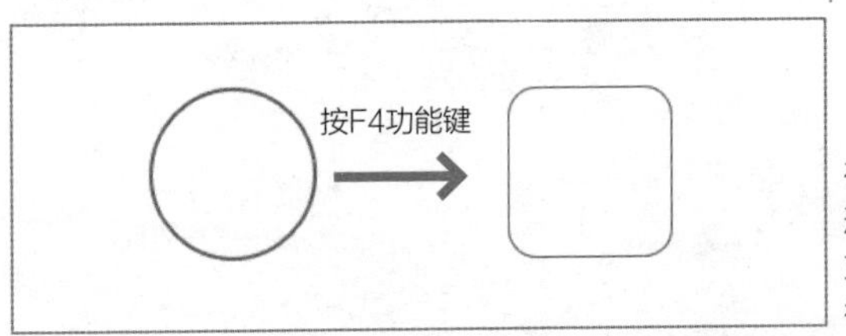

在页面中绘制圆形和圆角矩形，设置圆形格式的顺序为边框颜色、粗细、无填充。选择圆角矩形后按F4功能只能执行无填充的操作。

F5功能键

在PPT中**按F5功能键即可从首页开始播放幻灯片**，否则要切换至“幻灯片放映”选项卡，单击“开始放映幻灯片”选项组中的“从头开始”按钮。

F6功能键

在PPT中按F6功能键次数不同其功能也不同。

按2次F6功能键功能和按Alt键一样，进入快捷操作模式，在选项卡和功能区显示对应的字母。

如果页面中显示“备注”框，**按3次F6功能键光标定位在备注框中即可输入相关内容。**

F7功能键

按F7功能键可以快速检查英文拼写错误。当页面中输入英文单词后，如果要检查拼写是否有误，可以选中文本框，按F7功能键打开“拼写检查”导航窗格。在窗格中会逐个显示拼写错误的单词并提供正确的写法以及含义，如果要更改为正确单词，单击“更改”按钮即可，如果全部更改则单击“全部更改”按钮。

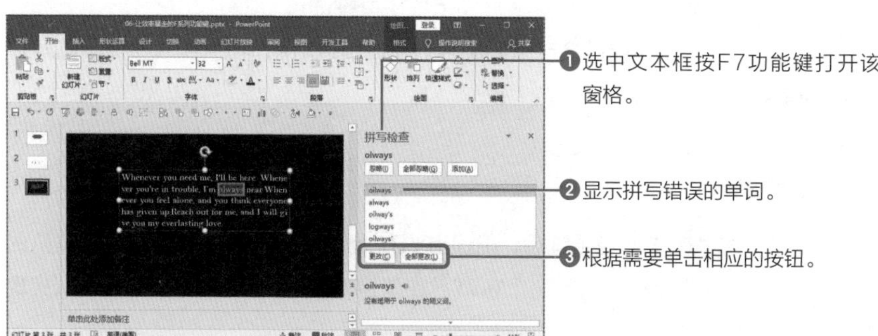

F8功能键

在PPT中**按Alt+F8组合键即可打开“宏”对话框**，可以运行宏、录制宏等。很多读者没有接触过“宏”，其实这就是一种批量处理的称呼。使用“宏”可以形成一个命令，当需要执行该命令时，只需要运行宏即可，从而实现任务执行的自动化。

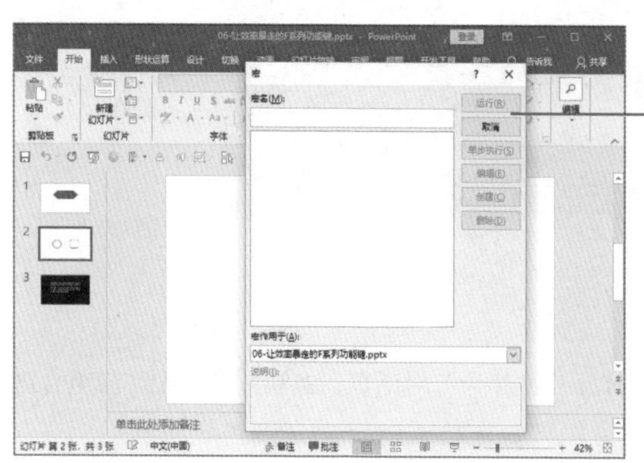

F9功能键

在PPT制作过程中如果需要显示网格线，按Shift+F9组合键即可。如果需要显示参考线，按Alt+F9组合键即可。再次按对应的组合键即可将网格线或参考线隐藏。

F10功能键

在PPT中直接按F10功能键，和按Alt键及按2次F6功能一样，在功能区的菜单会显示打开菜单的快捷键，直接根据提示按快捷键即可。

除此之外，**F10功能键还可以实现右键快捷菜单功能**。在本章的第1节已经展示过其效果了。

F11功能键

在PPT中**按Alt+F11组合键后，能调出VBA代码窗口，**通过代码实现更高阶的操作。相信很多读者都不熟悉这个窗口，在该窗口中通过VBA编程代码可以实现鼠标无法操作的功能。

在PPT中按Alt+F11组合键，打开VBA窗口，我们可以插入模块、各种命令按钮等，并编写VBA代码，实现常规无法实现的操作。

F12功能键

在PPT中按F12功能键可以打开“另存为”对话框，其功能和按Alt+F2组合键一样。

方方面面的快捷键

影响PPT放映的4种快捷键

扫码看视频

放映的快捷键

在放映演示文稿时，可以从头放映也可以从当前页放映，我们通过快捷键可以快速实现，下面通过表格介绍放映的快捷键。

序号	快捷键	功能和说明
1	F5	从第一页开始放映演示文稿
2	Shift+F5	从当前页开始放映演示文稿

放映时翻页的快捷键

在放映演示文稿时，有时需要执行下一个动画或下一张幻灯片，有时需要跳转到指定的幻灯片，我们都可以通过快捷键实现。

序号	快捷键	功能和说明
1	N、Enter、Page Down、右箭头（→）、下箭头（↓）或空格键	执行下一个动画或切换至下一张幻灯片
2	P、Page Up、左箭头（←）、上箭头（↑）或Backspace	执行上一个动画或返回到上一张幻灯片
3	编号+Enter	转换到该编号的幻灯片
4	同时按住鼠标左右键	同时按住鼠标左右键几秒后返回第一张幻灯片

放映时的其他快捷键

在放映演示文稿时，经常需要使用绘图笔、箭头、橡皮擦或者显示黑屏、白屏等操作，下面通过表格介绍相关快捷键的功能应用。

序号	快捷键	功能和说明
1	Ctrl+P	重新显示隐藏的指针和将指针改变成绘图笔
2	Ctrl+A	重新显示隐藏的指针和将指针改变成箭头
3	Ctrl+H	立即隐藏指针和按钮
4	Ctrl+U	在15秒内隐藏指针和按钮
5	Ctrl+S	打开“所有幻灯片”对话框，可以跳转到指定的幻灯片中
6	Tab	转到幻灯片上的第一个或下一个超链接
7	Shift+Tab	转到幻灯片上的最后一个或上一个超链接
8	Alt+U	静音
9	Alt+向上键/向下键	提高/降低音量

在放映时，按Ctrl+S组合键并不是保存文稿，而是打开“所有幻灯片”对话框，可以切换至指定的幻灯片中。

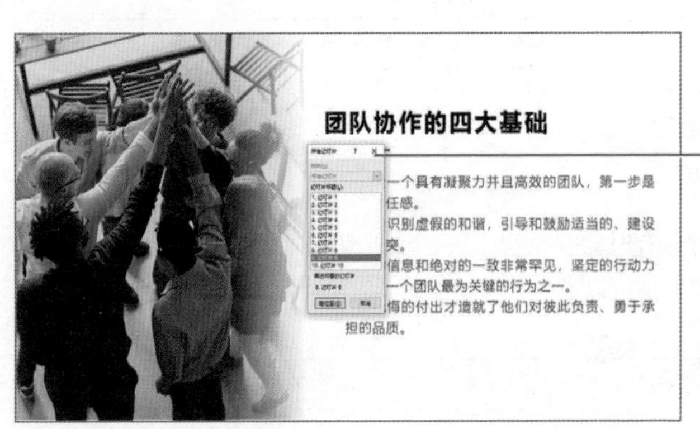

在放映演示文稿时，按Ctlr+S组合键打开“所有幻灯片”对话框，选择幻灯片，单击“定位至”按钮，即可跳转到指定幻灯片。

结束放映的快捷键

当需要将观众从演示文稿中转移到其他地方时，可以将屏幕显示为黑色或白色。当演示结束时通过快捷键可以退出放映。

序号	快捷键	功能和说明
1	B或句号	屏幕为黑色，或从黑色屏幕返回到演示文稿
2	W或逗号	屏幕为白色，或从白色屏幕返回到演示文稿
3	Esc	退出幻灯片放映

第8章

影响演示文稿色彩效果的配色

色彩里的大学问

色彩有几要素？对，是三要素

扫码看视频

认识颜色在PPT中的重要性

本书第1章的“根据演示的用途决定PPT的配色”小节介绍了颜色以及根据不同用途要有不同的配色，本章将具体介绍颜色以及配色方法。

在制作PPT时排版合理、有创意、细节把握也很好，但是不会配色，这将直接影响演示文稿的整体效果。

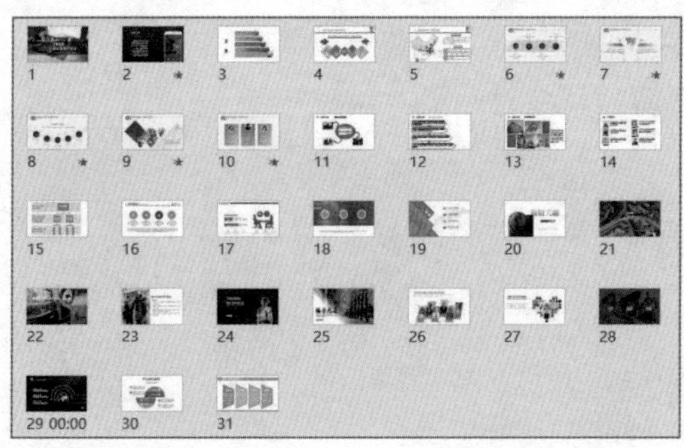

学习完配色的知识，会使PPT制作进入更高的级别。

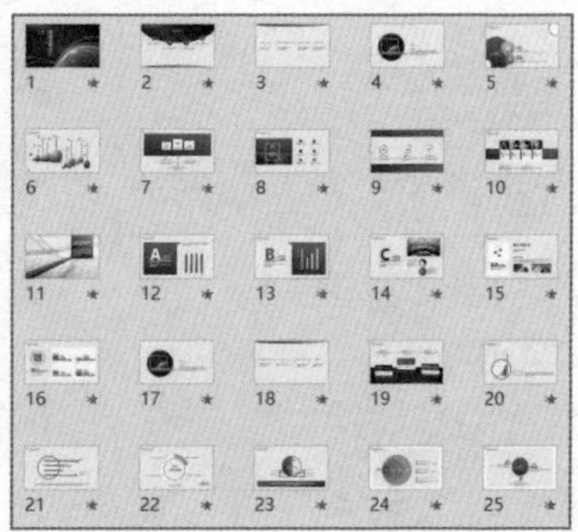

色彩的3要素

色彩可用色调（色相）、饱和度（纯度）和明度来描述。人眼看到的任一彩色光都是这三个特性的综合效果，这三个特性即是色彩的三要素，其中色调与光波的波长有直接关系，亮度和饱和度与光波的幅度有关。

在PPT中可以在设置颜色的列表中选择“其他**颜色”列表，在打开的“颜色”对话框中设置色彩三要素。例如在“形状填充”列表中选择“其他填充颜色”选项，打开“颜色”对话框，在“自定义”选项卡中调节三要素。

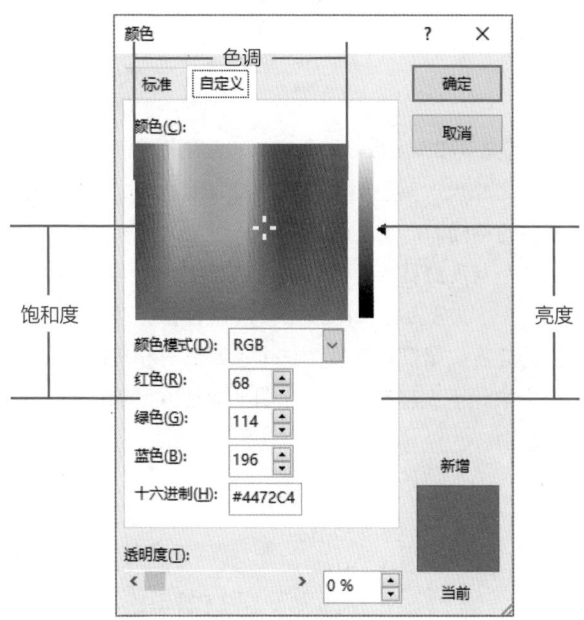

色相

色彩是由于物体上的物理性的光反射到人眼视神经上所产生的感觉。色相是色彩所呈现的质的面貌，是色彩彼此之间相互区别的标志。

色的不同是由光波长的长短差别所决定的，色相指的是这些不同波长的色的情况，其中波长最长的是红色，最短的是紫色。把红、橙、黄、绿、蓝、紫和处在它们各自之间的红橙、黄橙、黄绿、蓝绿、蓝紫、红紫这6种中间色共计12种色制作为色相环，如下图所示。

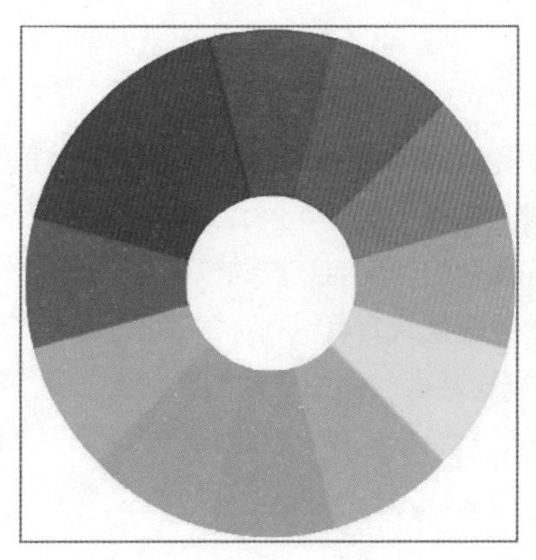

亮度

表示色彩所具有的亮度和暗度被称为明度。通常用反光率表示明度大小，反光率高，则明度高；反之相反。黄色明度最高，橙、绿次之，红、蓝、紫最暗，同一色相会因受光强弱的不同而产生不同的明度。

计算明度的基准是灰度测试卡，黑色为0，白色为10，在0—10之间等间隔地排列为9个阶段。色彩可以分为有彩色和无彩色，后者仍然存在着明度，作为有彩色，每种色各自的亮度、暗度在灰度测试卡上都具有相应的位置值。彩度高的色对明度有很大的影响，不太容易辨别。在明亮的地方鉴别色的明度比较容易，在暗的地方就难以鉴别。

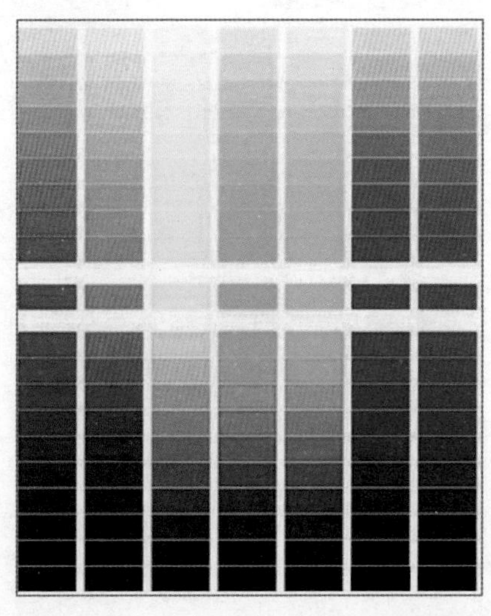

饱和度

饱和度是指色彩的鲜艳程度，也称色彩的纯度。饱和度取决于该色中含色成分和消色成分（灰色）的比例。含色成分越大，饱和度越大；消色成分越大，饱和度越小。无论哪种颜色都是饱和度越低越接近灰色。

注意颜色的亮度

在PPT中调整颜色的三要素时，饱和度是比较难控制的，一旦使用不好，做出来的PPT就会很亮，有种刺眼的效果。

为了保证PPT的视觉效果，我们可以调整颜色的亮度，在“颜色”对话框中将亮度的三角图标向下拖曳到合适的位置，单击“确定”按钮即可。

选择形状后，打开“颜色”对话框，向下拖曳亮度的三角形，右下角显示调整前后颜色的对比。

我们可以将形状填充不同亮度的颜色，增加页面的层次感。

色彩的三原色

扫码看视频

色彩里的大学问

三原色

三原色指色彩中不能再分解的三种基本颜色，三原色通常分为两类，分别为光学三原色和色彩三原色。

光学三原色，即红（R）、绿（G）、蓝（B）。光学三原色混合后，组成显示屏的显示颜色，三原色同时相加为白色，白色属于无色系（黑白灰）中的一种。若三种光的强度均为零，就是黑色（黑暗）。这就是加色法原理，被广泛应用于电视机、监视器等主动发光的产品中。

颜料三原色，即品红、黄、青（天蓝）。色彩三原色可以混合出所有颜料的颜色，同时相加为黑色，黑白灰属于无色系。

● 光学三原色

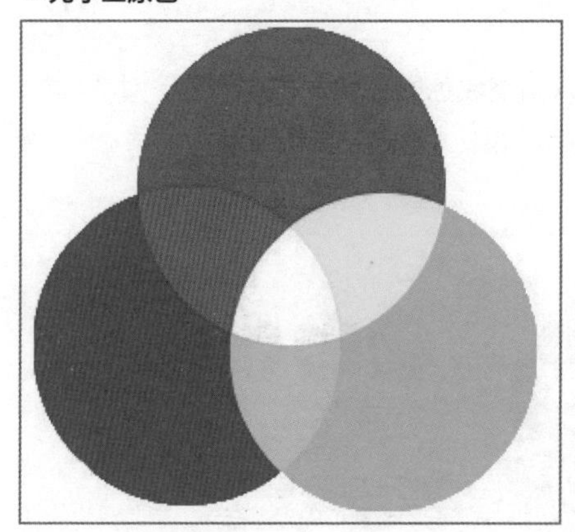

● 颜料三原色

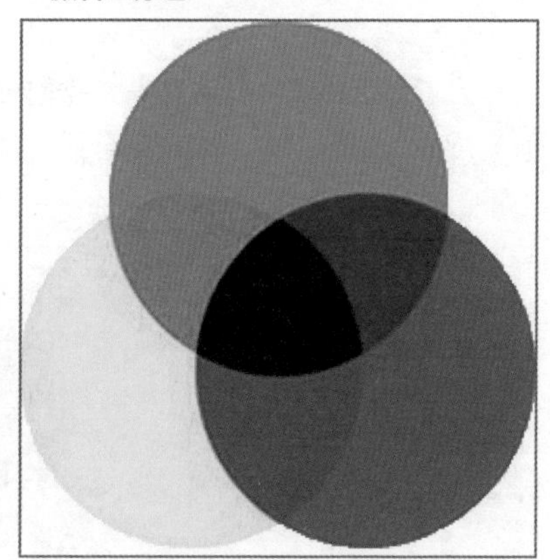

在第1节展示的12色色相环就是根据光学三原色混合形成的。美术上一般使用红、黄、蓝三原色，因为这很符合我们的日常使用习惯。

色彩的感知

扫码看视频

色彩里的大学问

颜色的色性

冷暖即色性，这是心理因素对色彩产生的感觉。

色彩学上根据人的心理感受，把颜色分为暖色调（红、橙、黄）、**冷色调**（青、蓝）、**中性色调**（紫、绿、黑、灰、白）。

当人们见到暖色类的色彩，会联想到阳光、火、鲜血等，产生热烈、欢乐、温暖、活跃等感情反应。若见到冷色类的色彩，会联想到天空、海洋、冰雪、青山、绿水等，产生宁静、清凉、深远、悲哀等感情反应。若见到中性色调类的颜色，会产生不冷不暖的感觉。

冷暖色给人们带来不同的心理感觉。不同色调应用在PPT中也是一样，下面展示暖色和冷色的效果。

● **暖色调PPT**

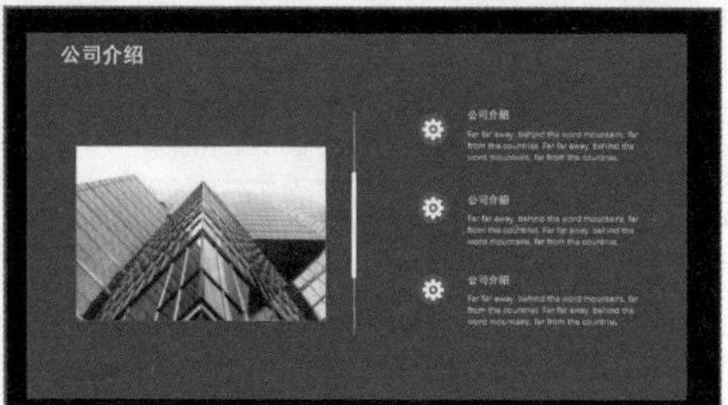

● **冷色调PPT**

常见颜色应用

在PPT中选择颜色时，首先要考虑是否符合展示的内容，切忌随意使用颜色。下面通过表格介绍常见颜色的使用规律。

颜色	感觉	适用的PPT
红色	热情、温暖、活泼、危险	金融财会、企业形象、政府党政机关
橙色	食物、夕阳、兴奋	工业安全、女性美容服饰、老年产品、餐饮
黄色	明朗、愉快、华丽、注意	餐饮、教育培训、交通指示、大型机械
绿色	新鲜、平静、活力、安全、生命力、安逸	服务行业、卫生保健、工厂
蓝色	深沉、平静、永恒、理智、寒冷	商业设计、科技产品
紫色	高贵、优雅、魅力、神秘、忧郁	女性产品、企业形象宣传
黑色	严肃、刚健、坚实、黑暗	科技产品、生活用品、服饰设计
灰色	平凡、谦虚、沉默、中庸、消极	金属相关的科技产品
白色	纯洁、朴素、神圣、明快	科技产品、生活用品、服饰

PPT的配色方案

根据标志或VI配色

扫码看视频

从标志或VI中取色

企业的**标志是企业的标志，代表着企业的形象**，其颜色搭配和形状都是设计师反复研究出来的。

企业VI为视觉识别，是CIS系统中最具传播力和感染力的层面。设计科学、实施有利的视觉识别，是传播企业经营理念、建立企业知名度、塑造企业形象的快速便捷之途。

我们在为企业制作PPT时，可以直接从标志或VI中取色，这是最稳当、最适合企业的配色方案。企业标志和VI中颜色有的是单色、有的是多色，此时要根据不同情况进行配色。

从标志和VI中取色，需要用到“取色器”功能，在第2章中已经介绍使用方法。下面以从标志中取色为例介绍吸取的颜色。

● 单色标志

● 双色标志

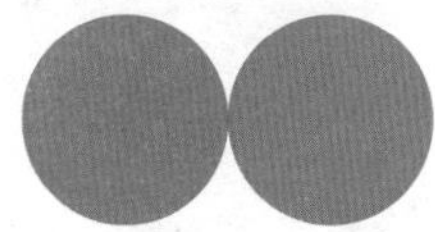

● 多色标志

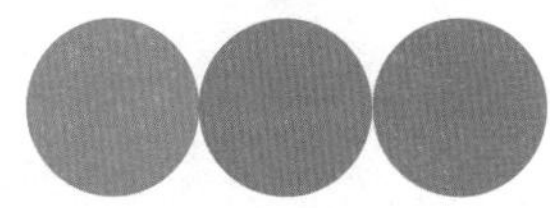

应用吸取的颜色

获取到标志中的配色方案后，就可以为PPT配色了，下面展示三种颜色对应的PPT配色效果。

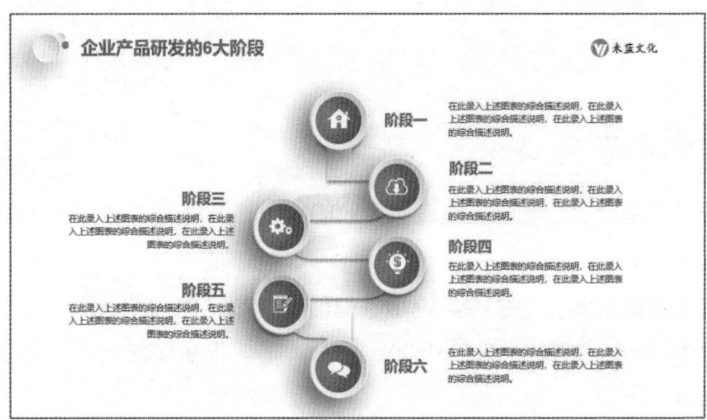

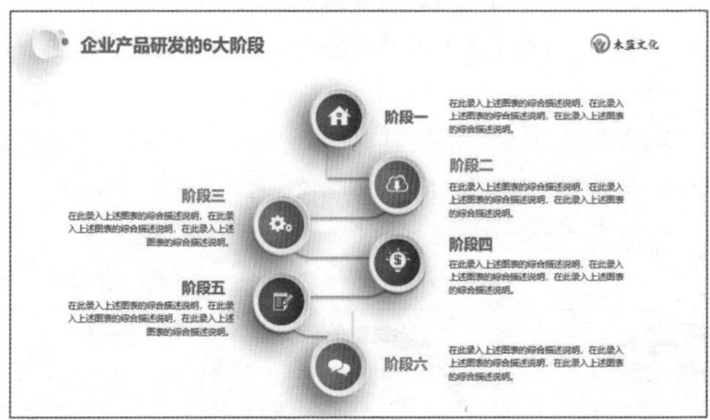

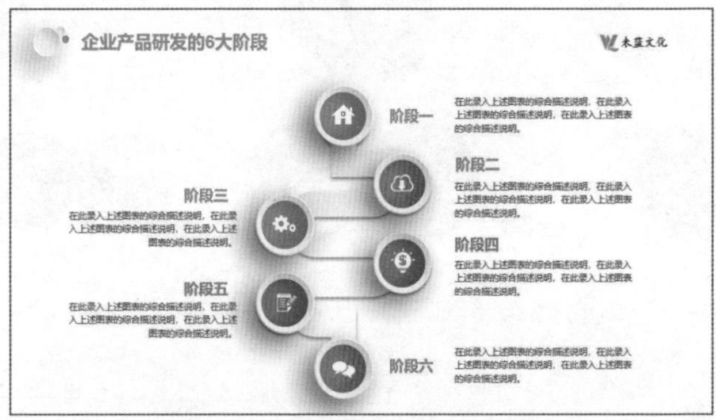

PPT的配色方案

根据行业的特点进行配色

扫码看视频

各行业的搭配色

各行各业都有着特定的色彩搭配，这是各行业经过长期的检验之后总结出来的。例如金融财会类以深蓝、黄色、深红色为主；高科技行业以黑、灰、蓝为主；制造业以蓝、黑、白、灰为主；医药行业以绿、蓝为主；政府党政机关以深红、黄、深蓝为主；教育行业以黄、橙和绿为主。

在众多的颜色里，有一个通用的颜色——蓝色，基本上可以应用在任意行业中，例如金融、科技、制造业、医药等。下面展示蓝色在科技和医药行业的应用效果。

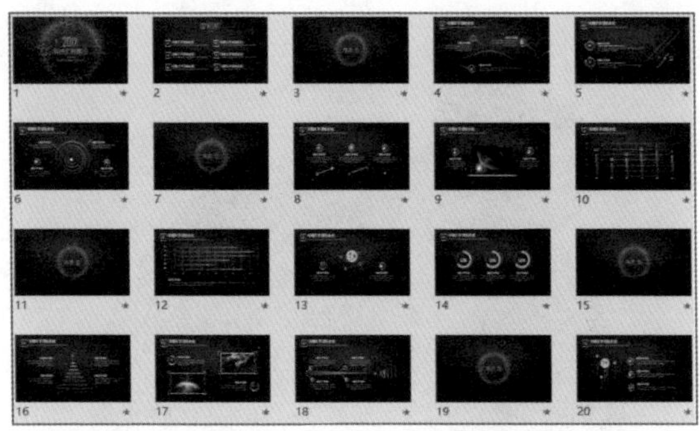

PPT的配色方案

其他安全配色方案

扫码看视频

同色系明暗变化

单色是由暗、中、明3种色调组成的。单色的搭配没有形成颜色的层次，只形成了明暗的层次。

同色系明暗变化，这样的色相对比，色相感就显得单纯、柔和、协调，无论总的色相倾向是否鲜明，都很容易统一调和。

同色系是指在某种颜色中，加白色明度就会逐渐提高，加黑色明度就会变暗，同时颜色的饱和度会降低。在色轮中同一颜色由里到外逐渐变暗，下面以蓝色为例展示明暗变化。

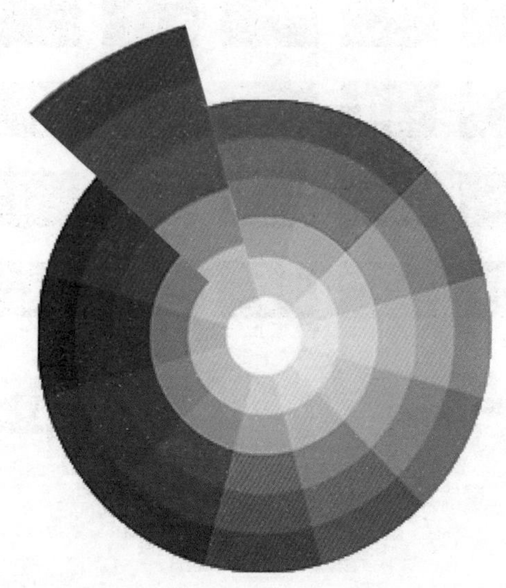

在PPT中使用同色系不同明暗变化的效果，视觉上会显得比较和谐，没有强烈的冲击感。

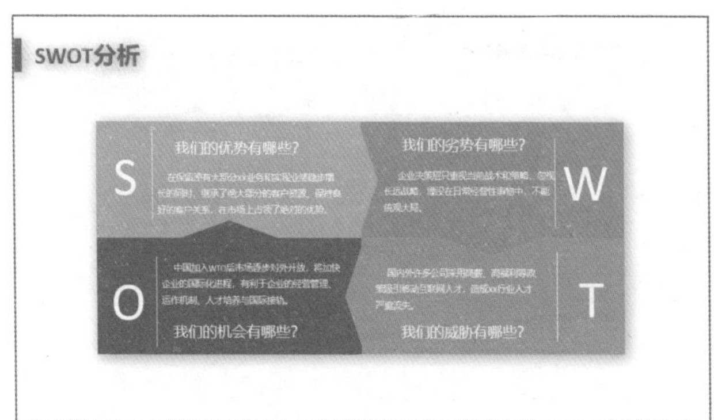

相近色搭配

用相近色对PPT进行配色，比较素雅、正式和严谨，而且整体画面比较统一。相近色是在色轮上90度内相邻接的色，例如红–红橙–橙、黄–黄绿–绿、青–青紫–紫等均为相近色。因为类似色是色彩较为相近的颜色，所以它们不会互相冲突。

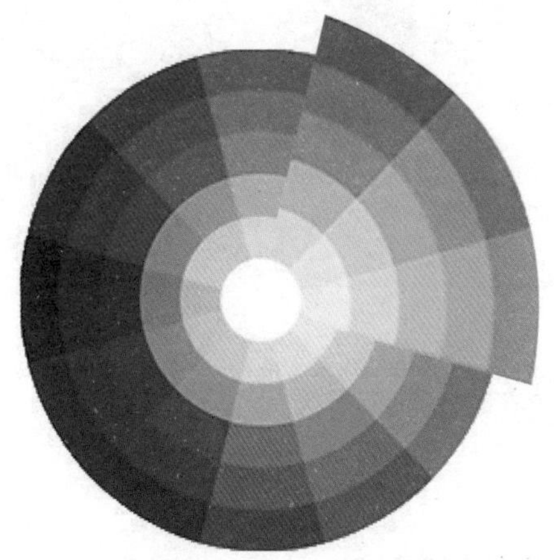

使用相近色作为PPT配色方案时，如果搭配不好会导致以下两个问题。

- 画面比较平淡，长时间观看会让人感觉枯燥乏味；
- 对象之间对比度不够，有时会让人忽略这之间的差别。

为了防止相近色出现以上问题，我们可以采取两种方案，方案一是使用双色配色时间隔一个颜色，并且使用相同明度的颜色。

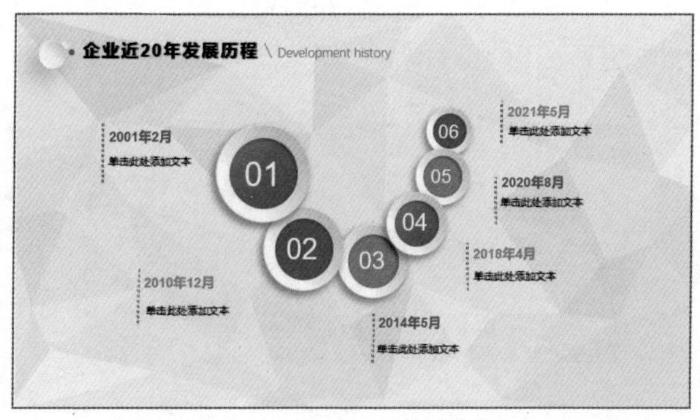

方案二是当使用相近色配色时，使用不同明度的颜色，最好中间间隔一个明度，对比的效果会更加明显。

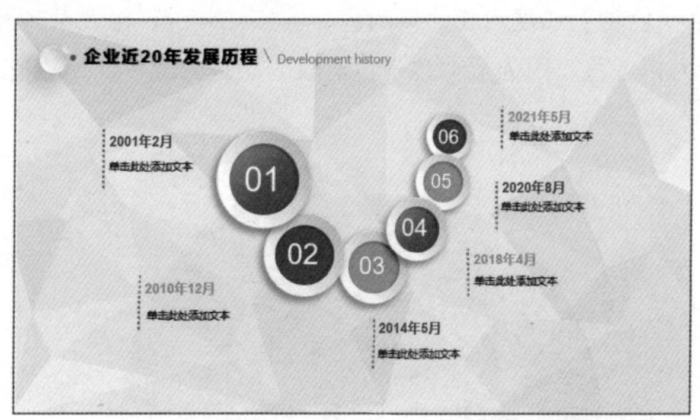

如果使用相邻两个色系，而且颜色的明度一致，其对比效果不是很明显，会导致以上介绍的两个问题。

强烈对比

以上介绍的单色明暗、相近色对比相对柔和，接下来介绍两种对比较强烈的配色方案，分别为对比色和互补色。

在色轮上距离角度为120度左右的两色为对比色，距离角度为180度的两色为互补色。

对比色效果强烈、醒目、活泼、丰富，但不容易统一，也易造成视觉疲劳；互补色效果很强烈、炫目，使用不当会有一种不安定、不协调的感觉，所以需要采用相关手段进行调和来改善对比效果。

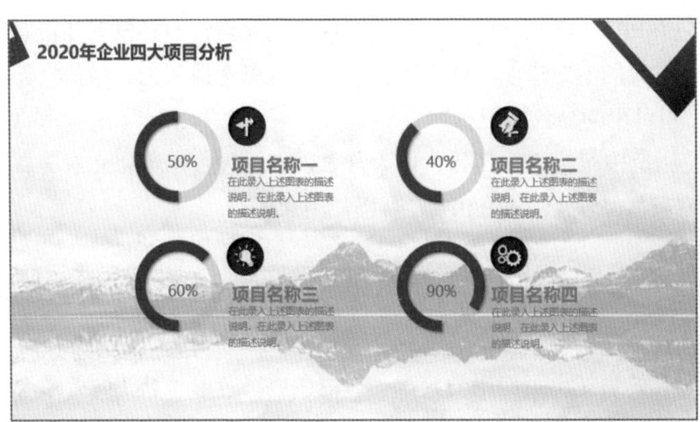

蓝红对比属于对比色，使用蓝色作为主色调，并大量使用，此时红色作为强调色是比较突出的。如果红色和蓝色占比为1:1，效果比较杂乱。

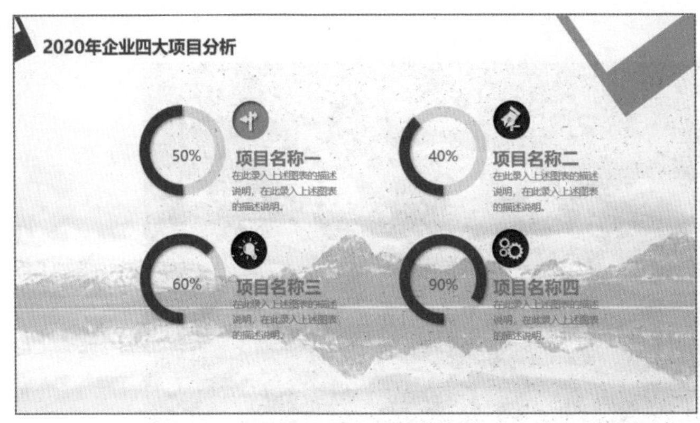

蓝黄对比属于互补色，但是黄色的投影效果不好，我们将黄色更换为相近的橙色，其对比效果差不多。

“灰”的魅力

扫码看视频

PPT中百搭色的使用

为什么单独研究灰色

灰色是一个“无彩色”，没有属于自己的色相和饱和度，只有明度，介于黑色和白色之间。灰色在PPT中默默无闻地修饰着任何主题元素，而且没有任何怨言。在制作PPT时，当我们不知道使用什么颜色时，就可以选择灰色，相信大部分PPT中灰色都是必不可少的颜色之一。

灰色在PPT中使用范围很广泛，例如，作为背景、表示过去、弱化元素等，所以我们要好好研究灰色，并且能够在PPT中合理使用灰色。

作为背景

灰色作为背景能有效烘托出页面中的元素，与白色或黑色形状渐变的效果会更好。下面使用深灰和黑色的渐变，使介绍的产品更具有科技感。

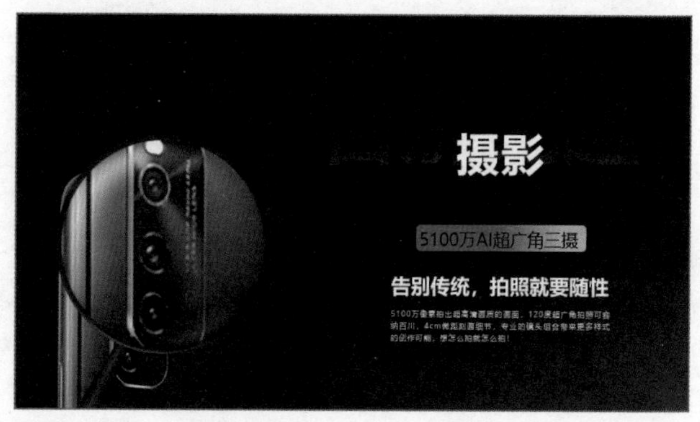

浅灰色作为背景时，画面简单清晰。下面使用纯灰色作为背景，页面中的橙色并不刺眼，看起来更和谐了。

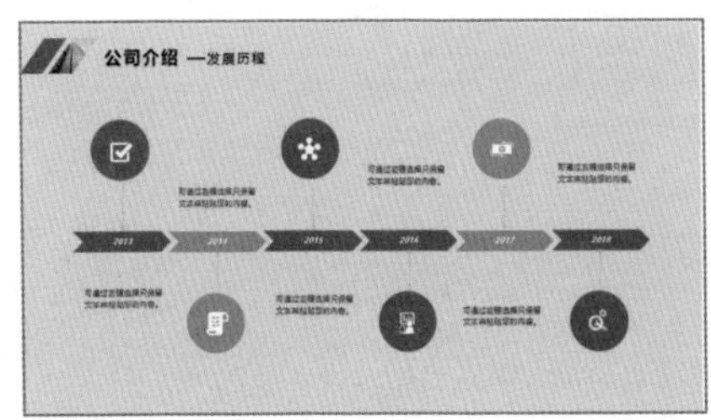

作为普通元素的颜色

灰色作为普通元素的颜色可以起到弱化元素的作用，从而突出其他重要的元素内容。灰色可以修饰的元素比较多，例如文本、形状、图片、图表等。

1. 文字

在PPT中将不重要的文字设置为灰色，使页面更干净，突出关键文本。

● 设置文本为灰色前效果

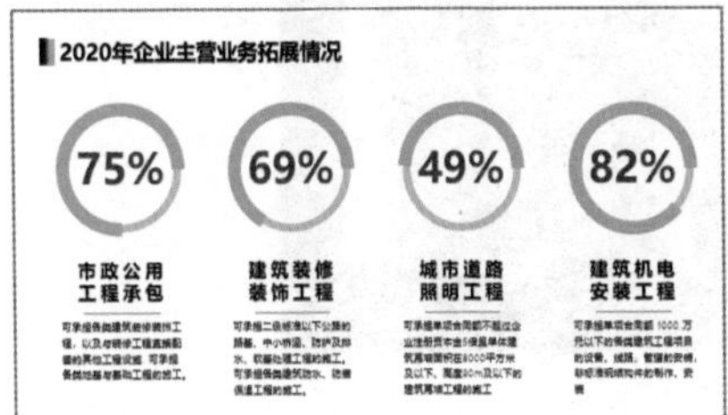

● 设置文本为灰色后效果

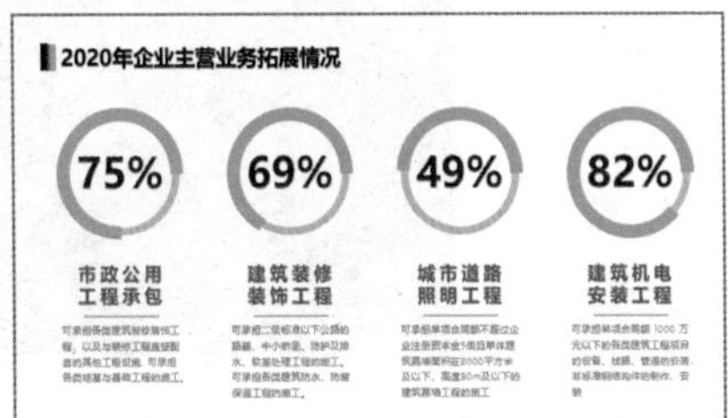

为了增加文字的层次感，可以将灰色搭配其他颜色使用。

● 设置前效果

● 设置后效果

2. 形状

在PPT中形状的颜色是比较难搭配的，使用主题色和灰色搭配使用，是PPT最安全的配色方案，特别是只有单一颜色时。这种效果不但使整体页面设计重点突出，而且内容更加丰富。

● 橙色和灰色搭配

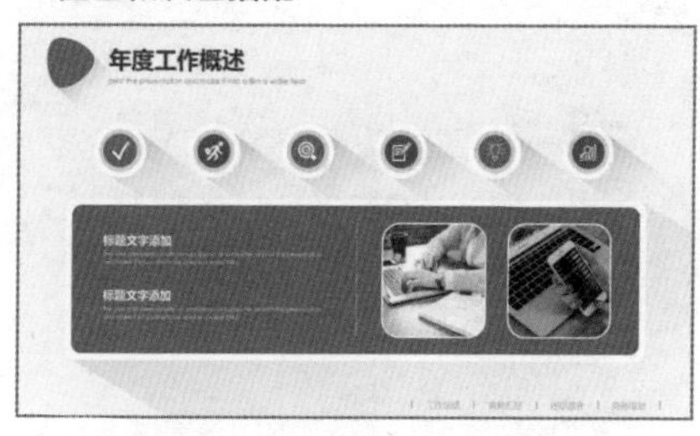

● 青色和灰色搭配

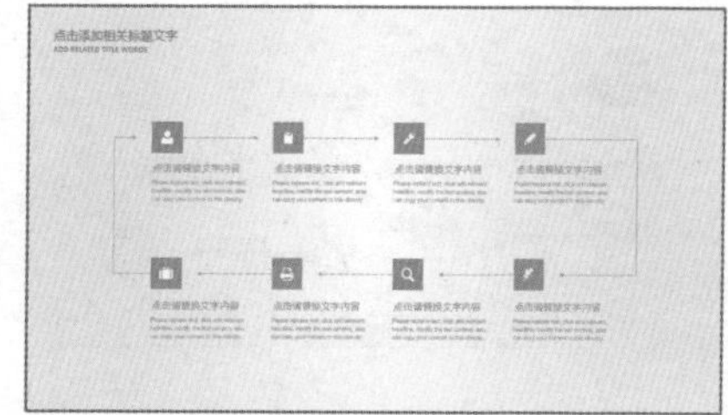

3. 图表

在图表中将不重要的部分或者过去时态的内容用灰色表示，需要突出的数据使用主题色，使数据一目了然。

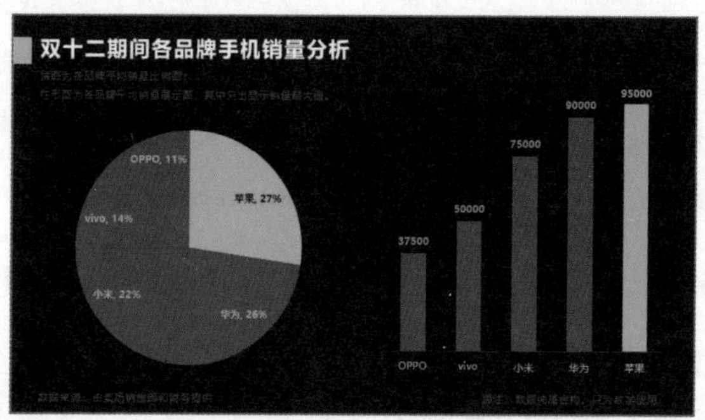

装饰PPT页面

当页面内容较少时，使用灰色形状作为辅助元素进行修饰可以起到美化PPT的作用。下面的幻灯片中圆形灰色形状起到补充页面的效果，能够让各元素连贯为一体。

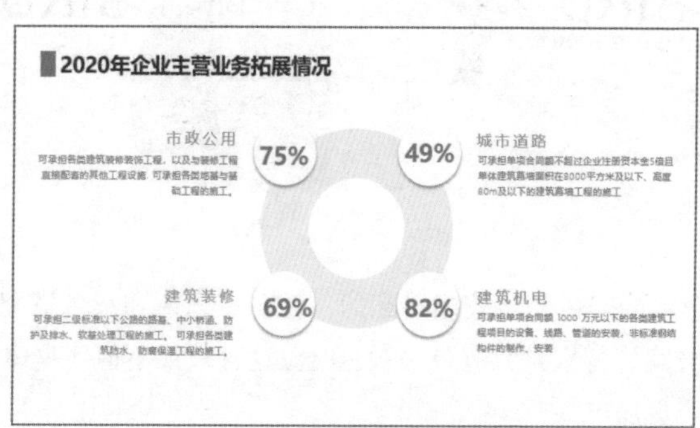

渐变色用处多

设置渐变的参数

PPT中谁可以应用渐变色

渐变色是指两种或两种以上颜色的过渡色。使用渐变色可以提升PPT的美观程度，因为一个好的渐变风格设计不仅能使整体的风格非常统一，页面的内容也会显得很丰富。

在PPT中，允许填充渐变颜色的元素主要有4种，分别为背景、形状、文字和线条。所以，我们只能为这4种元素设置渐变颜色。

设置渐变的参数

在PPT中无论为什么元素设置渐变，只要掌握好3种参数即可制作出美观的渐变色。这3种参数分别为：渐变类型、渐变方向和渐变光圈。

在PPT中渐变类型分别为：**线性、射线、矩形和路径**。

1. 线性渐变

线性渐变是沿着一条直线，从一边射向另一边的渐变方式。共包含8种渐变方向，分别为：左上到右下、向下、右上到左下、向右、向左、左下到右上、向下和右下到左上。下面以深蓝到浅蓝的渐变为例展示线性渐变的8种方向。

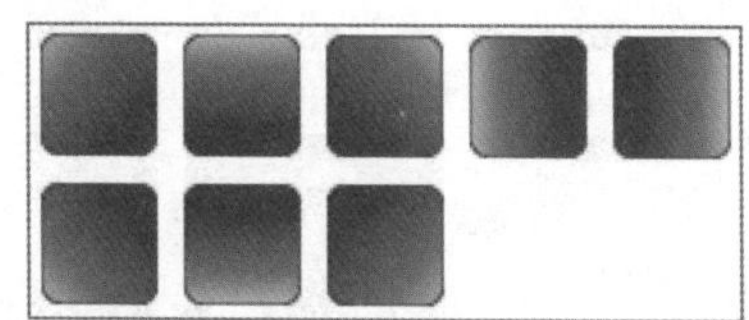

2. 射线渐变

射线渐变是颜色渐变形状为圆形的渐变。共包含5种渐变方向，分别为从右下角、从左下角、从中心、从右上角、从左上角。下面以深蓝到浅蓝的渐变为例展示射线渐变的5种方向。

3. 矩形渐变

矩形渐变是颜色渐变形状为矩形的渐变。和射线渐变一样共包含5种渐变方向。下面以深蓝到浅蓝的渐变为例展示矩形渐变的5种方向。

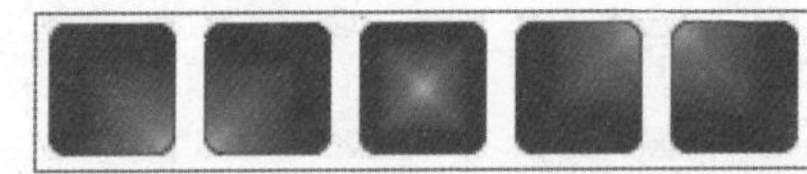

下面展示渐变色在PPT中的应用效果。

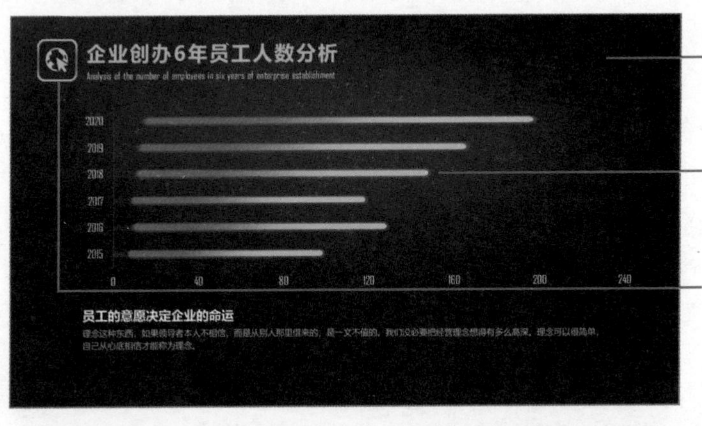

背景是蓝色到黑色的渐变。

形状是青色到蓝色的渐变。

矩形的线框也是青色到蓝色的渐变。

文字是白色到黑色的渐变，制作重叠的效果。

渐变色用处多

设置渐变色的方法

扫码看视频

设置渐变的窗格

在PPT中为不同的元素设置渐变时，可以在对应的导航窗格中设置渐变类型、方向、渐变光圈的颜色。

● 设置背景渐变

● 设置形状填充渐变

● 设置线条渐变

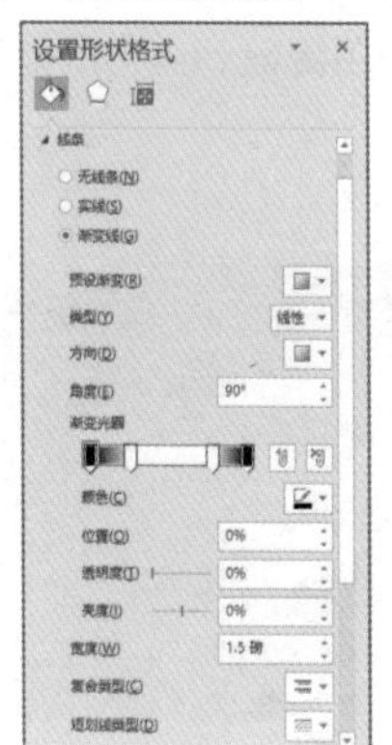

● 设置文本渐变

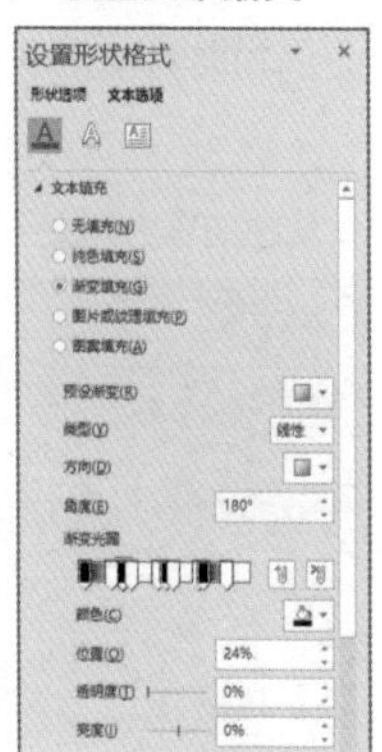

在对应的导航窗格中设置渐变类型和方向后，选中渐变光圈，在“颜色”列表中选择合适的颜色即可，还可以设置颜色的透明度和渐变光圈的位置。

如果需要添加渐变光圈，在颜色轨道上单击即可添加光圈，最多可以添加10个渐变光圈。如果要删除渐变光圈，直接将光圈拖曳到轨道之外即可，必须保留两个渐变光圈。

渐变的配色方案

我们可以参照之前介绍的配色方案，为不同行业设置对应颜色的渐变。下图为科技行业的PPT，其背景是蓝色到深蓝色的渐变。

我们还可以根据单色的明暗、相近色、对比色设置渐变。下面以设置幻灯片背景为例介绍几种配色的效果。

1. 单色的明暗渐变

通过颜色的明暗来设置渐变色，可以增加背景的层次感。本节展示的科技行业的PPT封面就是采用深蓝到蓝色的渐变，下面展示使用粉红色制作渐变效果。

● 从左向右的渐变

● 从上到下的渐变

2. 相近色渐变

相近色渐变过渡比较平和，例如将上述渐变修改为绿色到黄色的渐变。

● 从上向下的渐变

● 从上到下的渐变

3. 对比色渐变

对比色之间对比很强烈，我们可以适当设置透明度，使画面更加和谐。

● 从左向右的渐变

● 从左下到右上的渐变

这也很重要!

使用渐变背景切勿使用深色元素

优秀的渐变背景给人一种纯净的感觉，为了不破坏纯净感，在背景上千万不要使用深色的元素。例如将上方展示的幻灯片中的文本修改为黑色，感觉就不纯净了，总感觉画面中多了点脏脏的东西。

制作非常规的渐变

在PPT中使用任何一种渐变类型，都只能按照系统内置的方向设置渐变色，无论使用多少种颜色，渐变都是有规律的。像下图这样的渐变是如何制作的呢?

其实，这种效果是由2个矩形分别设置不同的渐变组合而成的，在设置渐变时要注意透明度和渐变光圈位置的设置。

下面详细介绍设置非常规渐变的方法。

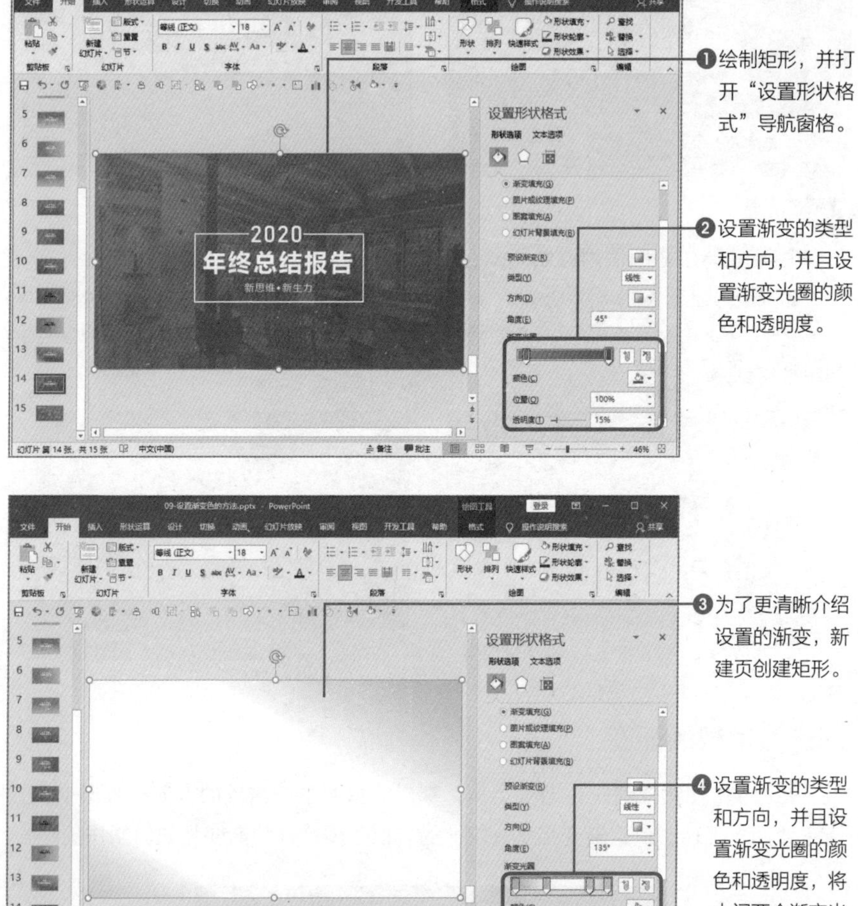

设置第2个矩形渐变时，根据需要设置渐变的颜色，并且中间光圈的颜色和两边相同，设置透明度为100%，相当于制作两个渐变的蒙版，最后将两个矩形合理摆放即可完成非常规渐变的制作。

渐变色的作用

渐变色用处多

设置形状为渐变色的作用

为形状设置纯色填充或者渐变填充，主要起到以下几个作用。

- 丰富背景的视觉效果；
- 遮挡干扰的信息；
- 补全页面的背景；
- 统一页面的风格。

由以上所展示的图片效果可见，渐变色作为背景使PPT更有层次感，而且不单调。在形状和图片相关的内容中我们也介绍过使用渐变形状遮挡干扰的信息和补全页面的背景，此处不再展示效果。

为形状设置PPT统一配色的渐变效果，并适当设置透明度可以统一页面的风格。当使用与PPT配色不同的图片时，将形状作为蒙版使用即可。例如PPT的配色为红色和橙色，但是使用的图片主题色是蓝色的，相差比较大，添加形状作为蒙版后，就和PPT的主题相符了。

● 图片主要颜色是蓝色

● 添加矩形蒙版后就统一风格

设置线条为渐变色的作用

为线条设置渐变色，通过颜色的变化可以呈现动态的感觉。如果PPT中线条比较多，会显示比较凌乱，此时可以为线条设置渐变色进一步弱化。

●折线为纯色填充

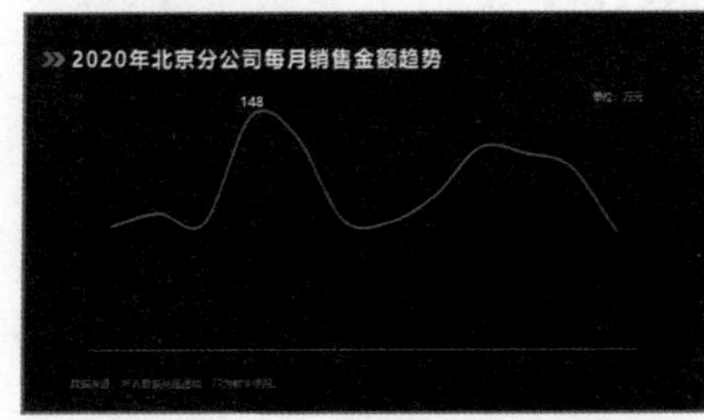

●折线为渐变色填充

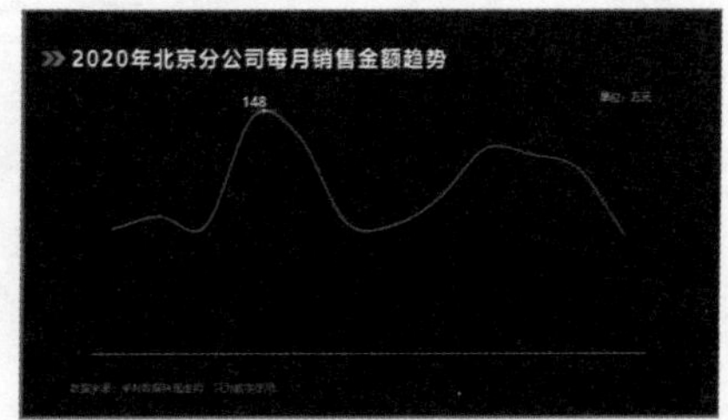

设置文字为渐变色的作用

在制作PPT时经常在深色背景中使用白色，在浅色背景中使用黑色或深灰色，用久了难免会审美疲劳。我们可以尝试为文字设置渐变色，当然要和整体配色一致，以保持整体视觉风格统一。

图中以蓝色为主色调，黄色为点缀色。将文本内容设置为黄色到蓝色的渐变过程，制作出文本的叠加效果，表现文本的层次，让文字与画面更融合。

这样的文本填充是如何制作的呢？其实就是通过设置渐变色实现的，下面介绍具体的操作方法。

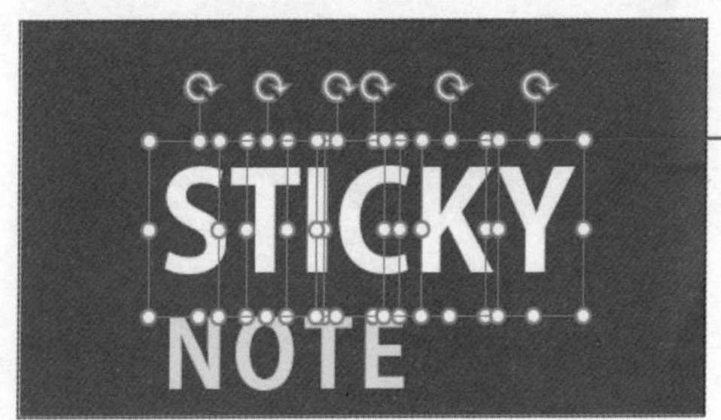

❶将英语单词中每个字母分别输入，并统一调整字体、字号，最后整齐地、合理地排列在一起。

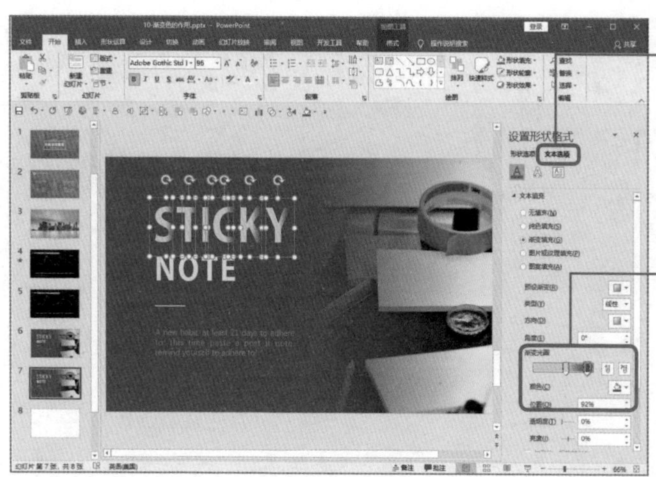

❷选中所有字母，右击，选择“设置对象格式”命令，打开“设置形状格式”窗格，单击“文本选项”链接。

❸设置文本为黄色到蓝色的渐变，调整黄色的渐变光圈使字母的右侧出现被遮挡的阴影效果。

调整完成后，再分别仔细观察每个字母是否需要调整，例如字母I的效果不明显，就再对渐变光圈进行微调，即可完成文本的设置。

我们还可以为同一文本框中的所有文本设置渐变填充，其设置方法和以上介绍的方法相同。例如，为了体现“乘风破浪”，将文本设置为海水的深蓝到蓝色的渐变。

PPT

第9章

让PPT炫起来的动画

必须掌握的动画基础知识

应用动画的原则

扫码看视频

动画的简洁原则

为PPT添加动画的目的是形成对比、逻辑更清晰，所以只要添加能说明观点的动画就可以了，不需要添加与主题无关的动画。

对于比较严谨的场合，或者时间比较紧急的报告，可以将修饰性的动画去掉，只保留演示的内容即可。

总之，动画的简洁原则主要体现在：**动画数量精简一点，节奏调快一点**。

初学PPT动画者最容易犯两个错误：

一是动作拖拉。生怕观众忽略了精心设计的每个动作，将动画速度放慢，殊不知缓慢的动作会快速消耗观众的耐心。所以，我们要不用缓慢动作，慎用中速动作，多用快速动作。

二是动作烦琐。在PPT中使用动画太多，给人一种非常杂乱的感觉，而且容易使观众分神。在每一页中最好不要超过5种动画，但是我们可以重复使用相同的动画，从而保持动画的一致性。

在下面的幻灯片中包含6种动画，这是它们同时运行的效果，像不像杂货店?

动画的适当原则

动画的适当原则主要体现在动画的多少和强弱两方面。

动画过多，会冲淡演示的主题、消磨观众的耐心；动画过少，会使展示效果平淡；动画太强，会过分吸引观众的注意力；动画太弱，会不够突出主题，逻辑也不清楚。所以该强调时要强调、该忽略时要忽略。

动画的幅度要和PPT演示的每个环节相吻合，不同的场合也要适量使用动画。课题研究、党政会议要少用动画，观众以老年人为主或呆板的人居多时也要少用动画，像个人简介、企业宣传、工作汇报、产品展示等要多用动画。

下图为课件的PPT，主要介绍关于梅花的古诗。为古诗文本设置“出现”动画并按词逐个出现，同时左上角的梅花慢慢向下旋转再慢慢向上旋转，给人一种被寒风吹过的感觉。

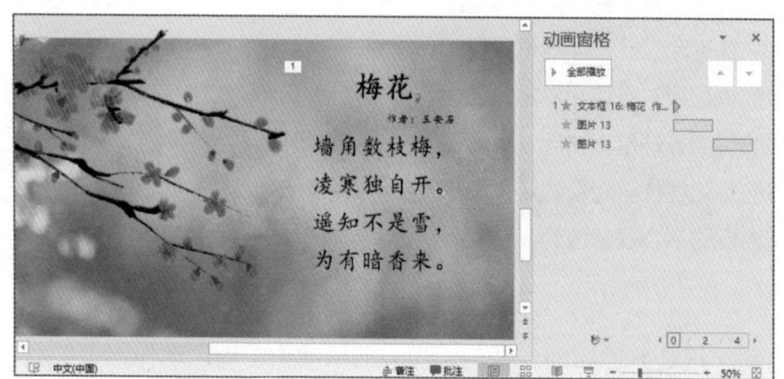

动画的对比原则

动画的对比原则即主次动画搭配合理，主动画要炫目，强调重点内容；次动画要衬托主动画。

动画设计的对比原则，则是通过改变元素的运动状态实现的，包括动静、快慢、向左向右、放大缩小等。

使用PPT动画的初衷在于强调一些重要内容。如果在观众观看画面时，突然有部分文字变大，此时观众会将目光集中在动画上，而且记忆深刻。所以，PPT动画一定要有对比，让重要内容醒目，有时可以舍弃画面的美观。

下图为重要的文本应用放大动画，使其为原来2倍大小，冲破了束缚它的符号，对比就很明显了。

● 动画前效果

如何突出幻灯片中
"重点内容"

● 动画后效果

如何突出幻灯片中
重点内容

动画的自然原则

在PPT中为元素添加动画也要遵循事件本身的变化规律，例如：

- 由远及近的时候肯定也会由小到大，反之亦然；
- 由远及近的时候也会由模糊到清晰；
- 球形物体运动时往往伴随着旋转和弹跳；
- 两个物体相撞时肯定会发生抖动；
- 场景的更换最好是无接缝效果；
- 物体的变化往往与阴影的变化同步发生；
- 物体的运动不会是匀速的。

……

任何动作都是有原因的，任何动作与前后动作、周围动作都有关联。所以制作动画时，除了要考虑对象本身的变化外，还要考虑到周围环境、前后关系等。

下面的幻灯片为圆形设置了从中心由小到大并旋转进入页面的动画。当圆形很小时，离我们视线较远，所以是模糊的。然后圆形随着慢慢变大逐渐清晰，并且伴随着旋转动画。

● 刚进入页面的效果

● 动画线束的效果

四种动画类型

必须掌握的动画基础知识

应有尽有的动画

PPT中的动画共包含4种类型，160多种动画，基本上涵盖所有我们能想象到的动画。这些动画可以满足我们大部分需求。

在页面中选中元素后，在“动画”选项卡下的“动画”选项组中单击“其他”按钮，在列表中会显示4种类型的部分动画。

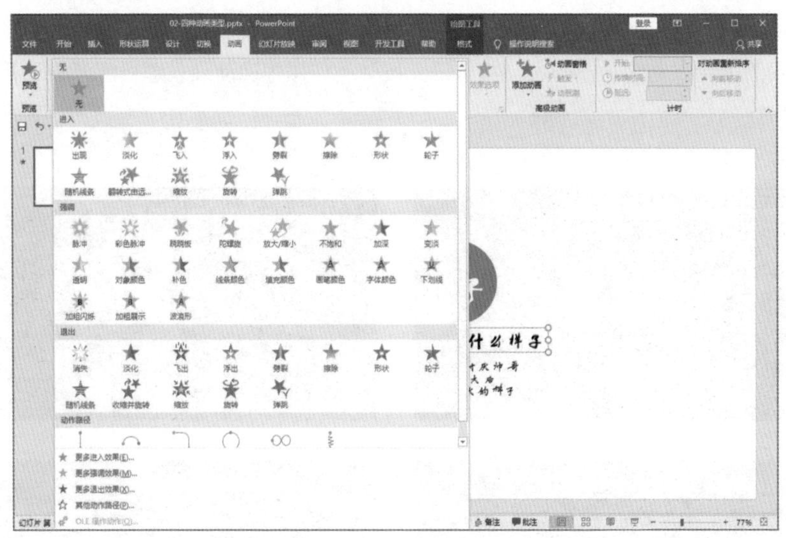

PPT中的4种动画类型分别为“进入”“强调”“退出”“动作路径”。在列表中绿色的为进入动画、黄色的为强调动画、红色的为退出动画、线条为动作路径。在列表中展示的动画不能满足我们需求时，可以在下方选择对应的选项打开对话框，该对话框中包含某一种类型的所有动画。其中进入动画40种、强调动画24种、退出动画40种、动作路径63种。

● 进入动画

● 强调动画

● 退出动画

● 动作路径

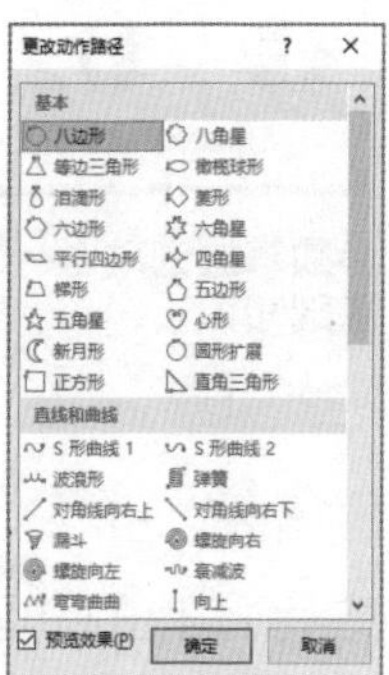

PPT中有这么多的动画，需要我们都掌握吗？当然不用。动画的对话框中对动画进行了分类，例如“基本”“细微”“温和”“华丽”等。在一些商务PPT中为了演示时整体效果更和谐，基本上使用比较细微、温和的动画，在突出重点时可以使用夸张的、华丽的动画。

我们为折线图应用基本的“擦除”效果，就可以展示折线的变化趋势。设置折线的擦除方向为从左向右，然后设置按分类应用擦除动画，即可逐渐显示每月的折线。

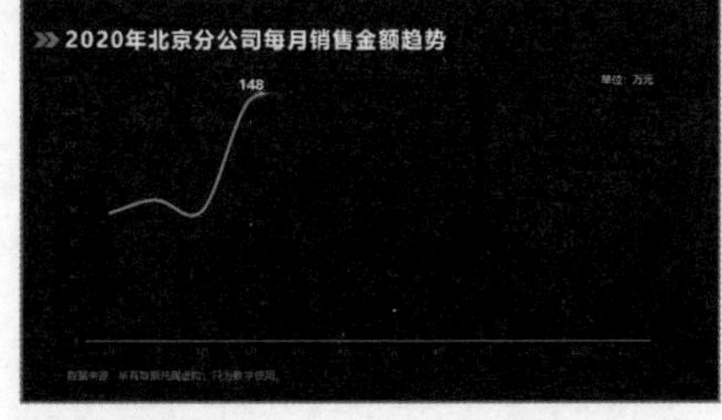

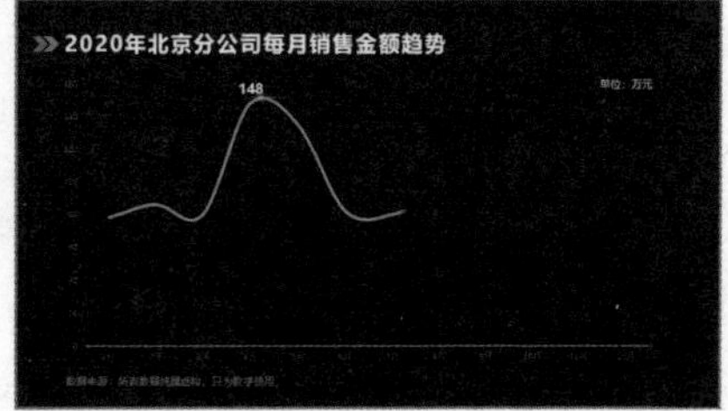

动画的设置参数

扫码看视频

必须掌握的动画基础知识

“动画”选项卡

我们为PPT添加动画后，一般情况下还需要进一步设置动画。选择添加动画元素后，会激活“动画”选项卡中的大部分功能。例如选择应用“浮入”动画的形状，“动画”选项卡如下。

下面介绍各选项组中各功能的含义。

- **预览：** 在“预览”选项组中单击“预览”下三角按钮，列表中“自动预览”是默认选中的。当为元素应用动画时，可以在页面中预览动画的效果，如果取消选择，则不显示动画效果。如果在列表中选择“预览”选项，就可以直接在页面中查看所有动画效果。
- **效果选项：** 当应用不同的动画时，“效果选项”列表中的选项也是不同的。

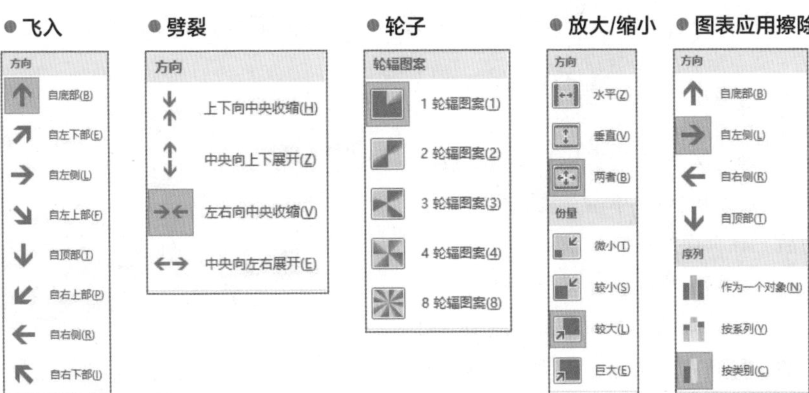

- **添加动画**：通过“高级动画”选项组中的“添加动画”功能可以为元素添加多个动画效果。其列表和“动画”选项组中“其他”按钮的列表相同。
- **动画窗格**：单击该按钮，打开“动画窗格”，显示页面中所有动画，基本上所有动画操作都可以在这里完成。
- **触发**：是指通过怎样的方式让当前元素的动画出现。选中应用动画的元素后，单击“触发”按钮，在列表中选择“通过单击”选项，在子列表中选择页面中对应的元素，单击该元素即可执行该动画，下面展示相关效果。

❶ 为两个人物添加进入和退出动画并设置触发。

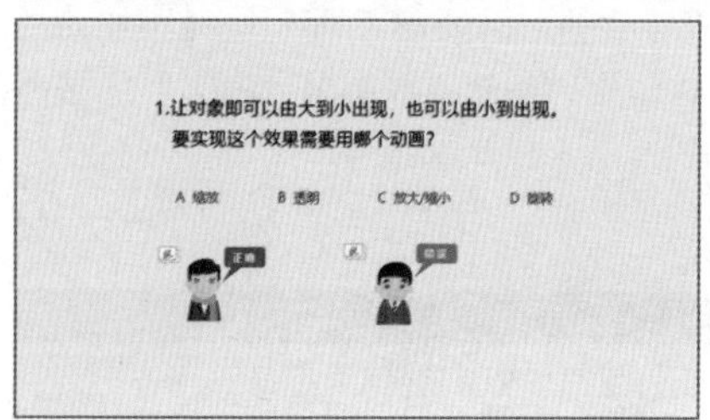

❷ 单击A时触发该人物动画。

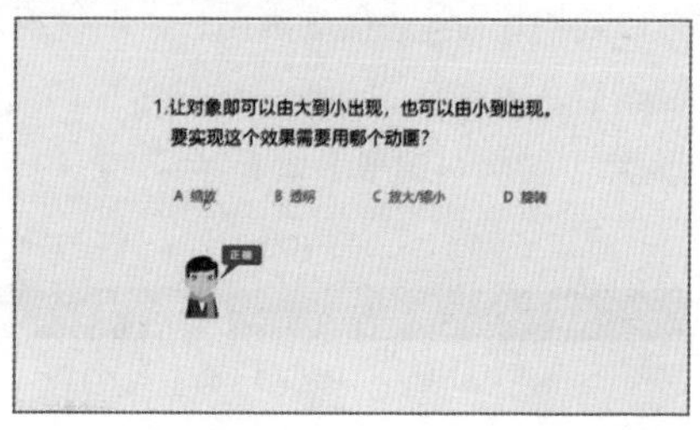

❸ 两秒后人物慢慢退出。

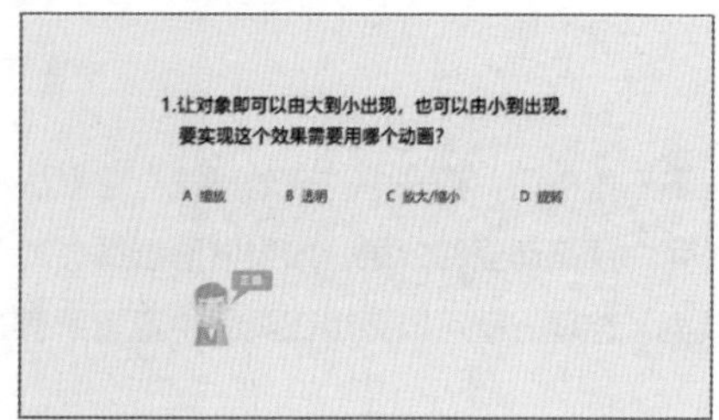

❹ 单击其他错误选项时，触发错误的人物动画。

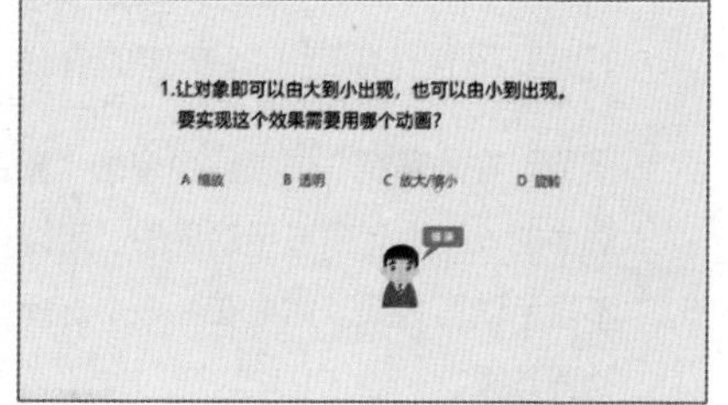

- 计时：设置动画时间的长短、开始的方式，也可以控制动画出现的顺序。

动画窗格

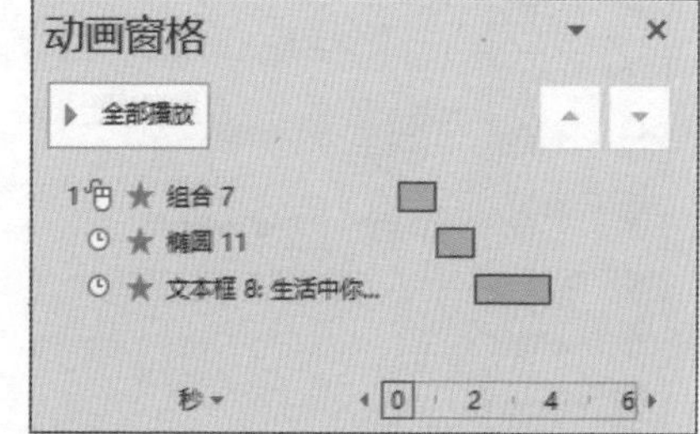

动画窗格可以设置所有动画参数，控制动画的效果。单击“动画窗格”按钮后，在页面的右侧显示动画窗格。

在动画窗格中选择某个动画后，可以通过右上角的向下和向上按钮调整动画的执行顺序。同时在该动画右侧显示下三角按钮，在其列表中可以设置动画开始的方式、计时、效果选项等。

下面介绍设置效果选项的相关参数。选择“效果选项”选项后会打开对应的动画对话框，其中包括“效果”“计时”选项卡。如果是为文本框或形状设置效果，还会显示“文本动画”选项卡；如果是为图表设置效果，还会显示“图表动画”选项卡。

● **“效果”选项卡**

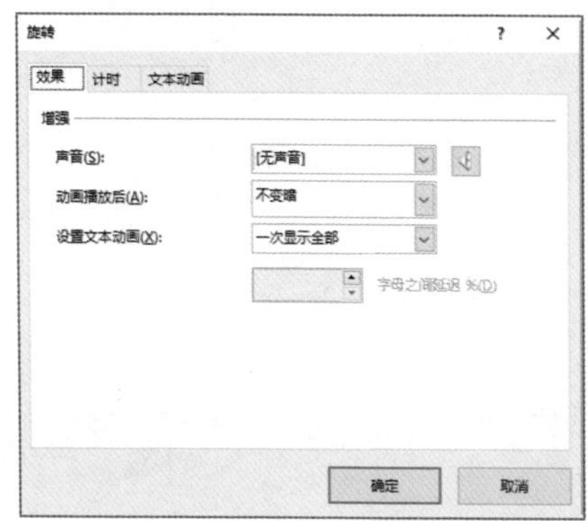

● **“计时”选项卡**

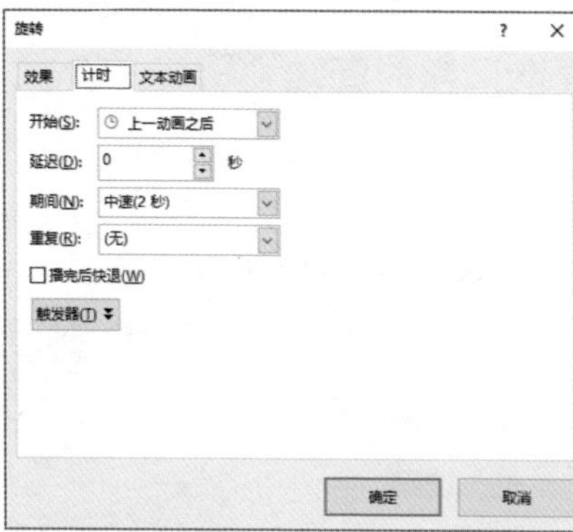

● **“文本动画”选项卡**

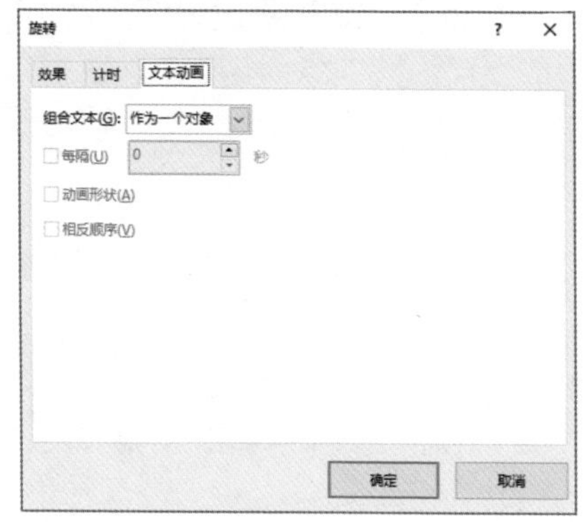

● **“图表动画”选项卡**

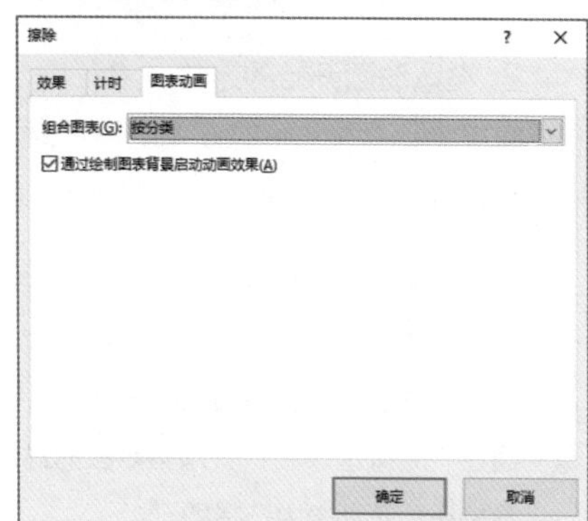

“效果”选项卡中设置是否有声音、是否变暗；“计时”选项卡中可以进行更详细的时间轴设定和触发器设定；“文本动画”选项卡中设置文字按哪个层级播放动画，以及播放的间隔和顺序；“图表动画”选项卡中设置图表按哪个层级播放动画。

动画的进阶应用

灵活设置动画的顺序和时间

扫码看视频

灵活调整时间轴

在PPT中添加动画，需要根据设计调整动画的执行顺序、持续时间、延迟时间等。

1. 调整动画的执行顺序

在PPT中主要有3种方法调整动画在播放时的顺序。

- 选择元素，在“动画”选项卡下“计时”选项组中单击“向前移动”或“向后移动”按钮；
- 在“动画窗格”中选择动画，单击右上角向上或向下按钮；
- 在“动画窗格”中选择动画，按住鼠标左键拖曳到合适的位置，释放鼠标即可。

2. 设置动画开始的方式

在PPT中动画开始的方式主要有3种：单击时、与上一动画同时、上一动画之后。下面介绍3种方法设置动画开始的方式。

- 选择元素，在“动画”选项卡下“计时”选项组中单击“开始”下三角按钮，在列表中选择即可。
- 在“动画窗格”中单击动画右侧下三角按钮，在列表中选择相关选项。
- 通过“效果选项”打开动画对应的对话框，在“计时”选项卡中单击“开始”下三角按钮，在列表中选择即可。

3. 设置动画的时间

在设置动画时，主要设置两个时间，分别为动画的持续时间和延迟时间。持续时间是指动画执行的时间，时间越长动画越慢。延迟时间是指在设置开始执行动画时向后推迟的时间。

我们可以通过3种方法设置时间，两种可以精确设置，一种可以粗略设置。

- 选择动画，在“计时”选项组中设置“持续时间”和“延迟”的数值。
- 通过“效果选项”打开动画的对话框，在“计时”选项卡中设置“期间”和“延迟”的值。
- 在“动画窗格”将光标移至动画的矩形的边上变为左右箭头 ⇹ 时，按住鼠标左键拖曳即可调整动画持续时间。光标移到动画的矩形上方变为 ⟷ 时，按住鼠标左键拖曳可调整动画延迟时间。

设置动画时间的案例

下面通过为图片应用“缩放”动画，设置动画的持续时间、延迟时间，制作从幻灯片中心由小变大并消失的动画效果。

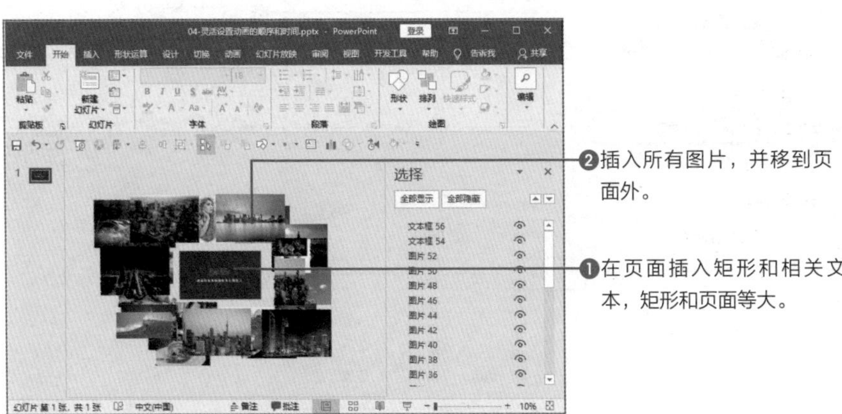

❸所有图片应用“缩放”动画，设置不同的持续时间。使用鼠标拖曳动画时间轴，任意调整延迟时间，使动画更有空间感。

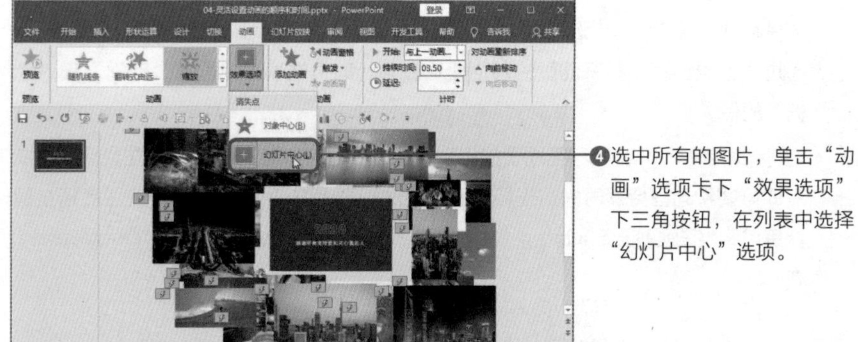

❹选中所有的图片，单击“动画”选项卡下“效果选项”下三角按钮，在列表中选择“幻灯片中心”选项。

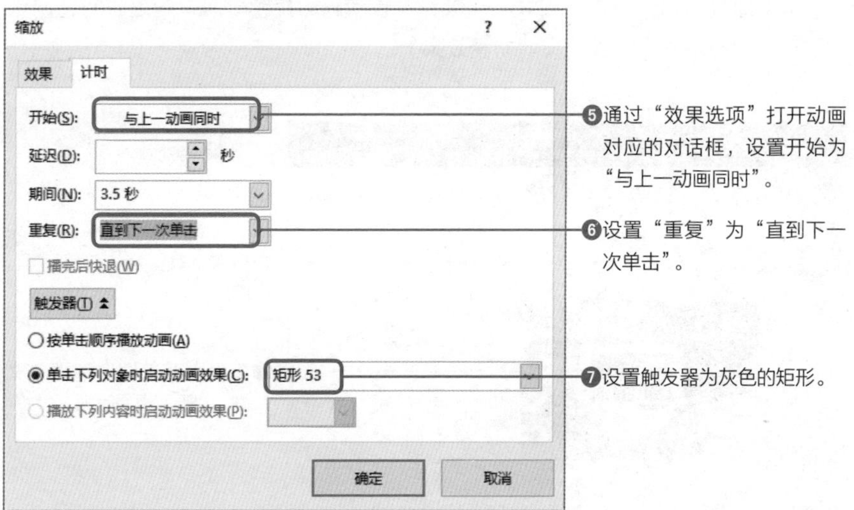

❺通过“效果选项”打开动画对应的对话框，设置开始为“与上一动画同时”。

❻设置“重复”为“直到下一次单击”。

❼设置触发器为灰色的矩形。

这也很重要!

颜色打字机动画

我们在为文本设置动画时，经常用“颜色打字机”动画，该动画可以按字、词逐个出现在页面中，还可以添加声音。当文本比较多时不适合使用该动画，因为很容易让观众崩溃。

动画的进阶应用

动画的叠加和衔接

扫码看视频

叠加

为了使动画更符合逻辑或者规律，一般都会叠加使用动画。例如为对象添加进入动画，然后再添加强调动画以突出重要内容；添加进入动画，再添加退出动画，以使逻辑更清晰。比较常用的叠加动画有缩放和陀螺旋、路径和陀螺旋、放大和路径、淡出和脉冲等。

为对象应用叠加动画时，首先通过“动画”选项组添加第1个动画，然后通过“高级动画”选项组中“添加动画”功能添加其他动画，可以是1个也可以是多个动画。如果在“动画”选项组中添加动画后，还在“动画”选项组中继续添加动画，那么会覆盖之前的动画效果。

下面展示擦除和放大/缩小叠加动画的效果。

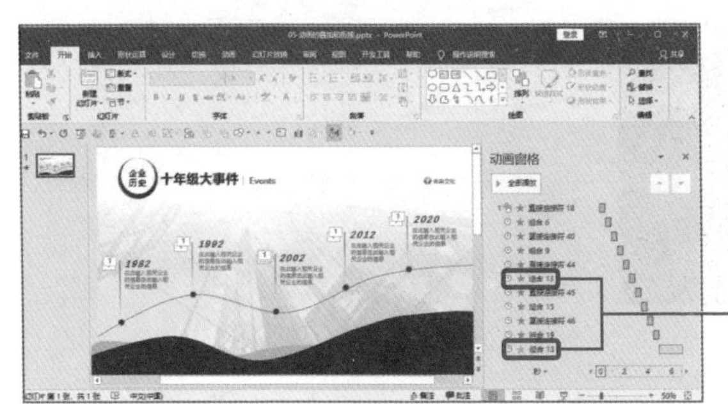

为组合13的文本框添加擦除和放大/缩小两种动画。

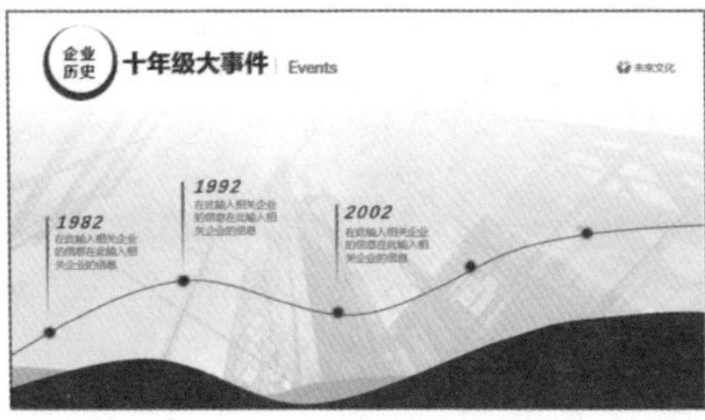

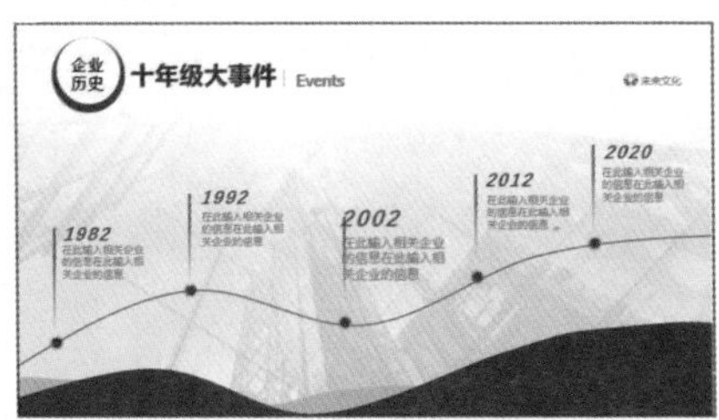

播放演示文稿时，首先执行擦除动画，当所有内容显示后，再执行放大/缩小动画，进一步突出2002年的相关内容。

第2章“高效的两把刷子”一节中介绍过使用“动画刷”展示文字下方跳舞的腿，就是“出现”和“消失”动画的叠加效果。

衔接

衔接就是指将多个对象应用动画后动画之间相互连接，不会出现断开现象，也就是我们通常设置的“从上一项之后开始”。

在设置动画衔接时，只需要设置好“从上一项之后开始”，或者合理安排延迟的时间即可。

“4种动画类型”一节中展示了折线图的动画，要使各对象之间无缝衔接，否则折线出现断裂，会影响展示的效果。所以在为图表添加动画时，一定要注意衔接问题。

下面展示为饼图添加“轮子”动画，按顺时针逐个显示各扇区的方法。

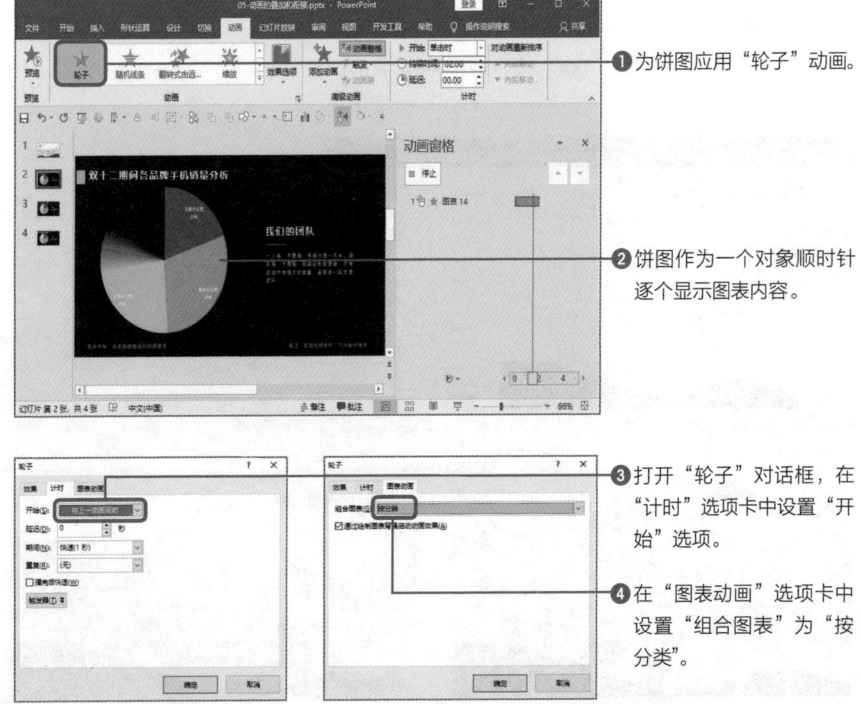

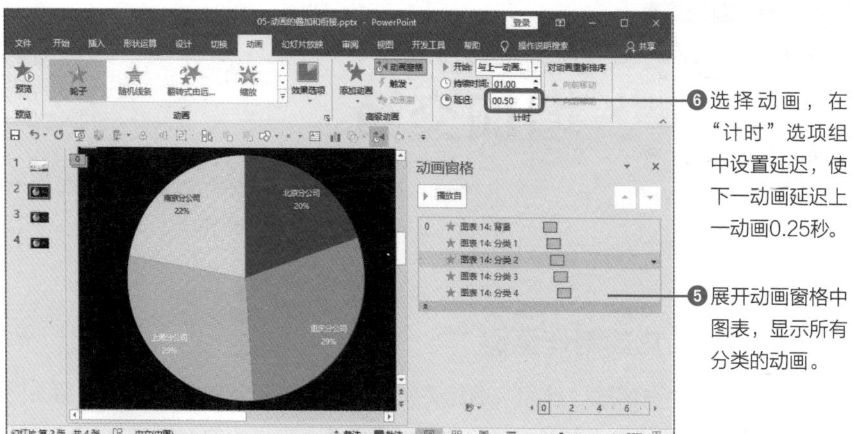

动画设置完成后，播放演示文稿时饼图的动画效果如下。

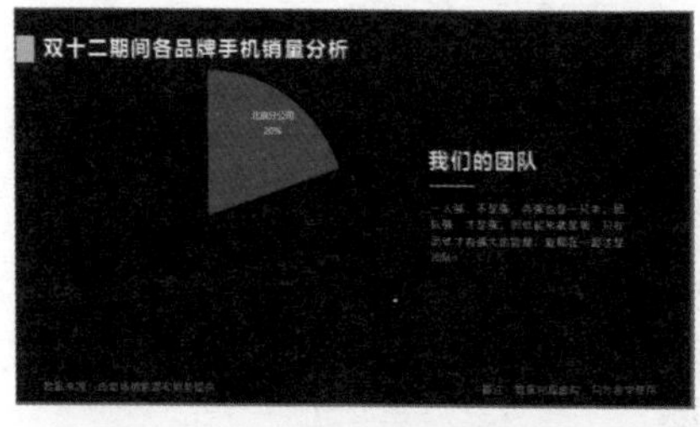

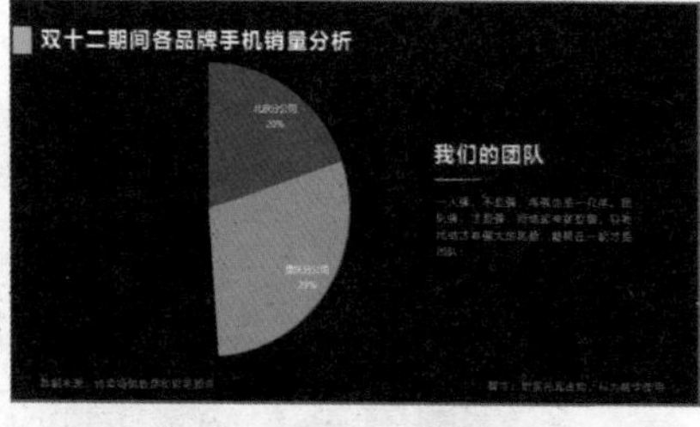

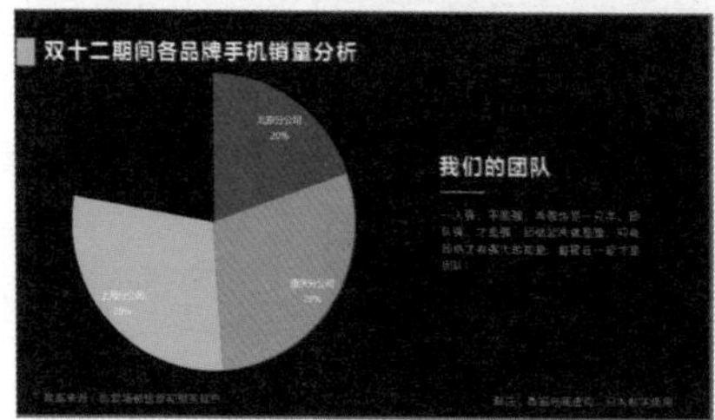

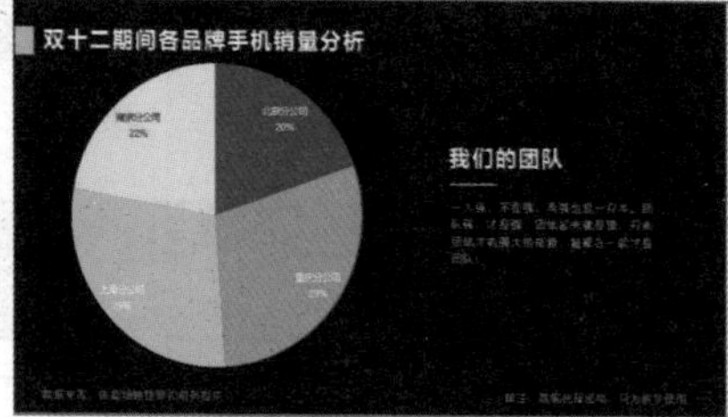

这也很重要!

逐个显示柱形图

柱形图也可以通过“擦除”动画让每个柱形逐个显示，更好地展示数据。在“效果选项”列表中可以按系列、按类别、按系列中的元素、按类别中的元素显示数据。

动画的进阶应用

通过触发增加交互

扫码看视频

通过“触发”功能制作案例

本章第3节中介绍过“触发”的相关知识，下面通过“触发”功能介绍在同一页面中单击图片，在右侧显示该图片的大图以及文本说明的方法。

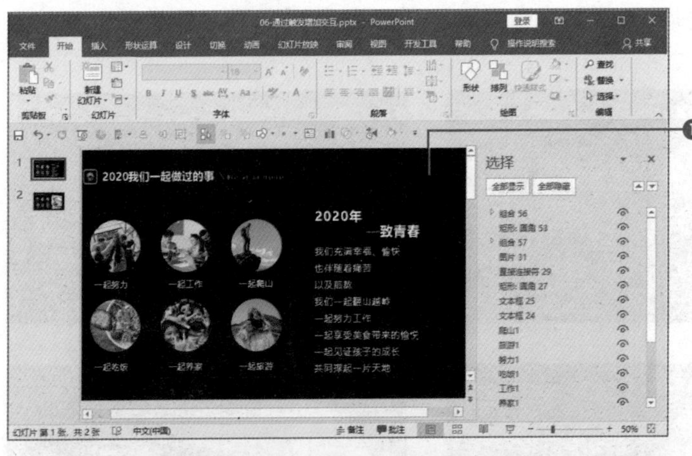

❶在页面中制作好相关内容，左侧显示6张小图片，读者可以根据喜好进行排版；右侧显示文本框。我们将实现单击左侧小图片，在右侧显示对应的大图片和说明的效果。

❷为了展示效果更清楚，将右侧文本移动到页面外。然后添加图片和文本说明，并组合在一起，为其添加“浮入”进入动画和“淡化”退出动画。

❸根据相同的方法将其他对应的图片和说明文本也应用相同的动画效果，然后将右侧所有内容排放在一起。此时不用考虑层次问题。

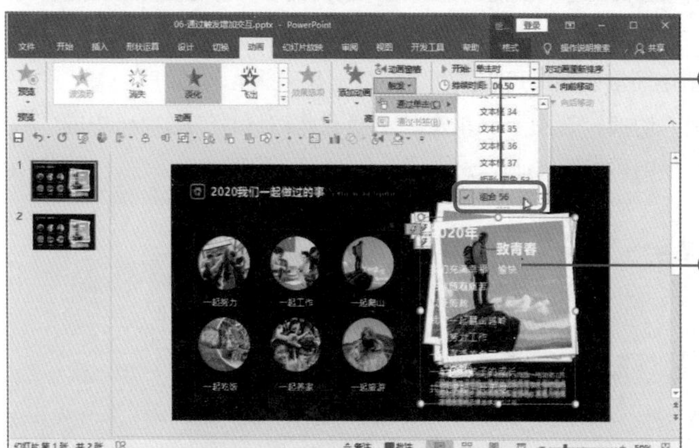

❺单击"高级动画"选项组中"触发"下三角按钮，在列表中设置触发为其本身。

❹首先为文本框设置触发，选中"组合56"对应的文本框。

❻根据相同的方法设置右侧图片的触发为左侧对应的图片。放映演示文稿时，单击左侧图片，在右侧显示该图片和说明，再次单击右侧内容退出页面，再根据相同的方法介绍其他图片内容即可。

在本案例中为右侧图片添加"浮入"和"淡出"动画后，不需要进行其他设置，只保持默认的单击开始即可。

幻灯片之间的衔接

切换动画的3大类型

扫码看视频

切换动画

切换动画主要是控制页面与页面之间的转场，使页面之间的过渡更加顺畅。应用这一功能使放映时相对于传统的幻灯片更加生动、有趣。PPT中包含3大类，49种切换动画，适合制作简洁画面的PPT，也适合制作有一些情节的PPT。

在PPT中切换至“切换”选项卡，单击“切换到此幻灯片”选项组中的“其他”按钮，即可展示所有的切换动画。

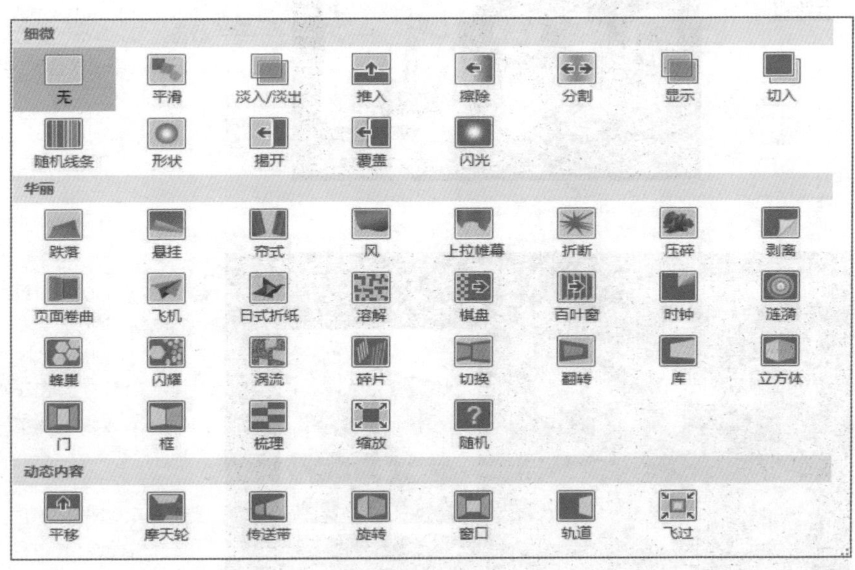

当选择一种切换动画后，在该选项组中单击“效果选项”下三角按钮，在列表中展示该动画的其他效果。选择不同的切换动画，其列表中的选项也不同。

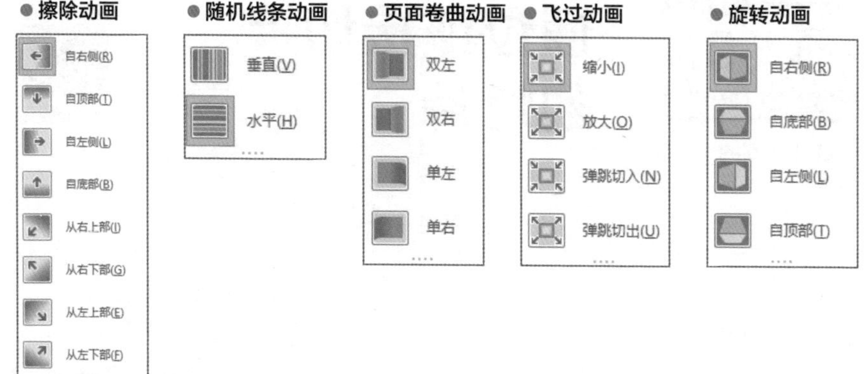

设置切换动画的参数

为幻灯片应用切换动画后，在“切换”选项卡的“计时”选项组中激活相应的功能，这些功能可以进一步设置切换动画的效果。

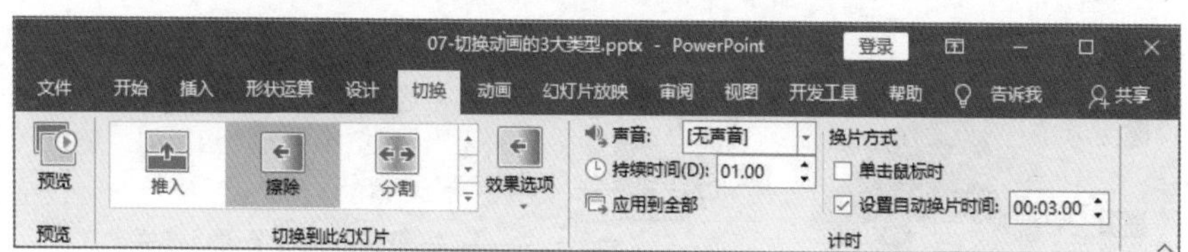

“预览”选项组中的“预览”按钮，可以在页面中预览设置的切换动画的效果。“计时”选项组主要设置切换动画的声音、持续时间、换片的方式等。

- “声音”：单击右侧下三角按钮，在列表中显示19种内置的声音效果，也可以选择“其他声音”选项，在打开的对话框中设置外在的声音。添加声音时一定要谨慎，否则会让观众产生突兀的感觉。
- “换片方式”：有两种换片方式，而且两种方式可以同时使用。“单击鼠标时”表示放映时单击鼠标即可执行切换动画，“设置自动换片时间”表示幻灯片在设置的时间内可以自动切换不需要人工操作。
- “应用到全部”：单击该按钮，将幻灯片中设置的切换动画应用到演示文稿的其他幻灯片中。

通过链接切换幻灯片

幻灯片之间的衔接

添加超链接

通过添加超链接可以跳转到当前演示文稿中指定的幻灯片、网页、文件夹和电子邮件等。

下面通过案例介绍在演示文稿中创建超链接的方法，在目录页中单击“工作完成情况”文本即可跳转到第7页幻灯片。

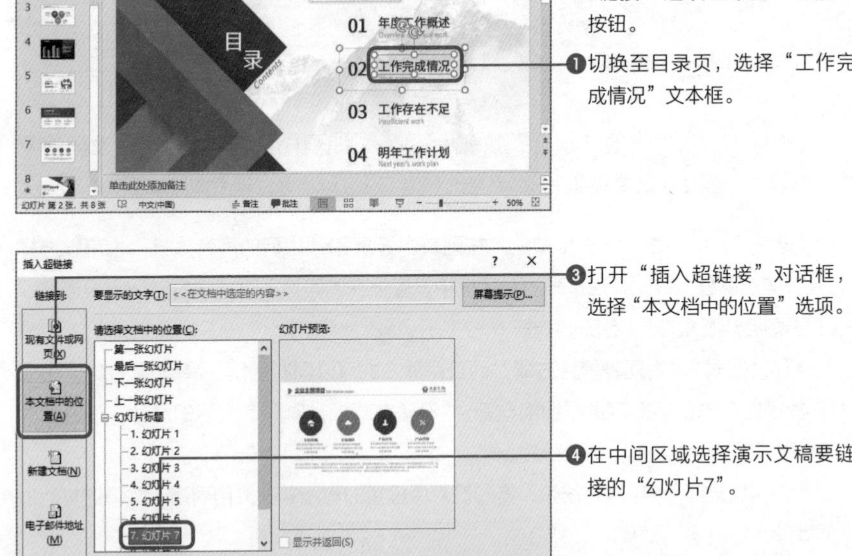

设置完成后即可为“工作完成情况”文本设置超链接。当放映时，光标移到该文本上时变为小手形状并单击即可直接从目录页跳转到第7张幻灯片。在页面中光标定位在该文本上时，显示链接的幻灯片以及“按住Ctrl键并单击可访问链接”文本。

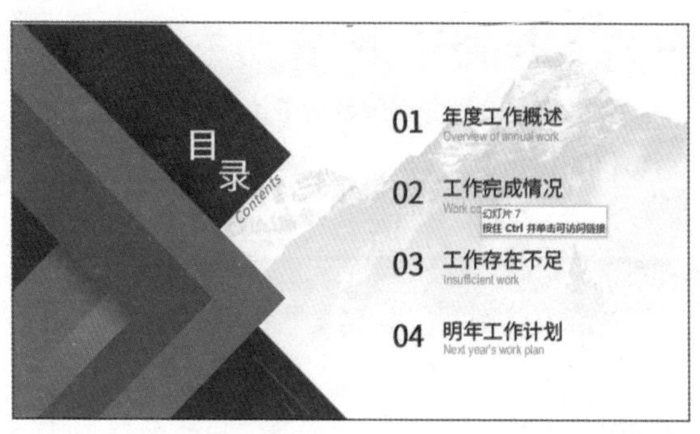

如果不希望显示链接的幻灯片名称，我们也可以修改。再次打开“插入超链接”对话框，单击右上角“屏幕提示”按钮，在打开的对话框的“屏幕提示文字”文本框中输入提示信息，依次单击“确定”按钮。之后当光标定位在链接文本上时，就只显示设置的文本内容了。

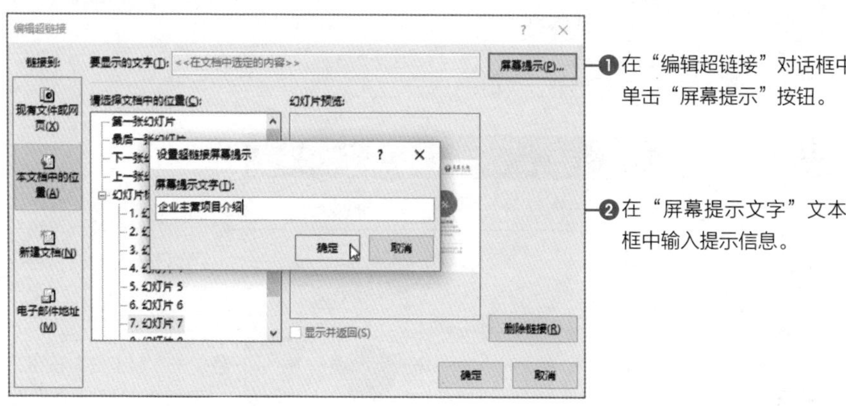

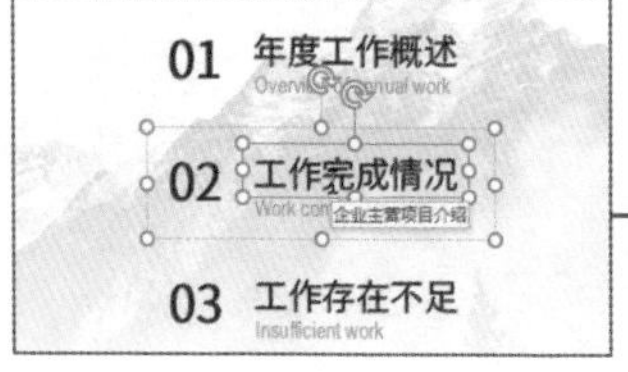

❸光标定位到链接文本上时，在右下角显示设置的提示信息。

添加动作按钮

在PowerPoint中，动作按钮的作用是当单击或鼠标指向按钮时产生某种效果。

在放映演示文稿时，从当前幻灯片跳转到其他幻灯片时，除了使用超链接外，还可以通过动作按钮来实现。

例如，通过超链接跳转到第7张幻灯片后，还需要返回目录页，此时，我们可以在第7张幻灯片中添加动作按钮，只需单击该按钮就可以完成上述动作。

下面介绍使用动作按钮切换幻灯片的方法。

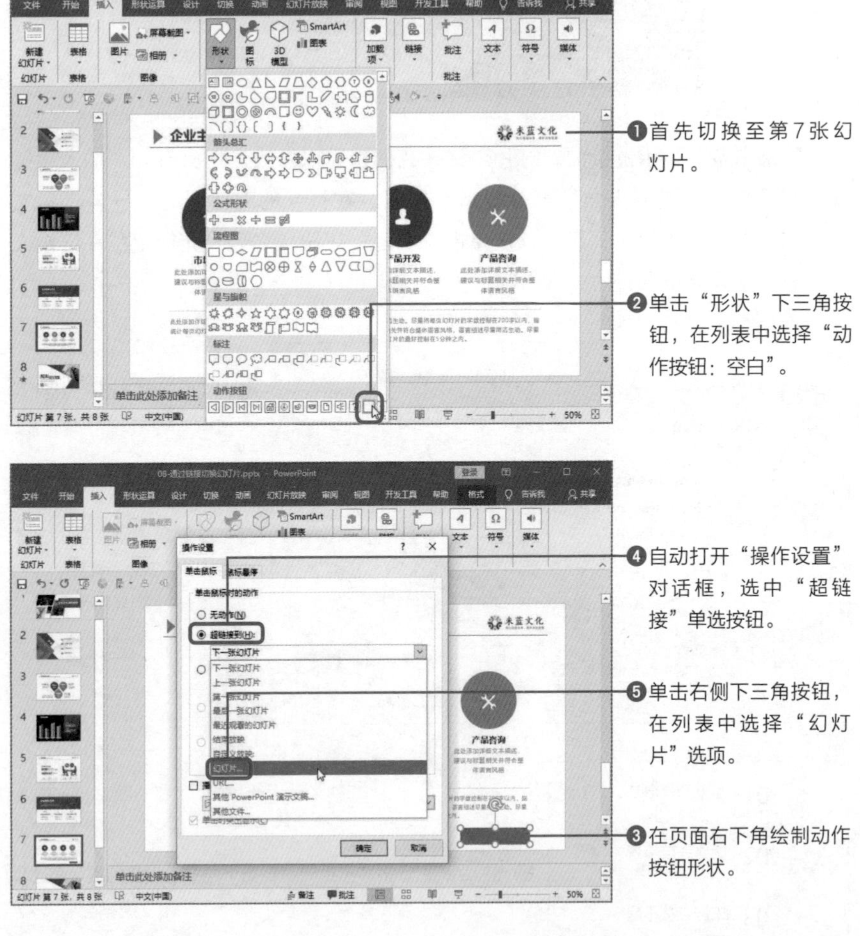

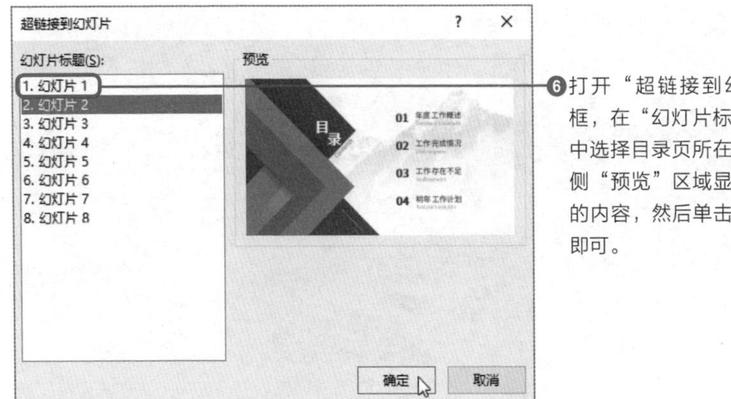

❻打开“超链接到幻灯片”对话框，在“幻灯片标题”选项区域中选择目录页所在的幻灯片，右侧“预览”区域显示选中幻灯片的内容，然后单击“确定”按钮即可。

❼返回文稿中，设置按钮的颜色和效果并添加文本，使其更像按钮。光标定位在按钮上方时，将显示链接的幻灯片。

在放映演示文稿时，单击该按钮即可跳转到指定的目录页。

这也很重要!

修改动作

如果需要修改动作，选中按钮后，单击“插入”选项卡下“链接”选项组中的“动作”按钮，在打开的“操作设置”对话框中重新设置动作即可。

PPT

第10章

影响PPT视觉效果的版式

排版的重要性

扫码看视频

别让排版拉低你的PPT档次

为什么要排版

很多人认为PPT的版式并不重要，只要做好内容逻辑并放在幻灯片中，再找一些图片等进行修饰即可；也有人认为，直接套用版式然后输入相关文本就可以了，何必去制作复杂的版式呢？

当你的PPT中只有少量干瘪的一句话时，如何进行排版让其更美观呢？

当你的PPT中满屏都是文字时，如何进行排版以突出重点呢？观众是不会阅读一堆文字的。

当你的PPT内容很平淡时，如何进行排版以吸引观众的注意呢？

当你的PPT中有图片时，如何进行排版更合理呢？

你的PPT是否是下面这样的？

企业核心优势

未蓝文化传播有限公司是一家软硬件开发管理的现代化公司，该公司拥有一支高素质企业人才，资深技术以及项目开发经验，目前公司拥有团队500人，主要涉及各个领域的软硬件技术研发和制作，驻点全国20个省级市场、73个市级代理，并提供统一的管理和标准化服务，该公司拥有15项高尖技术，涉及到各个行业，并提供解决问题的方案。

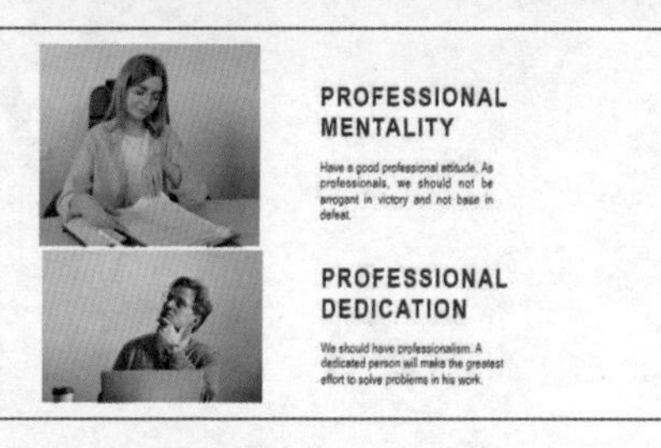

如果你既重视PPT内容的逻辑又重视排版的话，**你会比别人多思考一步，设置出来的PPT也会更合理**。经过合理排版后，PPT的页面会发生翻天覆地的变化，更能吸引观众的眼球。所以想让你的PPT更能打动别人，就不要让排版拉低PPT的档次。

当我们学完排版后，以上的PPT就会变成以下这样。

- 少量文字排版后效果

- 大量文字排版后效果

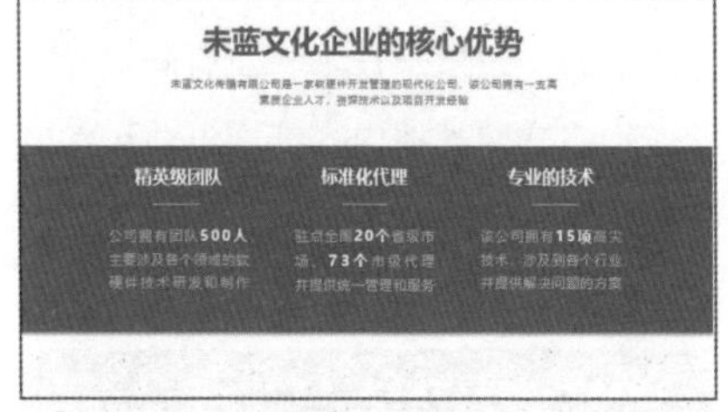

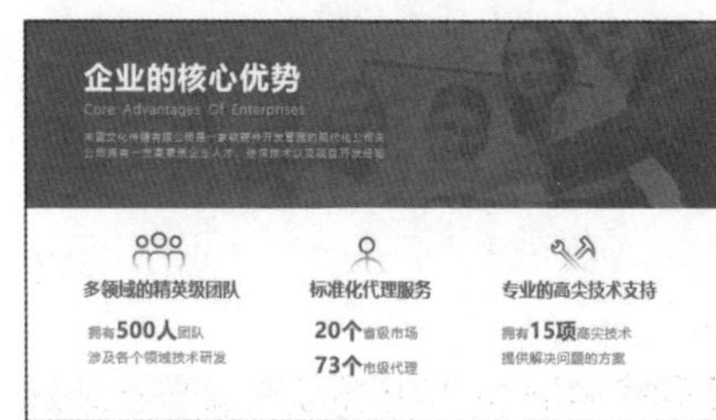

- 排版图片的效果

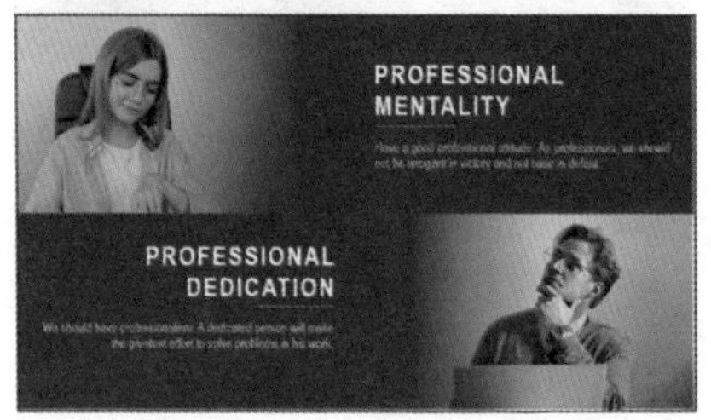

排版的4大秘技

扫码看视频

别让排版拉低
你的PPT档次

页面不能过满

简单清晰的PPT页面可以更好地传达效果。就像是我们在各种公共场所、道路两侧看到的标识牌，它们都比较简洁、形象，我们可以一目了然地明白其要表达的含义。所以，简洁的内容可以快速让观众了解PPT的含义。

在制作PPT时，首先要**将复杂的内容分解成简单的形式**，确保观众能在短时间内理解要表达的内容。如果同一幻灯片中内容很多，除了增加观众的阅读量之外，还会让人抓不住重点。

下面的幻灯片中包含大量的文字说明、数字等，相信观众不会花时间去详细阅读文本内容。经过修改后，将文字进行提炼、缩减，其他内容都通过演讲者陈述；然后通过饼图重点突出数字，这样幻灯片的内容就会简洁很多。

● **内容比较多**

● **内容简洁**

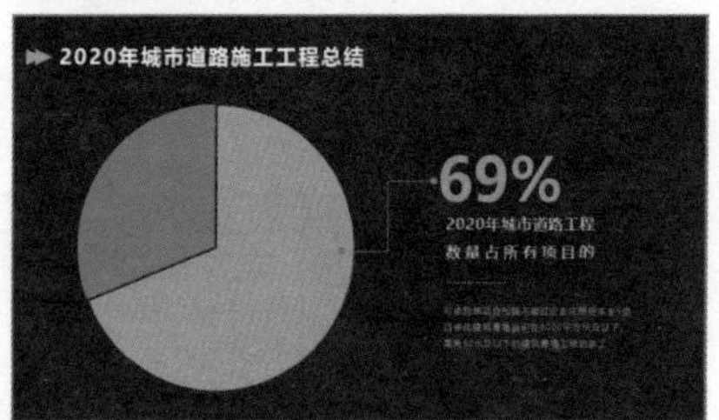

如果要使观众的注意力停留在演讲的内容上，就不要大量使用文字，这样会将观众的注意力转移到阅读上，而且时间长了会很枯燥。如果所有内容必须要介绍，可以将其分为几部分，并在不同的幻灯片中介绍，这样观众会更容易理解介绍的内容。

页面要平衡

保持画面的重心稳定，不能左重右轻、左轻右重或者头重脚轻等。这并不是说我们在制作PPT时一定要精准地保持平衡，但是在每个PPT制作者心中都要有一个平衡的准绳。

在自然界中，很多生物都呈现一种静态的平衡，例如树叶、花朵、蝴蝶、蜻蜓等。在人类设计的各种图形、企业的标志等中都存在平衡，这是因为人们在观看事物时总会去寻找一种平衡稳定的状态。

下面介绍设置幻灯片时产生平衡感常用的方法。

1. 中心位置

当我们的眼睛在观察一个区域时，视线会很自然地转移到中心点上。如果将元素放在该位置就会产生一种平衡感，整个版面显得平静安稳。我们设计PPT时，居中设计会使版面呈现一种平衡稳定的状态。

使用中心位置产生平衡时需要注意：我们的视觉会产生一种错觉，真正居中的元素，看起来会稍有下沉的感觉，所以**居中的内容要向上移动一点，让整个页面看起来更加平衡**。

● 居中效果

● 上移效果

2. 矩形框

在制作PPT时，**将正文内容放在设想的矩形中，并在四周适当留白**即可。一般情况下PPT的正文内容不宜突破这个设想的矩形。我们可以通过添加参考线的方法制作一个矩形框，然后再制作正文内容；也可以直接绘制矩形，在矩形内设计正文。

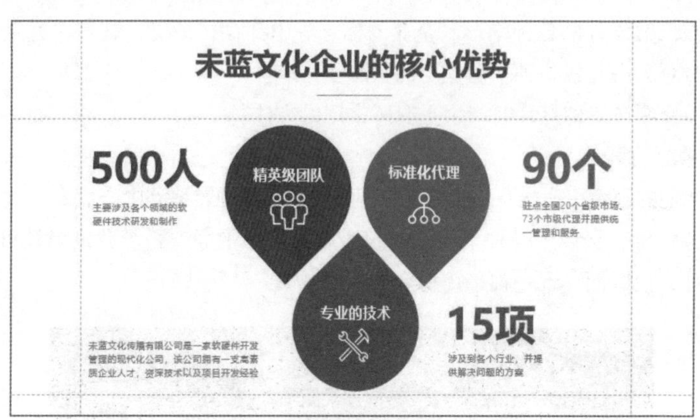

3. 添加修饰元素

在制作左右或上下结构的图文排版时，要达到左右平衡，如果缺少任何一个元素都会使页面失去平衡，让人感觉不协调。

下图是左文右图的幻灯片，如果将右侧图片删除会感觉左重右轻。

● 左右平衡

● 左重右轻

我们经常会遇到幻灯片中的标题栏比正文区域分量重，导致头重脚轻的情况；或者页面中只有简短的文字，导致重心偏向某方的情况。此时，可以在较轻的位置添加元素，例如色块、图片、线条等，保持画面的稳定性。

● 添加元素前的效果

未蓝文化企业的核心优势

未蓝文化传播有限公司是一家软硬件开发管理的现代化公司，该公司拥有一支高素质企业人才，先进技术以及项目开发经验

◆ 公司拥有团队500人，主要涉及各个领域的软硬件技术研发和制作；
◆ 驻点全国20个省级市场、73个市级代理并提供统一管理和服务；
◆ 该公司拥有15项高尖技术，涉及到各个行业，并提供解决问题的方案；
◆ 2020年城市道路工程数量占所有项目的69%；
◆ 中国古代营建都城，对道路布置极为重视。当时都城有纵向、横向和环形道路以及郊区道路并各有不同的宽度。

● 添加元素后的效果

未蓝文化企业的核心优势

未蓝文化传播有限公司是一家软硬件开发管理的现代化公司，该公司拥有一支高素质企业人才，先进技术以及项目开发经验

◆ 公司拥有团队500人，主要涉及各个领域的软硬件技术研发和制作；
◆ 驻点全国20个省级市场、73个市级代理并提供统一管理和服务；
◆ 该公司拥有15项高尖技术，涉及到各个行业，并提供解决问题的方案；
◆ 2020年城市道路工程数量占所有项目的69%；
◆ 中国古代营建都城，对道路布置极为重视。当时都城有纵向、横向和环形道路以及郊区道路并各有不同的宽度。

文字要提炼

当PPT中包含大量的文字时，会因为过于乏味，导致观众无心观看。对于文字的提炼，读者可以参考第3章中“提取重点内容减少文字”一节中相关的知识，此处不再赘述。

提高图版率

在PPT中**图版率是指图片或图形占PPT画面的比率**。图版率越高，说明PPT的画面越生动、形象，观众的视觉感也越强。

针对逻辑性的文字，我们可以添加形状或图标进行梳理，使逻辑关系更明确；针对数字，我们可以使用图形、表格、形状形象地展示数字大小以及比例等；针对文本，我们还可以添加符合主题的图片或图标进行修饰。下面展示相关的效果。

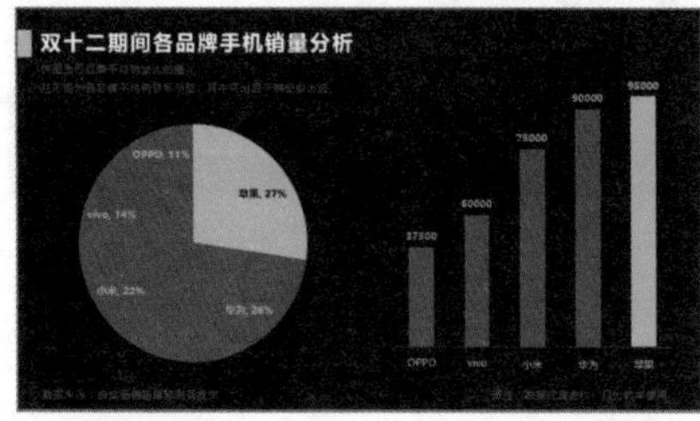

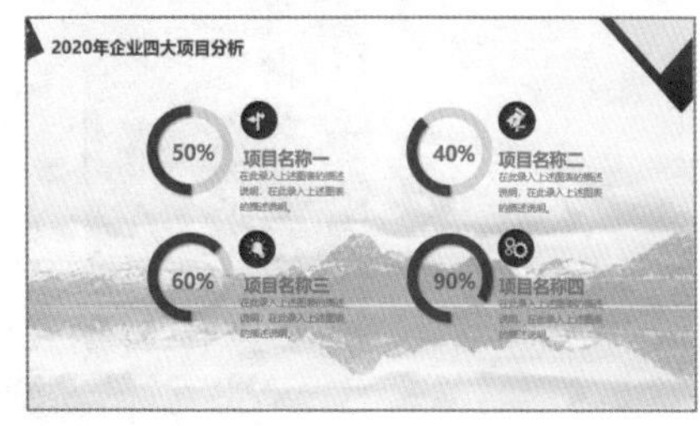

第 10 章 03 PowerPoint

排版的四大基本原则

亲密——好朋友就要在一起

扫码看视频

亲密原则

俗话说的“物以类聚，人以群分”就是亲密的原则。在现实生活中也是如此，例如3个人坐在沙发上，亲近的人之间的距离就比较近。在PPT中也一样，将相关的元素或者内容组织在一起，**让其成为一个整体形成一个视觉单元**，可以让观众更好地识别。

在下面左侧幻灯片中的正文，各小标题和内容之间间距各不相同，没有明显的亲疏关系，看起来分不清主次；而右侧幻灯片的正文各标题与对应的正文距离近，形成一个视觉单元，各视觉单元之间距离则稍微远点，看起来很清晰。

● 没有亲密关系

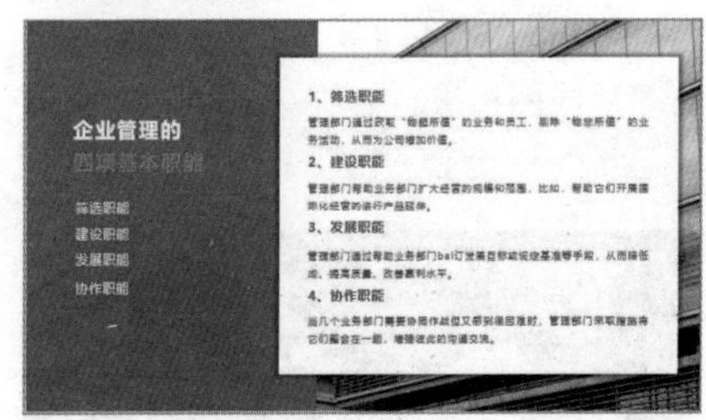

● 有亲密关系

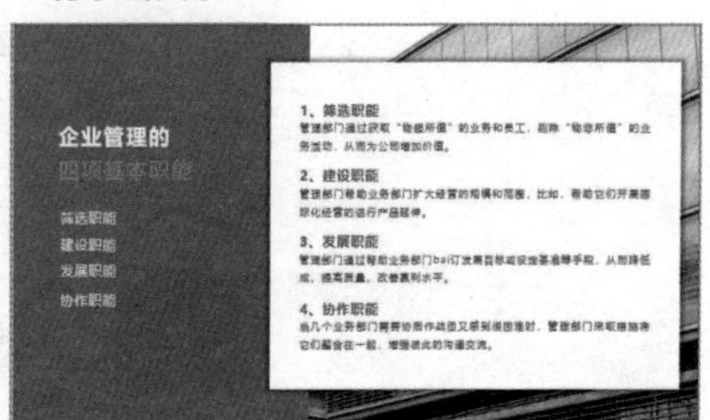

如果组成了视觉单元，但是各视觉单元之间的距离不统一，那么也会形成一种错乱的感觉。

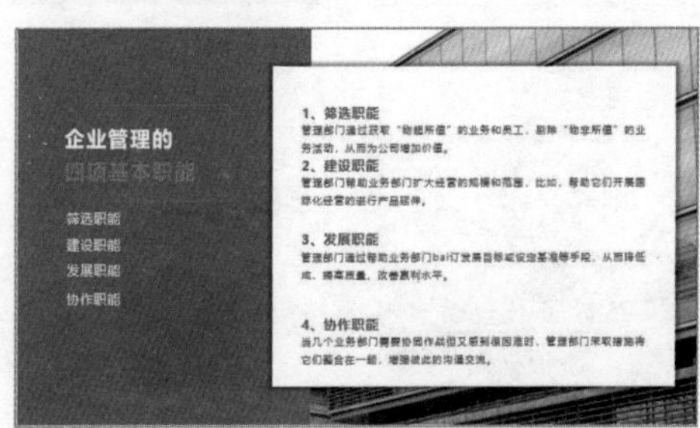

以上介绍的是在纵向上相关文本的亲密关系，在横向也是一样的。下左侧幻灯片中各视觉单元与对应的数字之间的距离太大，比较分散；下右侧幻灯片中数字与内容之间距离较紧凑，形成了4个完整的视觉单元，在视觉上比较清晰、直观。

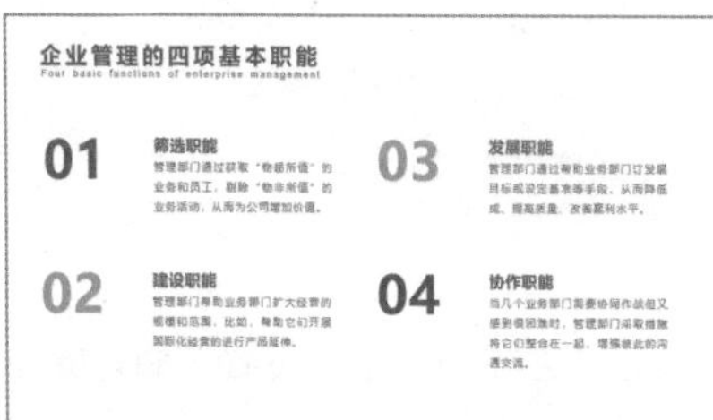

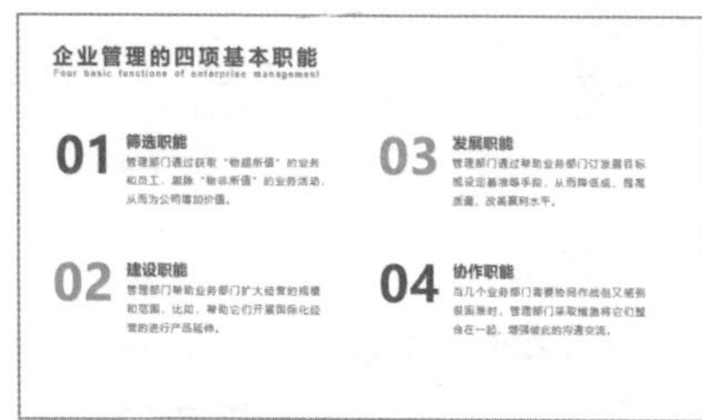

在制作封面时，有时会遇到很长的标题，不得不进行换行。如果设计不当，会使标题分散形成两部分，例如添加行距后，两行距离太大，第2行与下方信息距离近，这就违背了亲密性原则。

只需要适当缩小两行标题之间的行距，再将下方信息适当下移即可。如果效果不是很明显，就为标题文本添加其他颜色。

我们经常会将相近的元素通过色块组织在一起，此时需要注意各色块之间距离以及色块与边缘距离的设置。各色块之间的距离大于边缘的距离会使内容比较松散，根据亲密性原则，将色块之间距离调小即可。

第 10 章

排版的四大基本原则

对齐——排好队很重要

扫码看视频

对齐原则

PPT在本质上是一种视觉设计，非常讲究元素之间的关系和位置。**对齐就是将PPT中不同的元素按照指定的基线摆放在一起**。这种对齐会给人一种稳定、安全的感觉，如果杂乱无章，则会给人一种烦躁、不安的感觉。

在PPT中对齐通过一条“无形的线”将所有元素连在一起，形成视觉纽带。如果页面中部分元素是对齐的，那么会得到一个更内聚的视觉单元，而且能提高易读性。例如，在下左图页面中所有文本没有统一左对齐，当观众从上向下浏览文本时，眼睛需要不停地左右移动才能找到每行文本的起点。

● 没有设置左对齐

● 设置左对齐

这也很重要!

再次重申要使用两端对齐

在PPT中的段落文本最好使用“两端对齐”的对齐方式，否则设置左对齐后右侧会出现参差不齐的问题，特别是英文文本。

当文本中包含项目符号或编号时，设置左对齐时需要特别注意，第2行的文字不能以符号或编号对齐，而要以第1行正文的第1个字进行对齐，这样看起来条理更清晰、更整齐舒服。

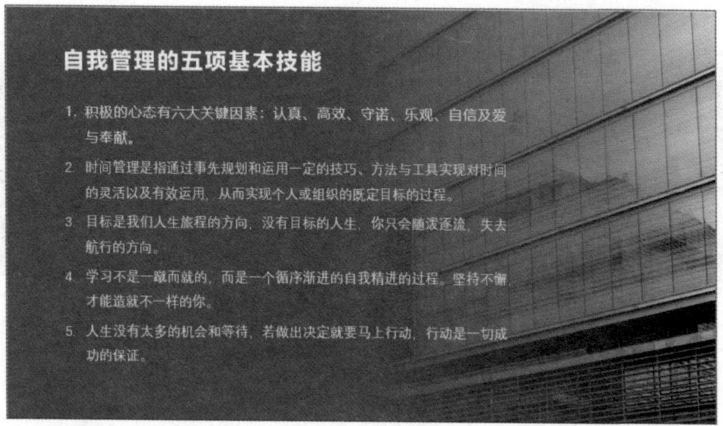

在幻灯片的布局中最常用的3种基本对齐方式为左对齐、居中和右对齐。左对齐和居中对齐使用比较广泛，右对齐使用场景比较少，一般适用于文本较少、每行文本比较少的情况。

而当PPT页面包含大量段落文本时，不适合居中和右对齐。居中对齐时，段落文本左右都不整齐，而且增加阅读的难度。因为现在人们阅读的习惯是从左到右、从上到下，居中对齐和右对齐无疑会使观众阅读时产生别扭。所以，居中对齐多用于封面的制作，或者一些全图型的PPT。

下面展示段落文本使用居中对齐和右对齐的效果，读者可以自行制作左对齐的PPT，然后进行比较进一步了解段落文本不使用居中对齐和右对齐的原因。

● 居中对齐

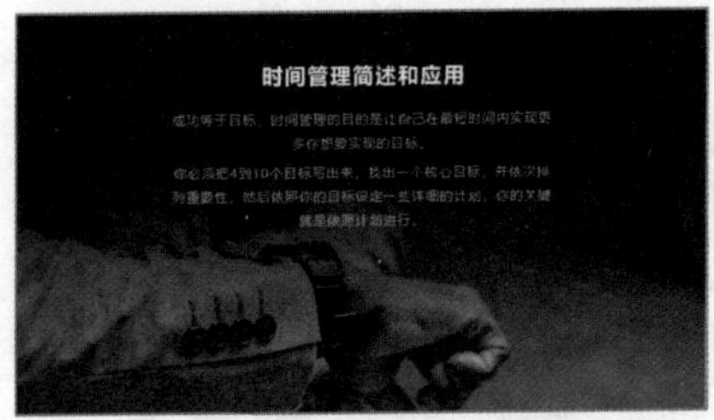

● 右对齐

以上介绍关于文本的对齐，在PPT中还有很多元素也需要对齐，例如形状、图片、图标、图表等。设置对齐方式的方法，可以参照第2章“元素的对齐工具”小节中介绍的各种对齐工具以及参照工具。针对图片的排版可参照第4章“图片的排版”小节中的相关内容。

这也很重要!

圆环图的对齐

此处介绍的圆环图的对齐并不是其对齐方式，是设置圆环图的起点位置。当页面中包含多个圆环图时，为了更直观地比较数据的大小，起点最好设置在0点和6点处，这也符合人们的阅读习惯。

● 居中对齐

● 右对齐

有时候为了制作特殊的效果，起点的位置也可以在水平的方向上，例如在第6章“适合百分比的图表”小节中展示的船形状的圆环图。

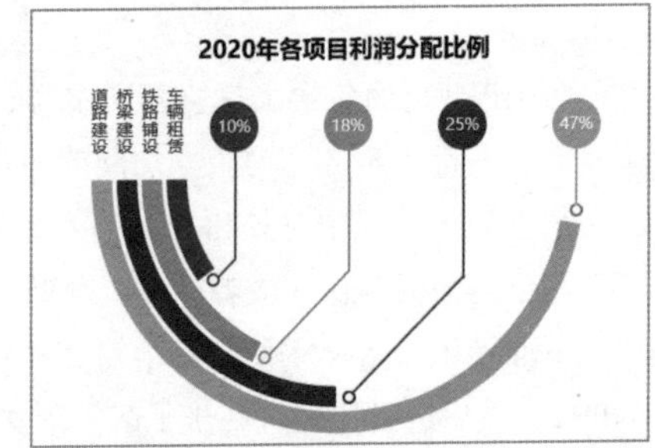

排版的四大基本原则

对比——突出重要的内容

扫码看视频

对比原则

通过对比元素和内容之间的差异，更好地突出重要的内容。实现对比的方法很多，例如大小的对比、颜色的对比、粗细的对比、字体的对比等。本节的知识可以结合第3章“文本的基本处理方法”“加强文字的对比”和第5章“突出重点内容”3个小节进行学习。

下左侧幻灯片中的正文文本为黑色，很平淡，而右侧幻灯片中小标题文本使用两种颜色填充，不仅使各部分内容突出，还能美化页面。

● 没有对比效果

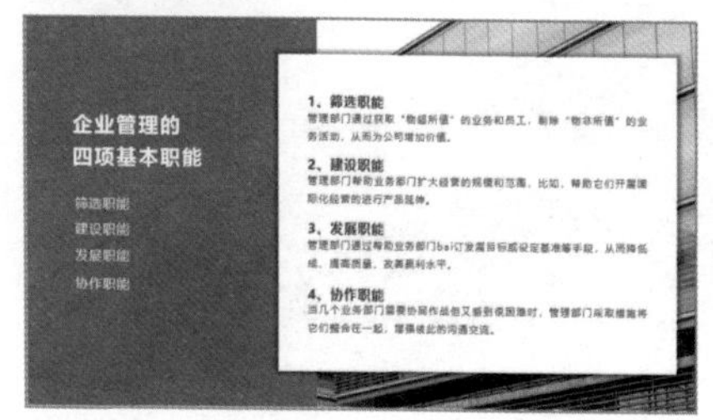

● 有对比效果

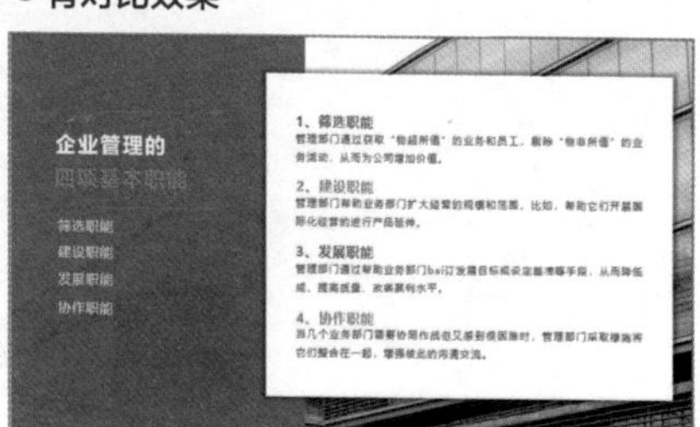

我们也可以通过换一种字体突出内容，下左侧PPT使用黑体，比较平淡、中规中矩；而下右侧PPT使用书法字体，更有气势。

● 没有字体对比

● 有字体对比

排版的四大基本原则

重复——具有统一的标志

扫码看视频

重复原则

我们接触PPT之后经常听到的词语是“统一”，本节介绍的重复原则，就可以实现PPT的统一。通过在PPT中重复使用部分元素即可实现统一，**元素包括图片、字体、配色、形状等**。为了在放映演示文稿时不会让观众产生疲惫感，在重复使用相关元素时可以稍加创意。

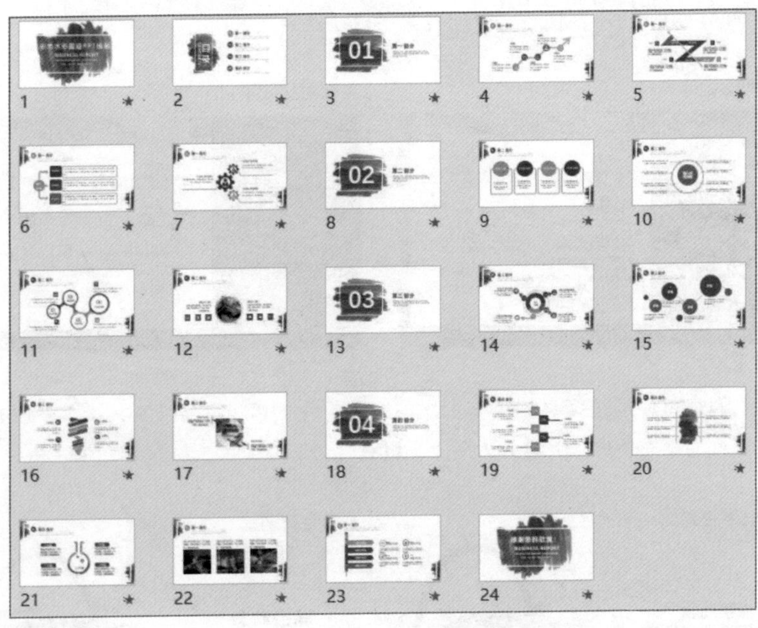

使用PPT演示讲究的是整体效果，如果没有遵循重复原则，那么效果会很乱，而且很花哨。哪怕每张幻灯片都很高大上，但是组合在一起就不是一份合格的PPT。

演示文稿中5大页面的排版设计

高端大气的封面页

扫码看视频

简约型封面

简约型封面可以突出主要的文字内容，因为它没有太复杂的设计。该类型的封面主要将相关的信息和元素合理地搭配在一起，没有太多的修饰，页面比较简单，可以让观众把注意力集中在主要信息上，但缺点是吸引力不强，很平淡。

我们可以将主要文本信息进行合理排版，也可以添加线框、图标等元素稍加修饰，下面展示相关效果。

2020
创业融资商业合作计划书
BUSINESS COOPERATION PLAN OF VENTURE FINANCING
策划人:小栋哥

2020
创业融资商业合作计划书
BUSINESS COOPERATION PLAN OF VENTURE FINANCING
策划人:小栋哥

2020
创业融资商业合作计划书
BUSINESS COOPERATION PLAN OF VENTURE FINANCING
策划人:小栋哥

创业融资商业合作计划书
BUSINESS COOPERATION PLAN OF VENTURE FINANCING
策划人:小栋哥

当我们制作简约型的PPT时，可以使用简约而不简单的封面。以上展示的是居中对齐的效果，我们尝试一下左对齐和右对齐。因为简约型的封面内容比较少，如果左对齐，右侧会很空。此时可以在右侧添加企业的标志或者其他元素作为底纹，但是要注意，底纹不能太突出。

PPT的背景默认是白色的，我们可以修改为比较深的背景颜色，例如黑色，搭配白色的文本，再添加点缀元素，效果会更高级。

色块型封面

色块型封面是通过添加形状并设置颜色修饰页面制作而成的。形状的可塑性比文本强得多，可以制作不同的造型美观封面，其整体效果要美观很多。

使用色块修饰封面时，可以添加其他修饰元素，如线条，也可以设置色块为渐变填充以及对色块进行变形等。

图片型封面

图片型封面的视觉效果比较震撼，可以在演讲时就打动观众。根据第4章的内容可知，图片一般都会结合形状、文本使用，效果更好。

图片型封面可分为半图和全图型，它们各有特点。半图型封面可以制作很多造型的图片，全图型的视觉效果更震撼。

下面展示图片型封面的设计效果。

10 演示文稿中5大页面的排版设计

结构清晰的目录页

扫码看视频

矩阵式目录

根据PPT封面的分类标准，目录页也可以分为简约型、色块型和图片型，其制作思路和方法都相似。本节主要从目录内容的摆放方式介绍常见的目录页的效果。

目录页是PPT中必不可少的结构之一，**观众通过目录页可以了解本次会议的结构、大概的时间以及哪部分是高潮**等。

矩阵式目录就是**将各部分内容通过形状制作成一个视觉单元，并合理地摆放**。目录的主要内容包括序号、标题或者说明性一句话，使用形状将每部分内容结合在一起即可制作矩阵式目录。

矩阵式目录可以将各视觉单元整齐地摆放在一起，可以摆成矩阵形状，也可以横向摆放。

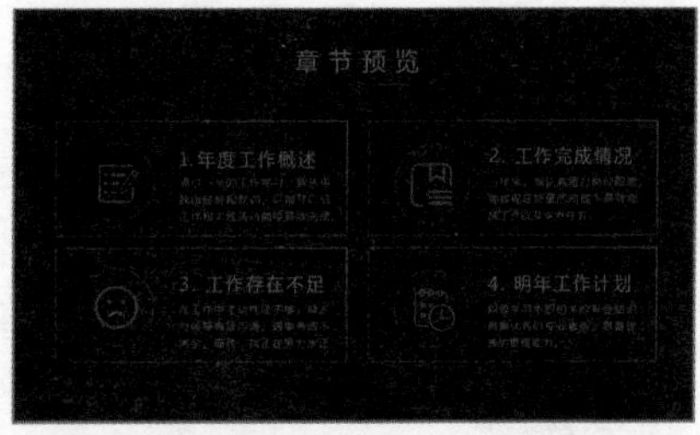

上述展示的矩阵目录各形状的大小相同，排列整齐。为了更具有设计感，也可以适当错落排版或者不统一形状的大小。

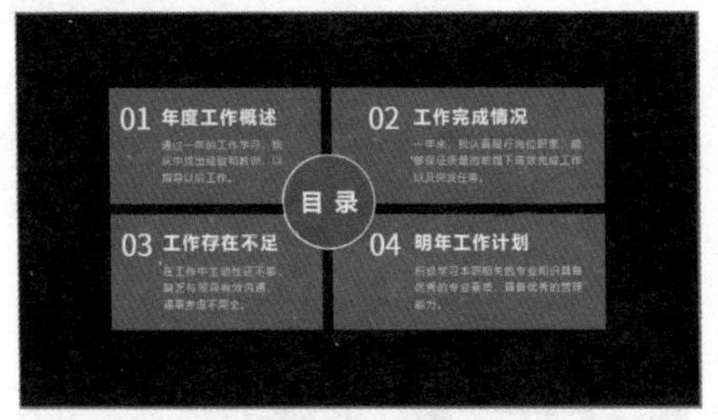

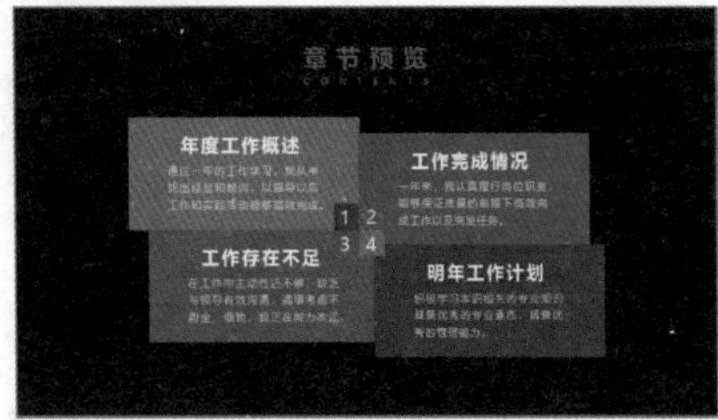

列表式目录

列表式目录是通过列表的形式展示目录的内容和结构，主要突出目录的内容，修饰性的元素比较少。这种目录结构是比较常见的类型，一般包括左右、上下以及左下到右上几种。如果将方向反过来，从右到左、从下到上，是不推荐使用的，因为这违反人们阅读的习惯。

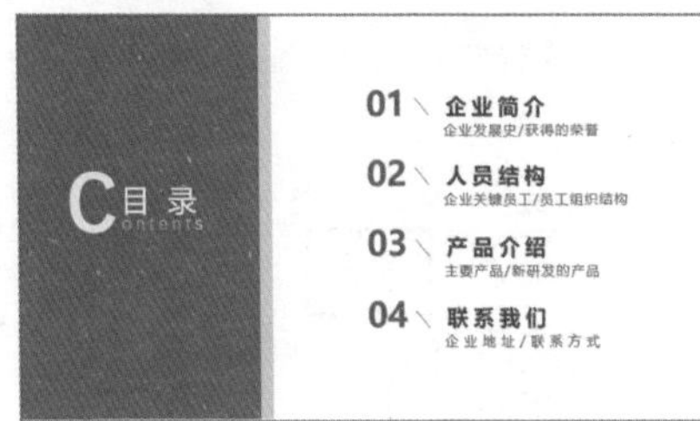

上方右下角的目录，将目录内容错落有致地进行排列，并且制作序号的右上角被切的效果，使整个目录页更有活力。

我们还可以制作倾斜的目录，使页面更具有活力。这种目录一般来说结合形状或图片制作效果更好。

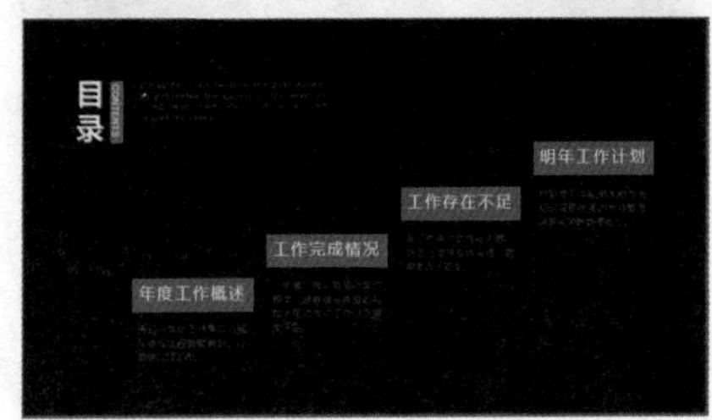

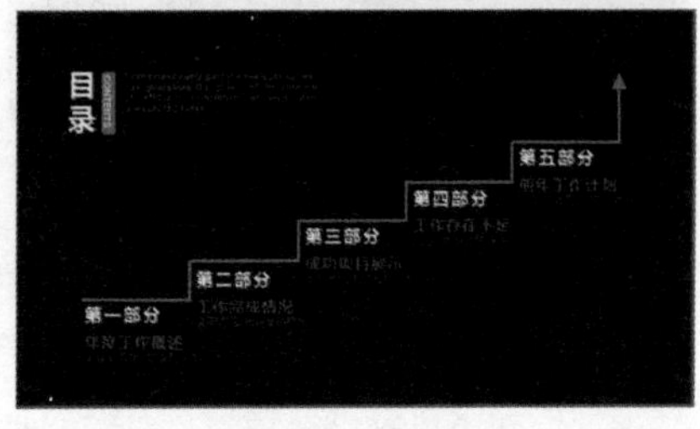

在排列目录时，也可以采用四周型环绕的方式，我们经常采用圆形以及圆弧形，在形状上进行规律的排列。

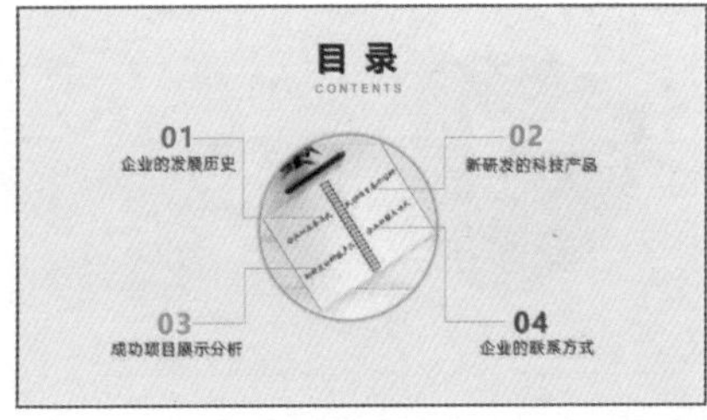

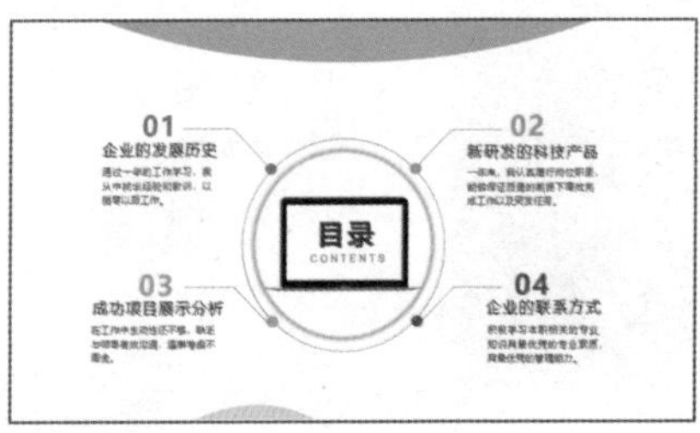

在圆弧上绘制等距的点时，很难把握点的分布，下面以在圆弧上绘制等距的4个点为例介绍具体方法。

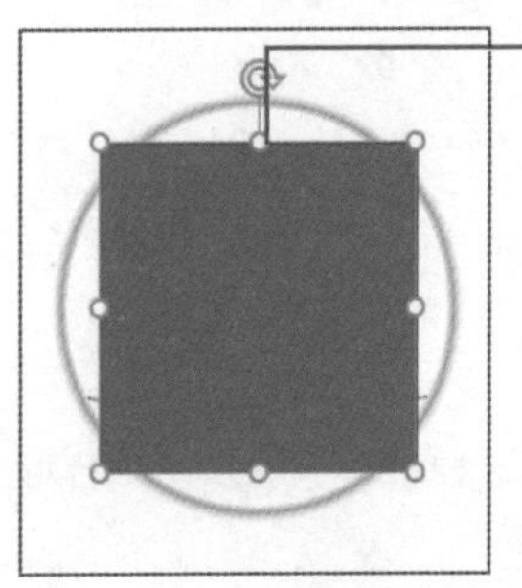

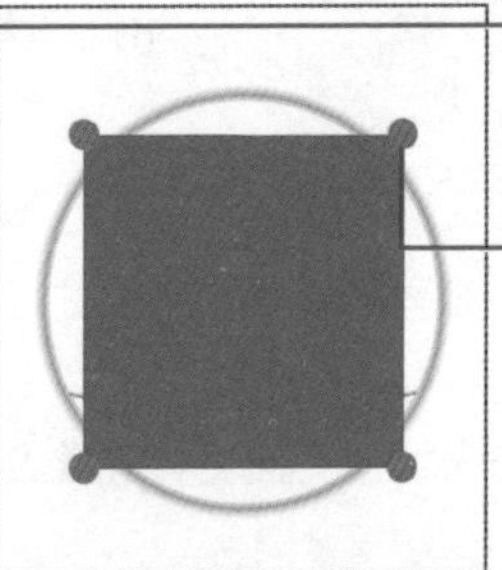

❶ 在圆形外侧绘制正方形，并设置形状为中心对齐。

❷ 在正方形的四个角上绘制小的圆形，使小正圆形的圆心与正方形角点重合。

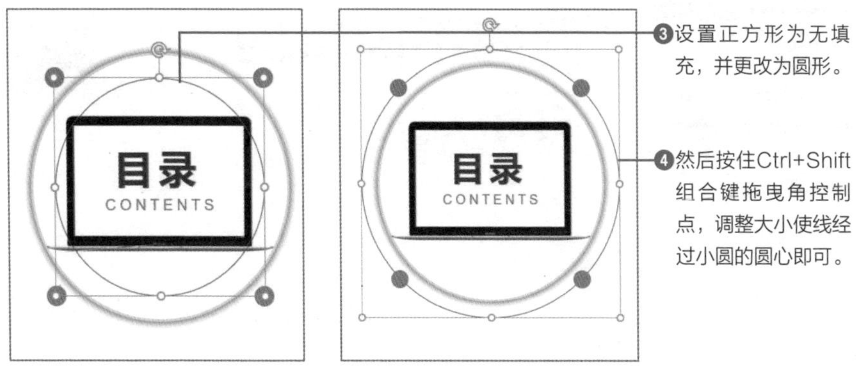

时间轴式目录

时间轴通过一种元素（如线条）把事物的不同方面串联在一起，形成完整的体系。一般按照时间顺序从左向右或从下到上排列各部分内容，我们也可以通过时间轴制作目录内容。

制作时间轴时一般会有一条连接各部分内容的线，可以是直线也可以是曲线，也可以是有走势的山峰、树林等无形的线。

当结合图片制作时间轴时，垂直的线条可以制作成逐渐清晰的效果。这种效果只需要设置线条为渐变色，再将连接图片的一端设置与附近相近的颜色即可，也可以通过设置透明度来实现。

演示文稿中5大页面的排版设计

简约不简单的目录过渡页

扫码看视频

利用目录页制作过渡页

使用目录页作为过渡页，主要优点是**制作比较方便，其次是观众对演示文稿内容的整体把握比较好**。

通过目录页制作过渡页的主要方法是通过对比突出接下来要介绍的部分，其中包括大小对比、颜色对比等。

重新设计过渡页

重新设计过渡页可以增强视觉效果，以及添加更多的内容。重新设计过渡页也要通过形状、字体、图片等元素制作，还要注意PPT整体风格的一致性。

逻辑清晰的内容页

扫码看视频

演示文稿中5大页面的排版设计

全图形的内容页

PPT的内容页是主要部分，其设计不仅要美观，还要让整体逻辑清晰。内容页的设计有全图、图文结合、纯文字等，读者可以根据自己的需要用不同的方式传达内容。

本书第4章主要介绍图片的应用，读者可以结合相关内容学习全图形的和图文结合的内容。使用图片时我们经常结合形状制作不同形状的图片、蒙版等。

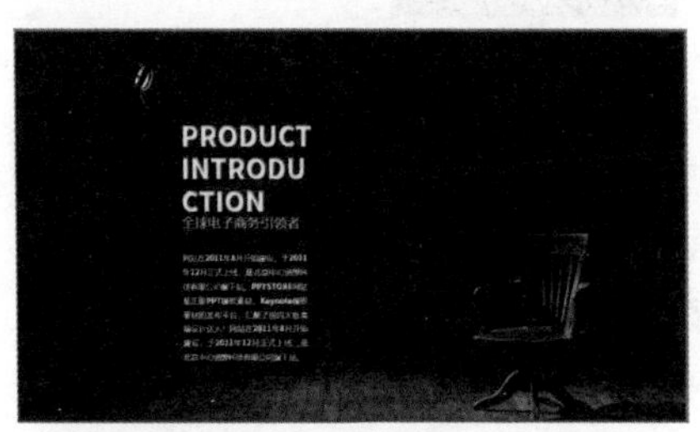

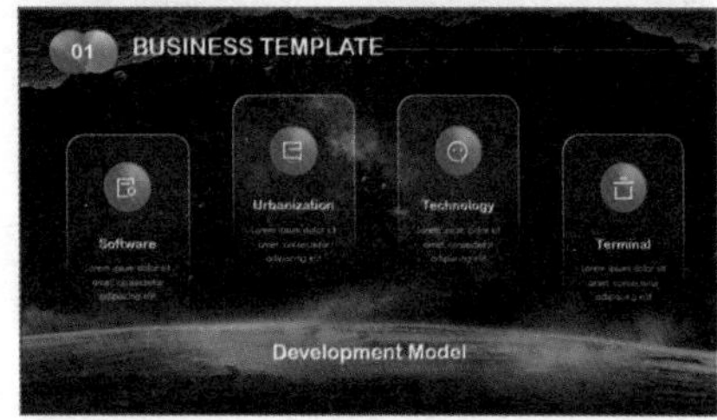

图文结合的内容页

图文结合的PPT是我们经常使用的形式之一。读者可以结合图片排版相关知识合理地摆放图片和文本的位置。

图文结合的好处是使用图片或图标可以更加形象地展示数据的含义，文本也可以更加精确地阐述内容。

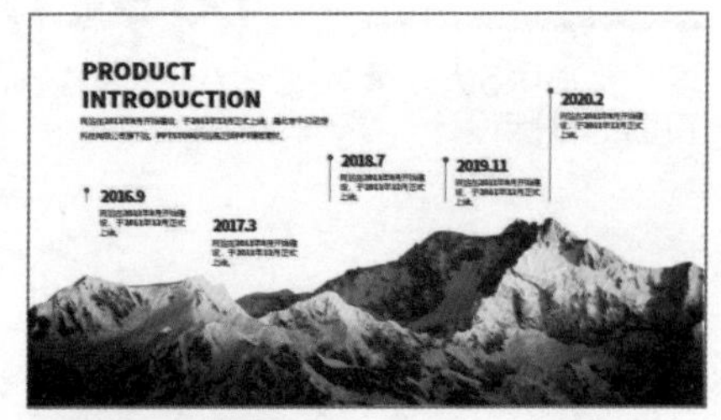

纯文字的内容页

制作纯文字的内容页时主要需要设置字体的颜色、字号大小、不同的字体以及结合形状修改文字。这种PPT一般用在科研、课件等领域中。

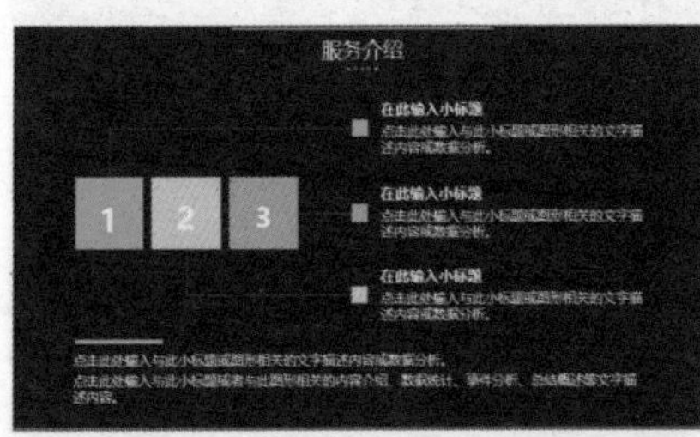

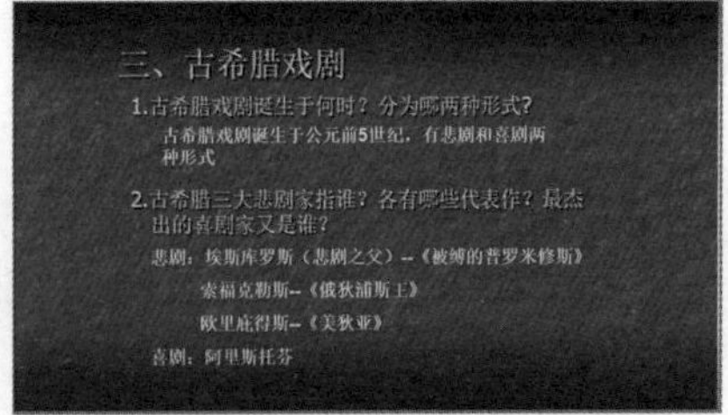

演示文稿中5大页面的排版设计

与众不同的结束页

表示致谢的结束页

结束页的版式的设计一般与封面相呼应，可以直接使用封面的内容并修改文本内容。**结束页一般都是简单的感谢观众**，这种类型的结束页适合各种场合。

下面展示表示感谢的结束页效果。

使用标语制作结束页

在结束页为了突出企业的形象、企业宗旨以及进一步阐述观点等，可以输入相关标语或者金句。

描述信息的结束页

在进行演讲的过程中结束页的停留时间比较长，所以可以通过结束页推销企业以及产品，如放置一些企业的联系方式或二维码等。除此之外，还可以发布企业的招聘信息，希望招揽人才。

总结结论的结束页

对于培训型的PPT，在结束页可以对所培训的内容进行总结，帮助观众更系统地学习培训的内容。我们可以通过设置思维导图、SmartArt图形或者形状进行总结。

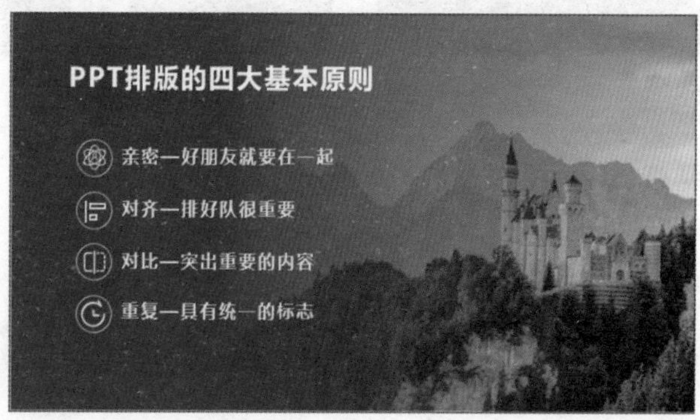

第11章

不可忽略的放映和输出

演讲者放映

扫码看视频

适合不同场合的放映模式

设置放映模式

演示文稿制作完成后，按照常规方式放映即可。如果遇到其他特殊情况，就需要设置放映的模式了。

PPT的放映模式包括3种，分别为演讲者放映、观众自行浏览、在展台浏览，设置的方法如下。

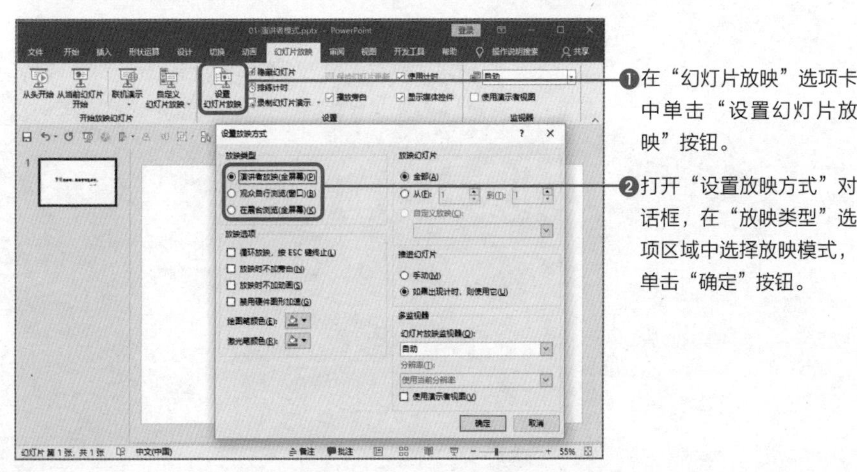

演讲者放映模式

演讲者放映模式是全屏放映，便于演讲者演讲，演讲者对幻灯片有绝对的控制权，可以手动切换和动画，一般用在公众的演讲、产品介绍、项目汇报等场合。在放映过程中，演讲者可以通过鼠标、翻页器或键盘控制演讲内容的放映速度。

通过演讲者放映模式放映时，演讲者可以进入演示者视图，也就是说观众看到的是当前幻灯片的内容，而演讲者能看到当前幻灯片、下一张幻灯片以及备注内容。所以当需要介绍的内容比较多时，可以在幻灯片中显示关键字，其他部分内容放在备注框中即可。

在放映过程中，可以对幻灯片的内容添加墨迹标记，像是上课时老师在黑板上使用粉笔标记重点内容一样。

在放映过程中，单击放映窗口左下角的笔的形状，在打开的快捷菜单中选择墨迹的类型，例如笔或荧光笔，还可以设置墨迹的颜色，然后即可在幻灯片中标记重点内容。

除此之外，也可以在放映时在屏幕上右击，在快捷菜单中选择“指针选项”命令，在子菜单中选择合适的墨迹，在“墨迹颜色”列表中选择墨迹的颜色。

● **通过墨迹图标**

● **通过快捷菜单**

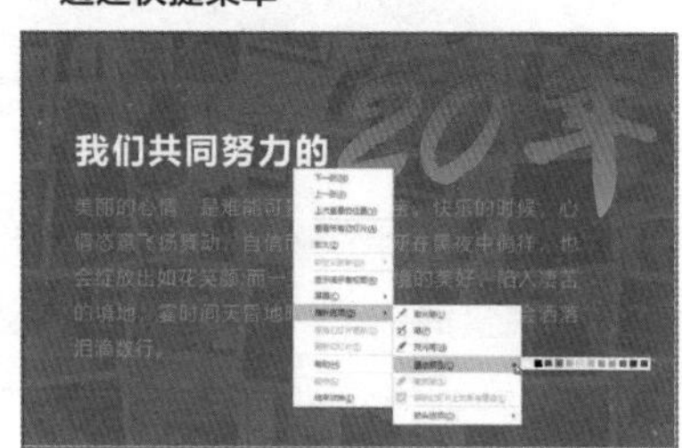

当结束放映时，系统会打开提示对话框，询问“是否保留墨迹注释”，如果单击“保留”按钮，墨迹将保留在演示文稿中；单击“放弃”按钮，将不保留墨迹。

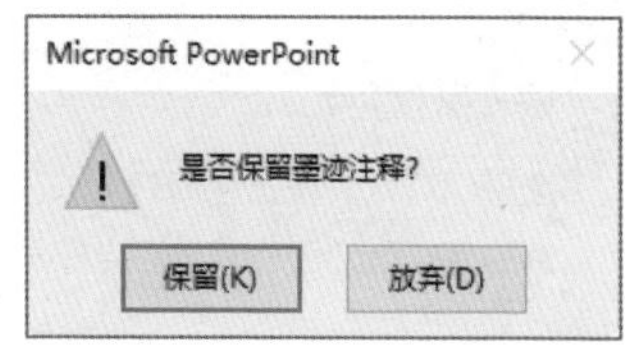

观众自行浏览

扫码看视频

适合不同场合的放映模式

观众自行浏览模式

观众自行浏览是由观众自己动手使用计算机观看演示文稿，一般适用一些展览馆、艺术馆、博物馆等内放置的电子触摸屏，观众直接单击幻灯片中设置的链接或按钮浏览信息。

观众自行浏览模式很注重幻灯片之间的交互，所以开始制作演示文稿时，就要使用大量的链接、按钮、动作。这部分内容可以结合第9章“通过触发增加交互”和“通过链接切换幻灯片”小节进行学习。

这也很重要!

隐藏幻灯片

选择幻灯片，单击“幻灯片放映”选项下“设置”选项组中的“隐藏幻灯片”按钮，该幻灯片的序号上会出现斜线。当放映演示文稿时，隐藏的幻灯片将无法放映。

适合不同场合的放映模式

展台浏览

扫码看视频

展台浏览模式

展台浏览模式是以全屏放映演示文稿，并且循环放映，不能单击鼠标手动演示幻灯片。通常用于无人管理幻灯片演示的场合，例如在一些大型庆典上。这类宣传片只需要预先设置好幻灯片中各元素的动画以及幻灯片的切换时间，就可以自行播放了。

选择幻灯片后，切换至“切换”选项卡，在“计时”选项组中勾选“设置自动换片时间”复选框，然后设置时间。如果每张幻灯片的换片时间一样，直接单击“应用到全部”按钮即可。

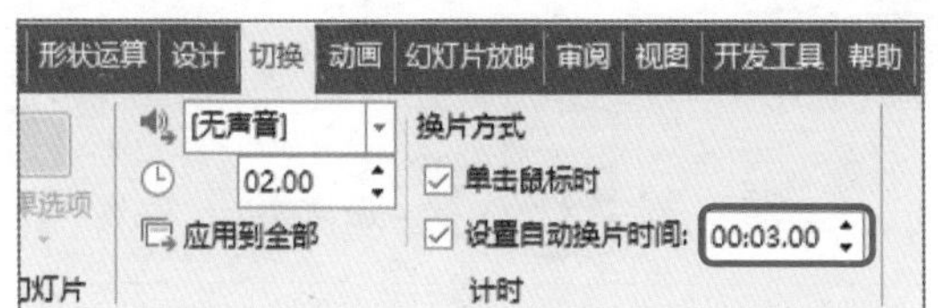

使用展台浏览模式放映演示文稿时需要注重幻灯片各动画、幻灯片之间切换的连贯性。所以在开始制作幻灯片时，需要设置内部动画以及切换动画，并设置合理的换片时间，这样才能让幻灯片流畅地放映。

关于设置动画和切换，读者可以结合第9章相关内容进行学习。

这也很重要!

将演示文稿转换为视频

展台浏览模式相当于播放视频，我们也可以将演示文稿转换为视频格式，在放映时只需要电脑上有视频播放器即可查看内容。

有必要提前预演

排练计时掌握演讲时间

排练计时

排练计时功能可以在演示文稿播放前进行预演，即在播放演示文稿时进行讲解，可以让演讲者把控每张幻灯片的时间。通过排练计时可以很好地掌握演讲时间、每张幻灯片的时间。

下面介绍排练计时的具体操作方法。

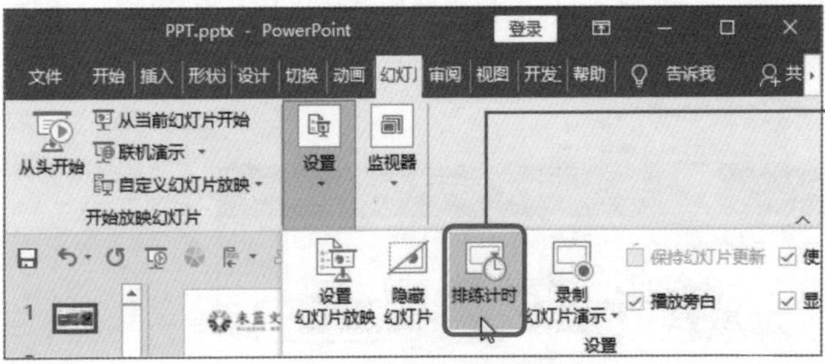

❶在“幻灯片放映”选项卡下单击“设置”选项组中的“排练计时”按钮。

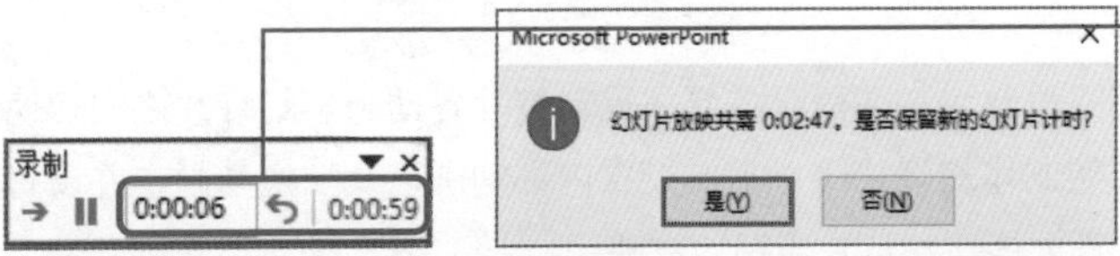

❷系统以全屏放映幻灯片，在左上角出现“录制”对话框显示总时间和当前幻灯片时间，结束后弹出提示对话框。

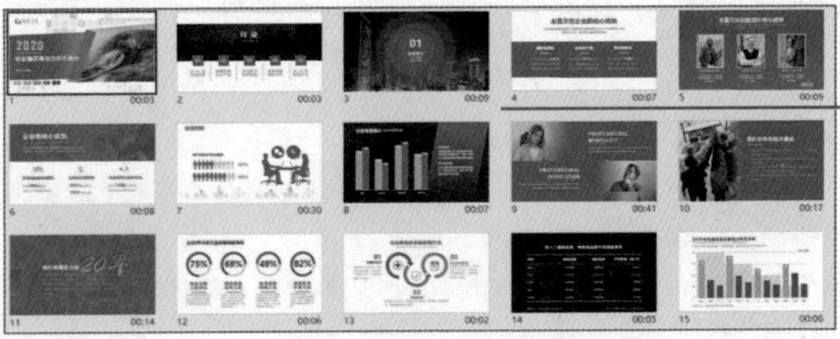

❸进入“幻灯片浏览”视图，可见每张幻灯片的右下角显示排练计时的时间。

有必要提前预演

提前录制旁白有备无患

扫码看视频

录制旁白

制作在展台浏览的幻灯片，或者有需要解释的重要内容时，可以录制旁白。只要放映幻灯片的硬件上安装声音播放器以及扬声器即可放映声音。

下面介绍录制旁白的方法。

❶在“幻灯片放映”选项卡下单击“设置”选项组中的“录制幻灯片演示”下三角按钮，在列表中选择合适的选项即可。

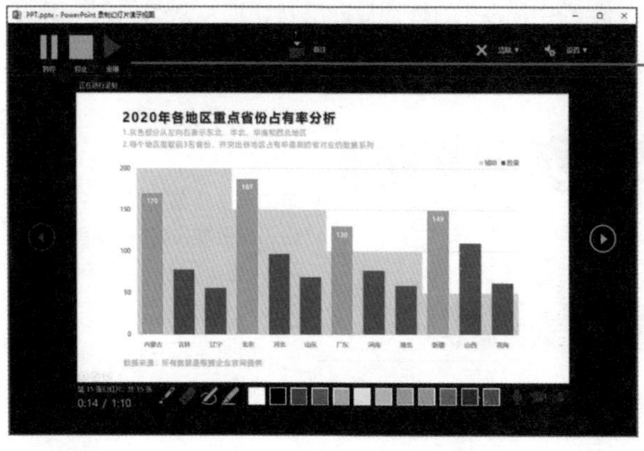

❷在录制窗口的左上角单击红色按钮开始录制旁白，同时我们可以使用墨迹标注内容。

在放映演示文稿时，会显示墨迹的内容和录制的声音。

11

有必要提前预演

放映幻灯片的基本操作

从开头或当前幻灯片放映

扫码看视频

从开头幻灯片放映

当我们浏览完幻灯片，如果想从第一张幻灯片预览放映效果，可以单击“从头开始”按钮，或者按F5功能键从头放映演示文稿。

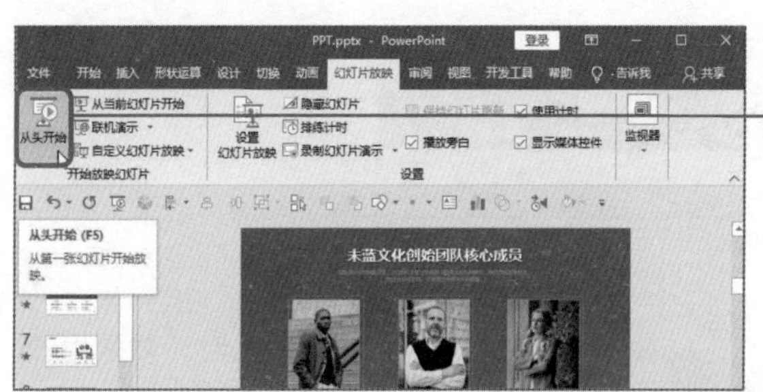

单击“从头开始”按钮，或者按F5功能键即可从第一张幻灯片开始放映。

从当前幻灯片放映

在“幻灯片放映”选项卡中单击“从当前幻灯片开始”按钮，或者按Shift+F5组合键，或者单击状态栏中的“幻灯片放映”按钮即可从当前幻灯片开始放映。

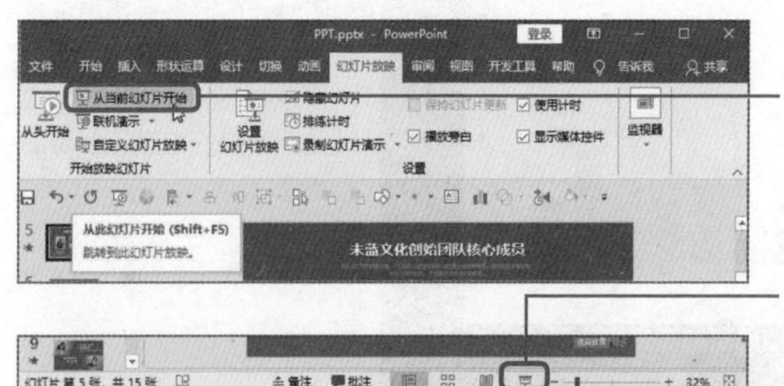

单击“从当前幻灯片开始”按钮，或者按Shift+F5组合键即可从当前幻灯片开始放映。

也可以单击状态栏中的“幻灯片放映”按钮。

放映幻灯片的基本操作

放映指定的幻灯片

扫码看视频

自定义放映幻灯片

在放映演示文稿时，可以根据受众的需要选择放映的内容。常规的放映是按照制作演示文稿的顺序展示内容的，我们可以通过“自定义放映”功能设置只放映部分内容。

下面介绍自定义放映幻灯片的具体操作方法。

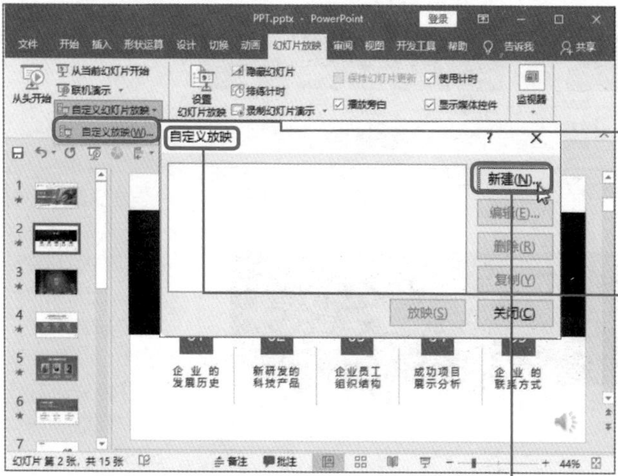

❶单击“幻灯片放映”选项卡下的“自定义幻灯片放映”下三角按钮，在列表中选择“自定义放映”选项。

❷打开“定义自定义幻灯片放映”对话框，在文本框中输入名称。

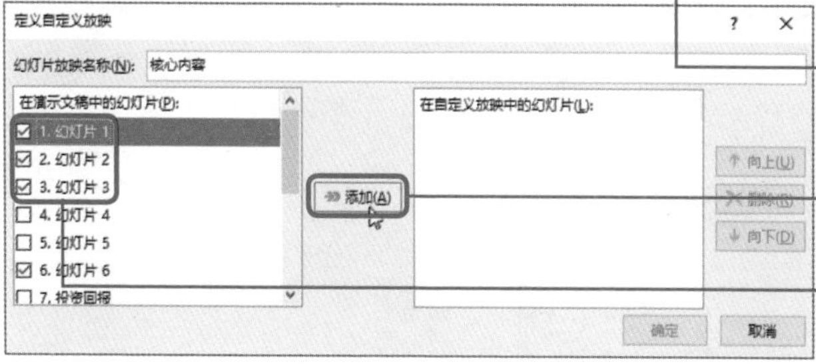

❸打开“自定义放映”对话框，单击“新建”按钮。

❺单击“添加”按钮。

❹在左侧勾选放映的幻灯片复选框。

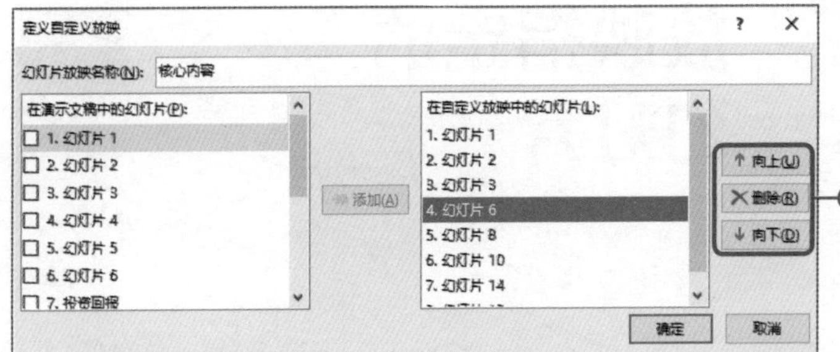

❻选中的幻灯片添加到右侧选项栏中，激活右侧3个按钮，根据需要进行调整。

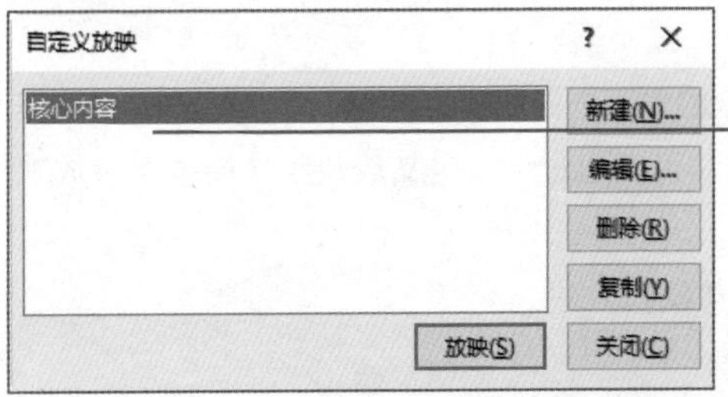

❼单击“确定”按钮，返回“自定义放映”对话框，显示自定义放映的幻灯片，通过右侧按钮可以编辑、删除或复制自定义的内容。单击“放映”按钮可放映演示文稿。

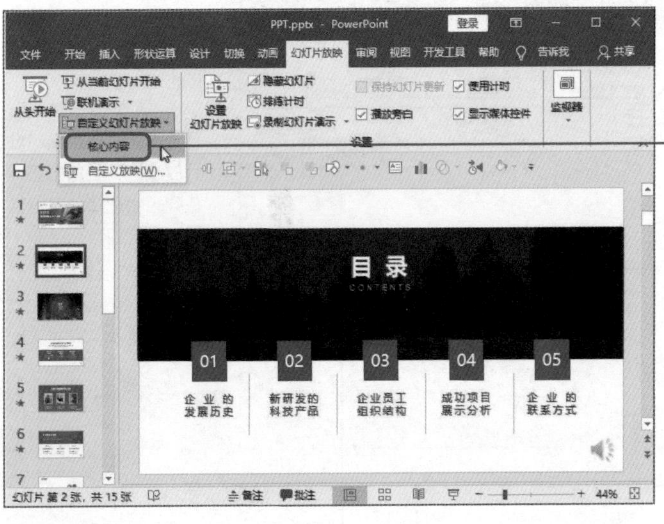

❽在演示文稿中单击“自定义幻灯片放映”下三角按钮，在列表中选择自定义的幻灯片名称，在打开的“自定义放映”对话框中选择自定义的幻灯片，单击“放映”按钮即可。

没有PowerPoint也能浏览演示内容

将PPT保存为PDF格式

扫码看视频

转换为PDF格式的文件

将PPT转换为PDF格式的文件，主要有两点好处：其一是**在没有安装PPT的电脑中也可以浏览幻灯片的内容**；其二是**PDF格式的文件可以有效保护文件内容不被他人修改**。

下面介绍将PPT转换为PDF格式文件的方法。

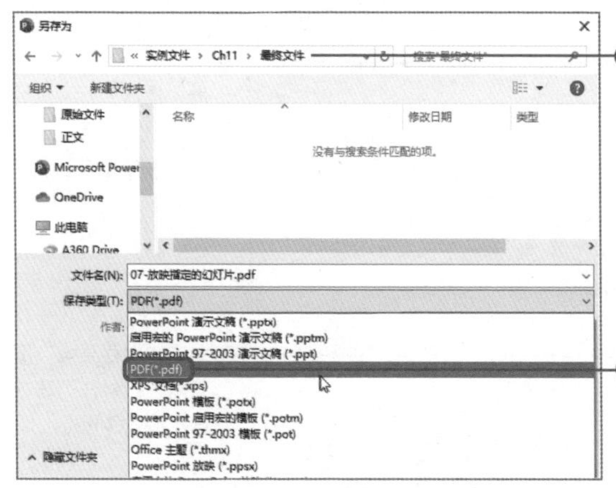

❶执行“文件>另存为”操作，打开“另存为”对话框，设置文件保存的位置。

❷单击“保存类型”下三角按钮，在列表中选择PDF格式，单击“保存”按钮。

❸在保存的文件夹中将创建PDF格式的文件，打开后包括演示文稿中所有的幻灯片。

第 11 章

将PPT转换成图片

没有PowerPoint也能浏览演示内容

转换为图片

图片是在每台电脑上都能查看的，将PPT转换为图片后就不用担心PPT的版本不兼容、放映设备是否安装了PPT的问题了。将PPT转换为图片还可以**有效避免版式跑版情况**。

下面介绍将PPT转换成图片的方法。

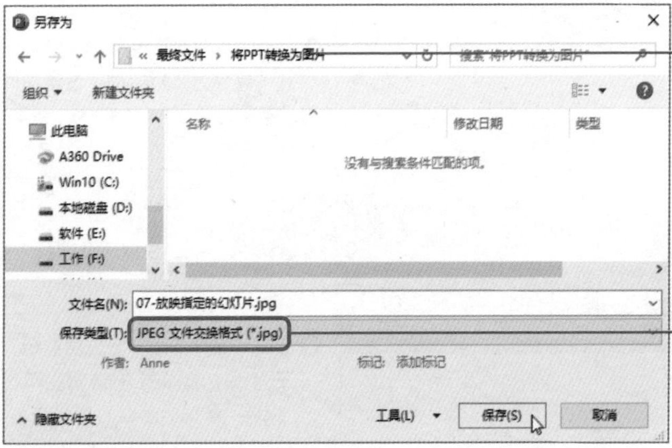

❶执行“文件>另存为”操作，打开“另存为”对话框，设置文件保存的位置。

❷单击“保存类型”下三角按钮，在列表中选择JPEG格式。

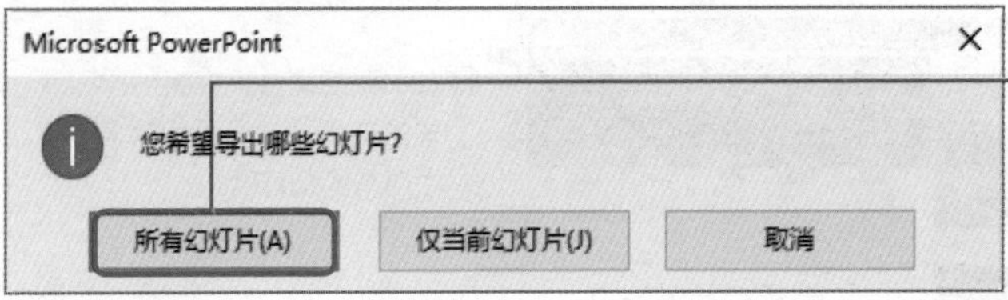

❸打开对话框，根据需要单击相应的按钮，此处单击“所有幻灯片”按钮。

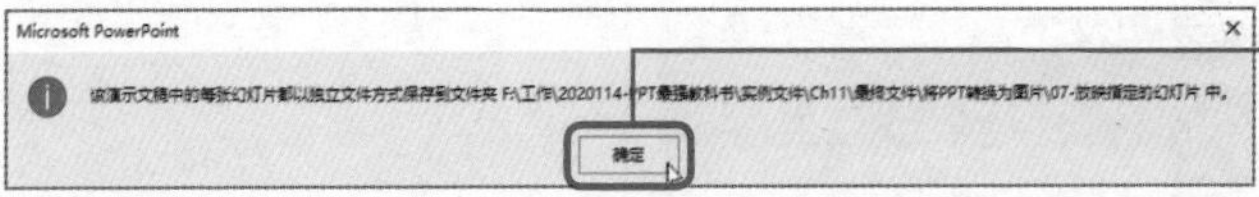

❹打开对话框，提示是否将幻灯片保存在指定的文件夹中，单击“确定”按钮即可。

没有PowerPoint也能浏览演示内容

将动态PPT转换成视频

扫码看视频

将动态PPT转换成视频

制作PPT时常常需要合理、有效地添加动画以及切换动画，为了精彩的动画能更好地展示，可以将PPT转换成视频格式。将PPT转换为视频时，有两种格式，分别为MP4和WMV，读者可以根据需求选择相应的视频格式。

下面介绍将动态PPT转换成视频的方法。

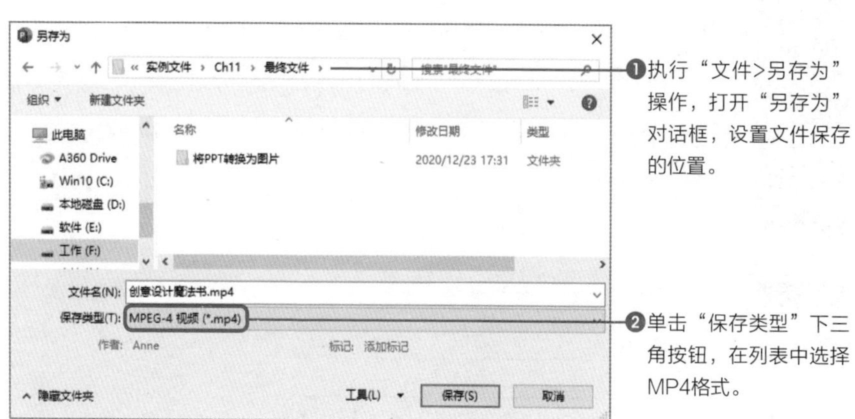

❶执行“文件>另存为”操作，打开“另存为”对话框，设置文件保存的位置。

❷单击“保存类型”下三角按钮，在列表中选择MP4格式。

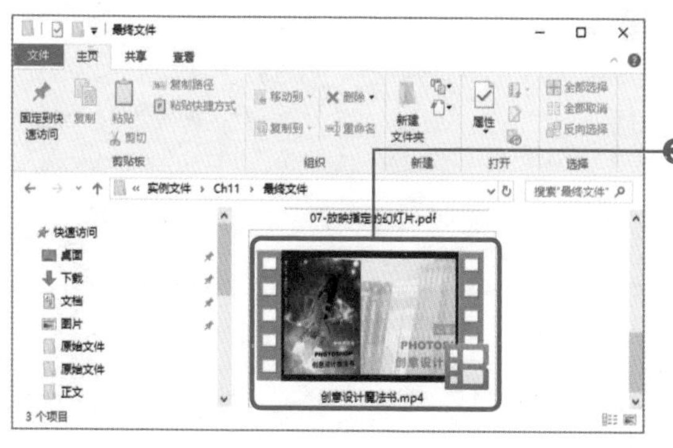

❸当演示文稿状态栏转换为视频的进度条走完后，表示转换成功。打开保存的位置，显示转换成MP4格式的视频，通过视频播放器放映即可。

将PPT打包为CD

没有PowerPoint也能浏览演示内容

打包为CD

将PPT打包成CD可以将所有的素材打包到一个文件夹中，避免文件丢失或PPT不能播放的情况。

下面介绍将PPT打包为CD的方法。

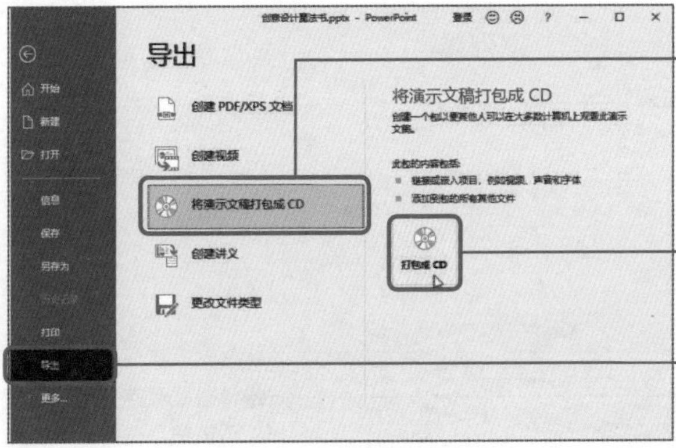

❶在“文件”列表中选择“导出”选项。

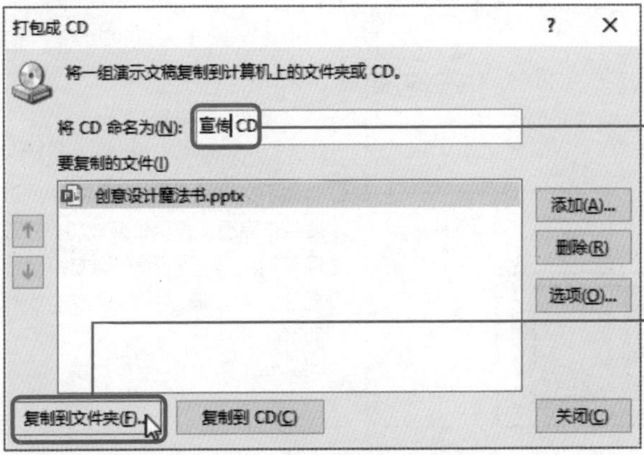

❷在中间区域选择“将演示文稿打包成CD”选项。

❸单击“打包成CD”按钮。

❹打开“打包成CD”对话框，在文本框中输入名称。

❺单击“复制到文件夹”按钮。

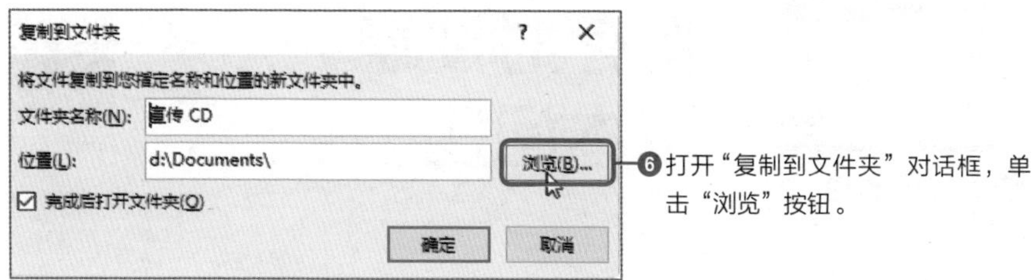

❻打开“复制到文件夹”对话框，单击“浏览”按钮。

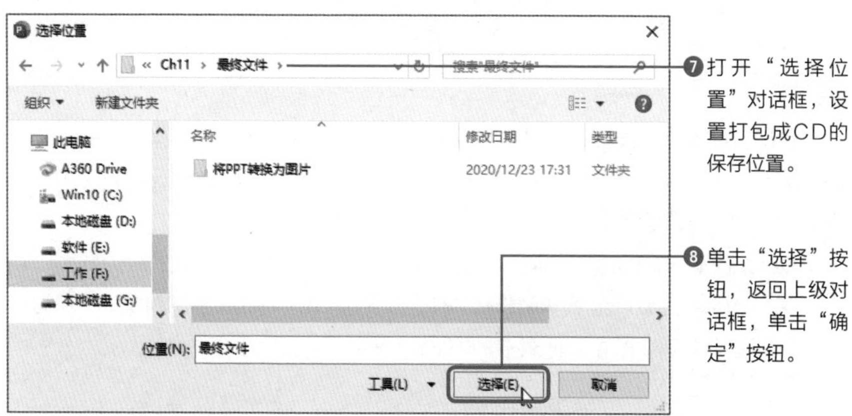

❼打开“选择位置”对话框，设置打包成CD的保存位置。

❽单击“选择”按钮，返回上级对话框，单击“确定”按钮。

❾打开提示对话框，单击“是”按钮。

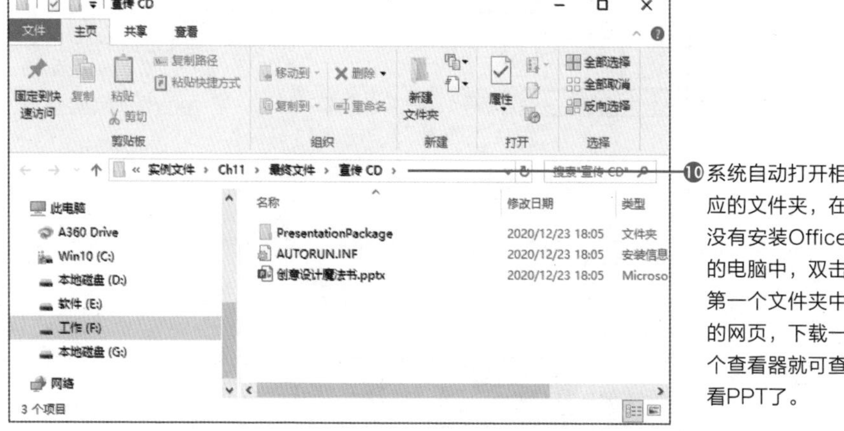

❿系统自动打开相应的文件夹，在没有安装Office的电脑中，双击第一个文件夹中的网页，下载一个查看器就可查看PPT了。

好好保存制作的PPT

保存时注意版本问题

将PPT保存为低版本

Office的版本是向下兼容的，即用高版本的PPT可以打开低版本的PPT，而低版本是无法打开高版本的。为了防止出现打不开演示文稿的尴尬，我们一般会将高版本的PPT转换为低版本。

Office版本在2003之前的演示文稿的后缀为.ppt，之后版本的后缀为.pptx。所以如果是Office 2003以上版本制作的PPT，要尽量保存成低版本的PPT。

下面介绍将PPT保存为低版本的方法。

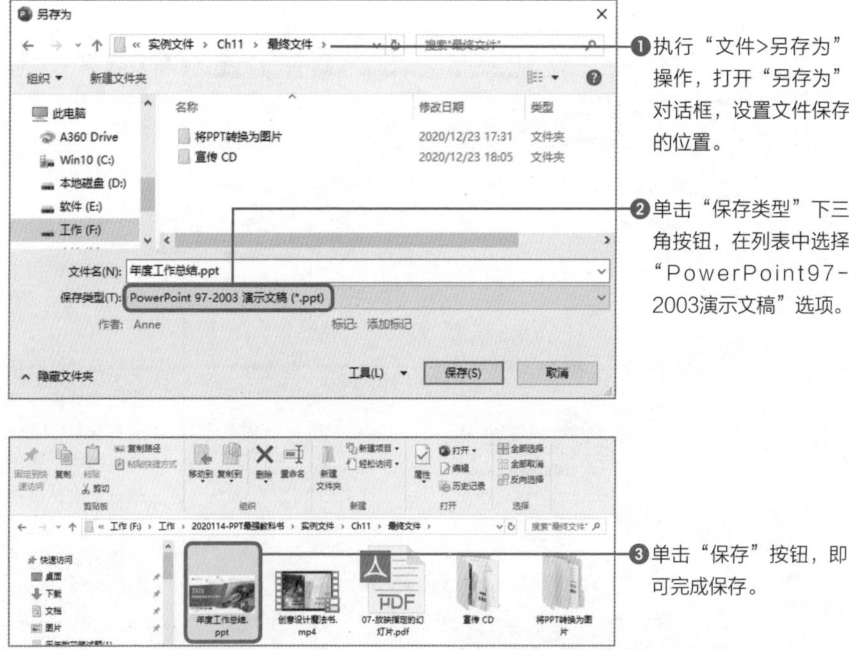

将PPT加密保存

扫码看视频

好好保存制作的PPT

用密码进行加密

PPT制作完成后，如果不希望别人浏览或修改，我们可以为PPT添加密码保护。只有掌握密码才能打开演示文稿，否则是无法打开的。

下面介绍添加密码保存PPT的方法。

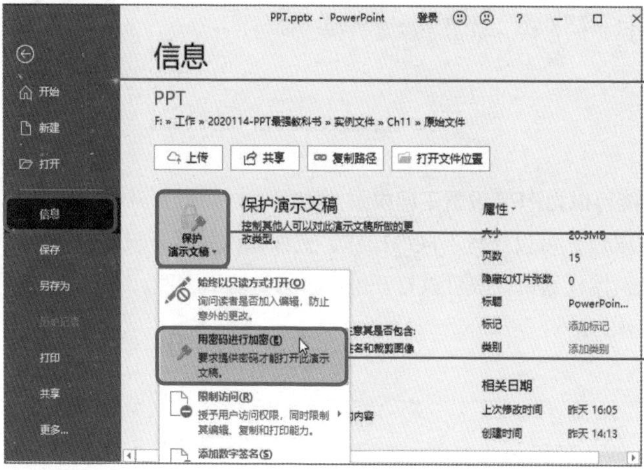

❶单击“文件”标签，在列表中选择“信息”选项。

❷单击“保护演示文稿”下三角按钮。

❸在列表中选择“用密码进行加密”选项。

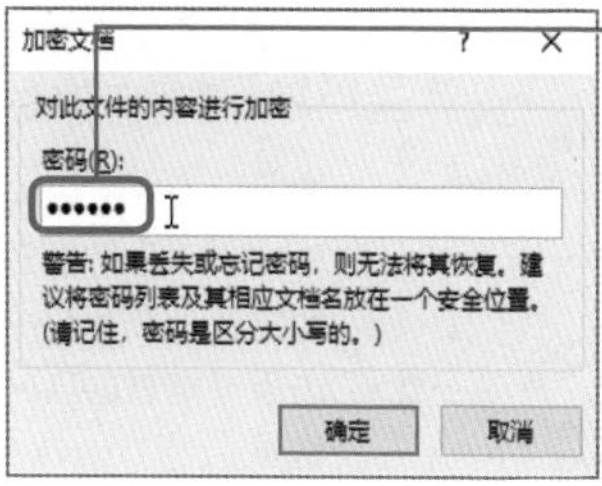

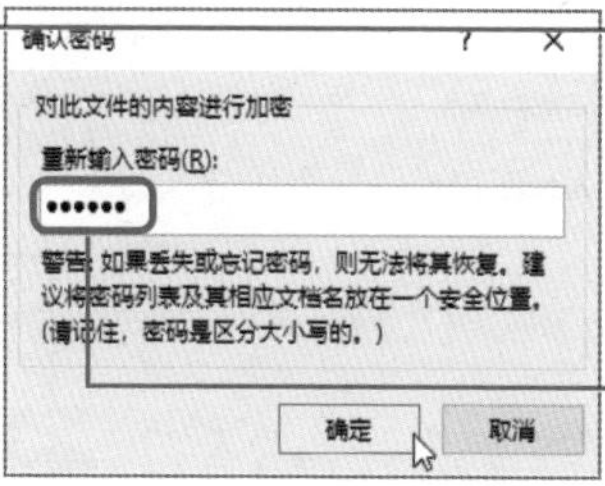

❹打开“加密文档”对话框，输入密码666666，单击“确定”按钮。

❺在打开的列表中再次输入密码。

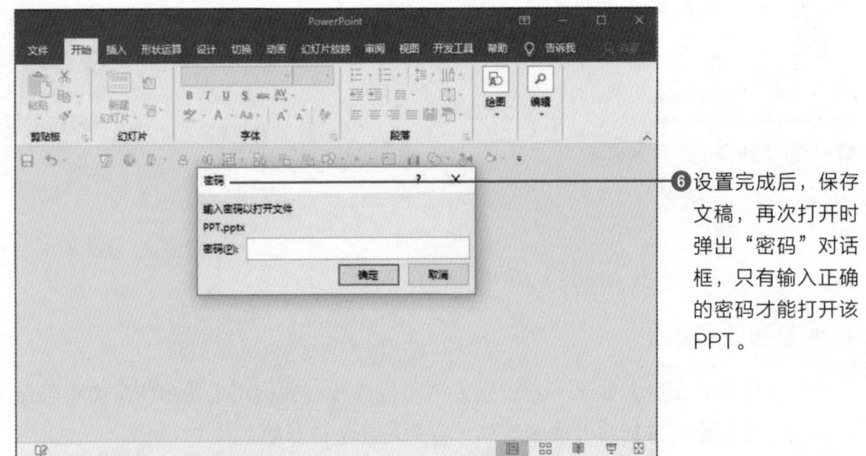

如果要取消密码保护，打开演示文稿后，再次打开“加密文档”对话框，删除“密码”文本框中设置的密码，单击“确定”按钮即可。

限制编辑PPT

使用限制编辑功能可以为PPT设置不同权限，我们可以设置打开和编辑两种权限。授权不同的权限后，可以执行不同的操作，例如只授权打开权限只能浏览而无法编辑演示文稿；授权编辑权限可以打开也可以编辑演示文稿。

下面介绍具体操作方法。

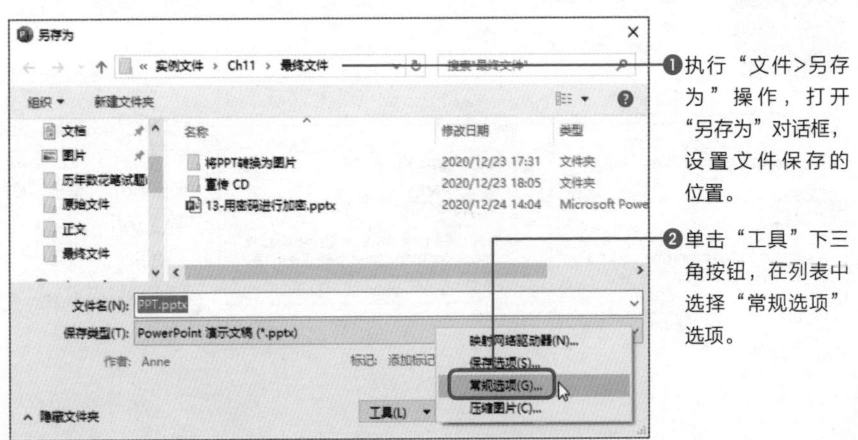

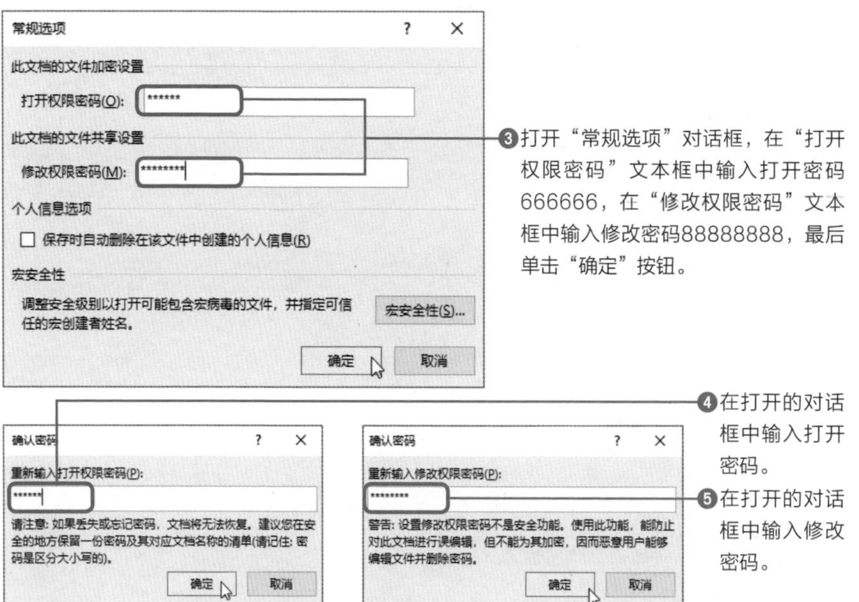

返回到“另存为”对话框，单击“保存”按钮即可完成密码设置。当打开保存的文稿时，弹出“密码”对话框，首先要输入打开密码，然后需要输入修改密码。如果没有授权修改密码则需要在对话框中单击“只读”按钮，以只读方式打开文稿。

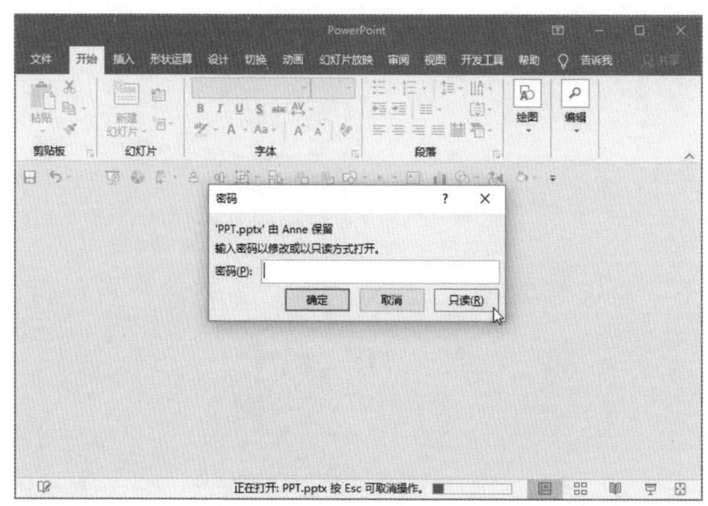